Lambacher Schweizer
Mathematik für die Fachhochschulreife

Berufskolleg I

bearbeitet von
Sylvia Lange
Claudia Pils
Martin Stöckel
Thomas Weber

beratend
Günther Reinelt

Ernst Klett Verlag
Stuttgart · Leipzig

So arbeiten Sie mit Lambacher Schweizer

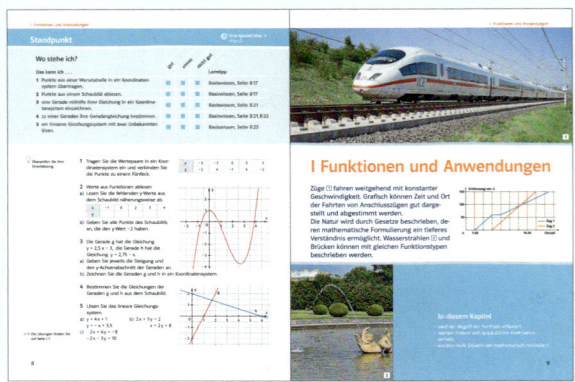

Mit dem **Standpunkt** zu Beginn des Kapitels können Sie Ihren Wissensstand überprüfen.

Der **Auftakt** lädt zum Entdecken ein und Sie bekommen einen Überblick über die Lernziele des Kapitels.

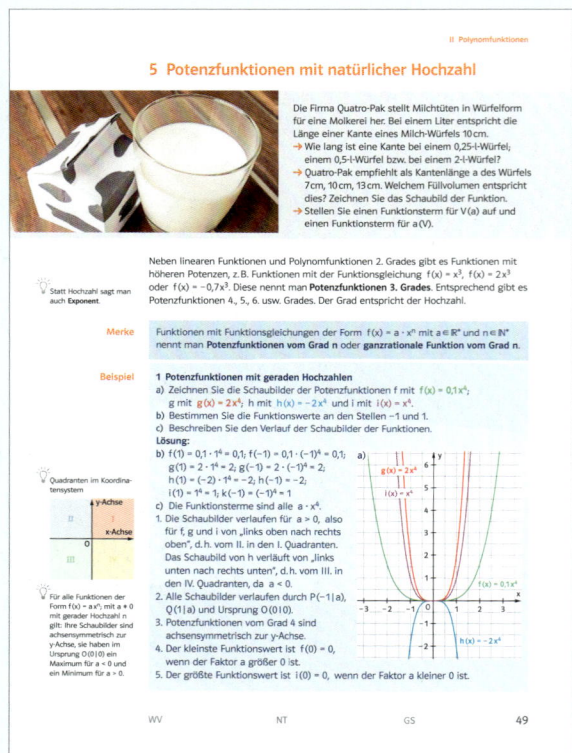

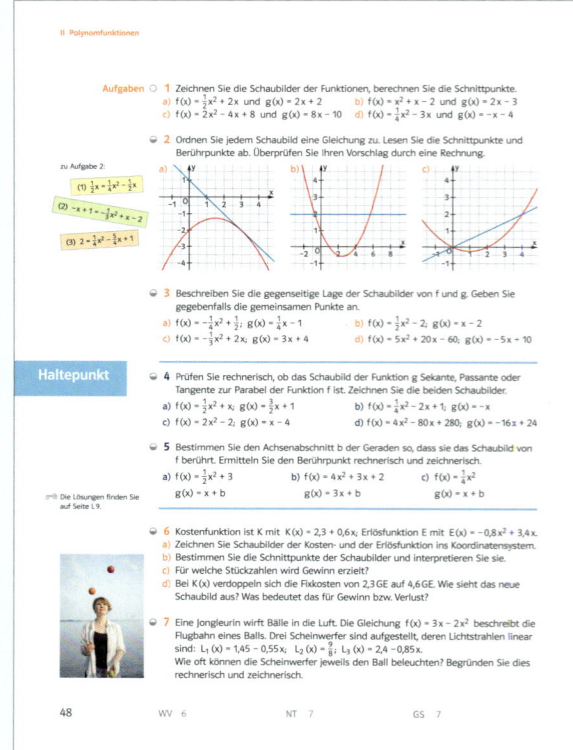

Jede **Lerneinheit** beginnt mit einem mathematischen Impuls. Es folgen:

Merke: fasst die wichtigsten mathematischen Inhalte zusammen

Beispiel: gibt Hilfestellung bei den nachfolgenden Aufgaben

Aufgaben: bieten durch die drei Schwierigkeitsstufen vielfältige Möglichkeiten zum Üben

Testen Sie am **Haltepunkt**, ob Sie die Grundanforderungen der Lerneinheit verstanden haben.

Am Seitenende werden die Aufgaben den Fachbereichen zugeordnet.

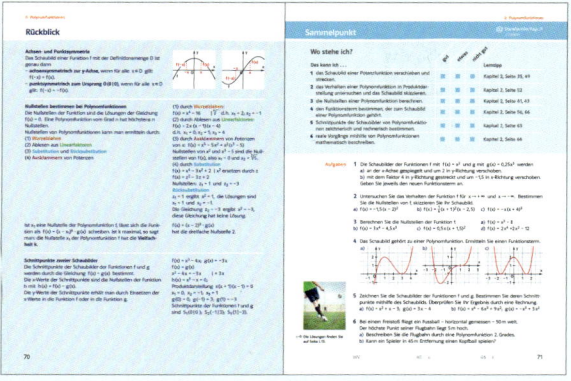

Der **Rückblick** fasst alle zentralen Inhalte des Kapitels zusammen. Er enthält Beispiele.

Mithilfe des **Sammelpunkts** können Sie prüfen, ob Sie die Anforderungen des Kapitels verstanden haben. Lerntipps geben Hilfestellung.

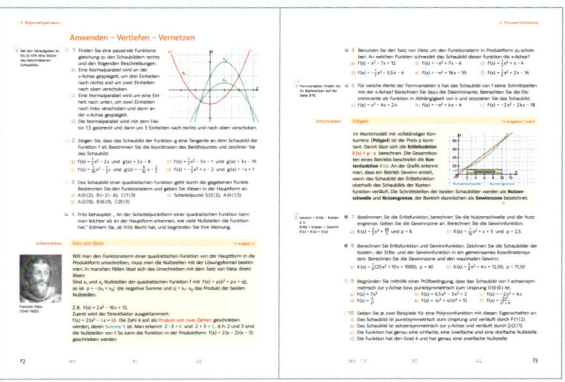

In der Lerneinheit **Anwenden-Vertiefen-Vernetzen** können Sie das erlernte Wissen wiederholen. An komplexeren Aufgabenstellungen werden die Kenntnisse vertieft.

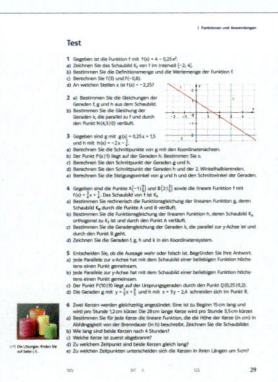

Der **Test** am Ende des Kapitels bereitet Sie optimal auf die nächste Klausur vor.

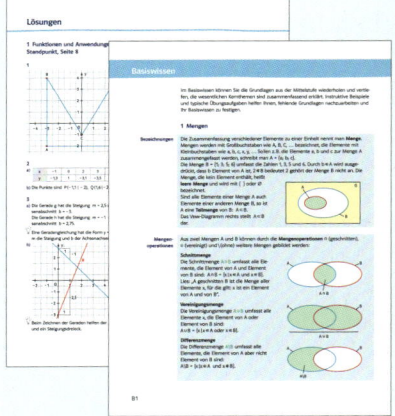

Die **Lösungen** zu Standpunkt, Haltepunkt, Sammelpunkt, Test und Basiswissen finden Sie hinten im Buch.

Das **Basiswissen** liefert Grundlagen aus vorangegangenen Schuljahren und hilft Ihnen Wissenslücken zu schließen.

Symbole

Differenzierung:
- ○ einfache Aufgabe
- ◐ mittlere Aufgabe
- ● schwierige Aufgabe

Einige Aufgaben sind besonders für einzelne Fachbereiche geeignet:
- WV Wirtschaft und Verwaltung
- NT Naturwissenschaft und Technik
- GS Gesundheit und Soziales

 Lerntipps und Hinweise

 Seitenverweis zu den Lösungen

5 Lösung zur Aufgabe befindet sich im Buch

6 Lösung zur Aufgabe befindet sich im Lösungsheft

⊕ Online-Material d3pn2r — In diesem Buch finden Sie Lambacher Schweizer-Codes. Diese führen Sie zu weiteren Informationen und Materialien im Internet. Geben Sie einfach den Code auf www.klett.de ein.

Inhaltsverzeichnis

		Seite	○	◐	●	WV	NT	GS
I	**Funktionen und Anwendungen**							
	Standpunkt	8			5			
	Auftakt	9						
1	Zusammenhänge darstellen und interpretieren	10	4	4		1	5	3
2	Der Begriff der Funktion	13	3	9	2			
3	Lineare Funktionen	17	3	7	3	1	2	2
4	Lage von Geraden	21	3	5	1	1	1	1
	Rückblick	24						
	Sammelpunkt	25			7			
	Anwenden – Vertiefen – Vernetzen	26	6	8	7	4	7	1
	Test	29			6		1	
II	**Polynomfunktionen**							
	Standpunkt	30			6			
	Auftakt	31						
1	Normalparabel strecken und verschieben	32	1	8	4			
2	Polynomfunktion zweiten Grades	38	1	8	2		4	2
3	Nullstellen und Produktform	41	2	9	6	1	1	1
4	Gegenseitige Lage von Gerade und Parabel	46	1	6		1	1	1
5	Potenzfunktion mit natürlicher Hochzahl	49	2	7	3	1	2	
6	Polynomfunktionen höheren Grades	52	7	7	5			
7	Nullstellen und Produktdarstellung	58	5	12	4	1	1	
8	Mehrfache Nullstellen	65	3	3				
	Rückblick	68						
	Sammelpunkt	71			6		1	1
	Anwenden – Vertiefen – Vernetzen	72	6	10	3		2	1
	Test	75			9		1	
III	**Exponentialfunktionen**							
	Standpunkt	76			4			
	Auftakt	77						
1	Rechnen mit Potenzen	78	7	2	2	2	7	4
2	Wachstumsvorgänge	82	10	3		6	6	6
3	Exponentialfunktionen	87	4	13	3	5	1	
4	Exponentialgleichungen und Logarithmen	95	4	15	8		6	4
	Rückblick	101						
	Sammelpunkt	102			5			
	Anwenden – Vertiefen – Vernetzen	103	5	6	14	5	14	7
	Test	109			10		1	1

Anzahl der Aufgaben

Basiswissen   B 1

		Anzahl der Aufgaben			
		○ ◐ ●	WV	NT	GS
1 Mengen	B 1			4	
2 Rechnen	B 4			16	
3 Gleichungen und Ungleichungen	B 9			20	
4 Arbeiten im Koordinatensystem	B 17			13	
5 Geraden	B 20			13	
6 Lineare Gleichungssysteme mit zwei Variablen	B 23			11	
7 Quadratische Gleichungen	B 27			11	
8 Trigonometrie	B 29			7	
Lösungen	L 1				
Register	171				
Bildquellenverzeichnis					

Ausblick auf die Kapitel im Schülerbuch Berufskolleg II (978-3-732006-0):

IV   Lineare Gleichungssysteme

V   Trigonometrische Funktionen

VI   Differenzialrechnung

VII   Untersuchen von Funktionen

VIII   Integralrechnung

Projekte

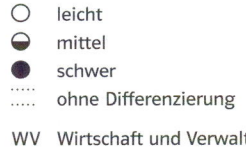

○ leicht
◐ mittel
● schwer
..... ohne Differenzierung

WV   Wirtschaft und Verwaltung
NT   Naturwissenschaften und Technik
GS   Gesundheit und Soziales

I Funktionen und Anwendungen

Standpunkt

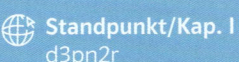

Wo stehe ich?

Das kann ich ...

	gut	etwas	nicht gut	Lerntipp
1 Punkte aus einer Wertetabelle in ein Koordinatensystem übertragen.	■	■	■	Basiswissen, Seite B 17
2 Punkte aus einem Schaubild ablesen.	■	■	■	Basiswissen, Seite B 17
3 eine Gerade mithilfe ihrer Gleichung in ein Koordinatensystem einzeichnen.	■	■	■	Basiswissen, Seite B 21
4 zu einer Geraden ihre Geradengleichung bestimmen.	■	■	■	Basiswissen, Seite B 21, B 22
5 ein lineares Gleichungssystem mit zwei Unbekannten lösen.	■	■	■	Basiswissen, Seite B 23

Überprüfen Sie Ihre Einschätzung.

1 Tragen Sie die Wertepaare in ein Koordinatensystem ein und verbinden Sie die Punkte zu einem Fünfeck.

x	−3	−3	0	3	3
y	−2	4	−1	4	−2

2 Werte aus Funktionen ablesen

a) Lesen Sie die fehlenden y-Werte aus dem Schaubild näherungsweise ab.

x	−1	0	2	3	4
y					

b) Geben Sie alle Punkte des Schaubilds an, die den y-Wert −2 haben.

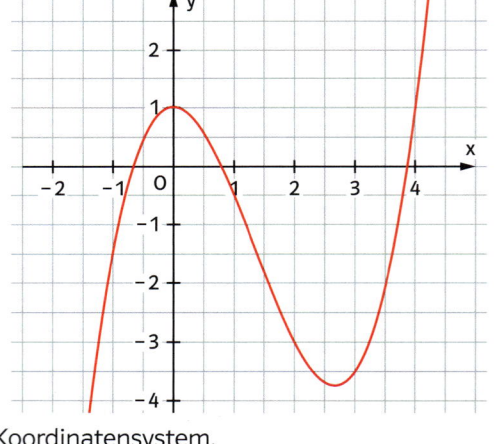

3 Die Gerade g hat die Gleichung y = 2,5 x − 3, die Gerade h hat die Gleichung y = 2,75 − x.

a) Geben Sie jeweils die Steigung und den y-Achsenabschnitt der Geraden an.

b) Zeichnen Sie die Geraden g und h in ein Koordinatensystem.

4 Bestimmen Sie die Gleichungen der Geraden g und h aus dem Schaubild.

5 Lösen Sie das lineare Gleichungssystem.

a) y = 4x + 1
y = − x + 3,5

b) 2x + 3y = 2
x = 2y + 8

c) 2x + 6y = −8
−2x − 3y = 10

Die Lösungen finden Sie auf Seite L1.

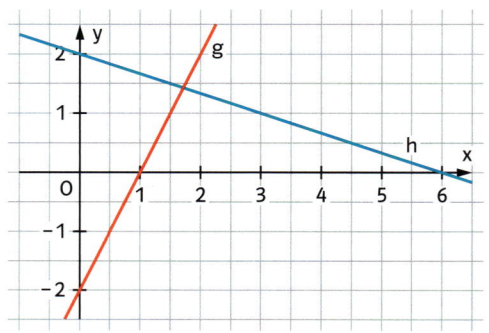

I Funktionen und Anwendungen

Züge [1] fahren weitgehend mit konstanter Geschwindigkeit. Grafisch können Zeit und Ort der Fahrten von Anschlusszügen gut dargestellt und abgestimmt werden.
Die Natur wird durch Gesetze beschrieben, deren mathematische Formulierung ein tieferes Verständnis ermöglicht. Wasserstrahlen [2] und Brücken können mit gleichen Funktionstypen beschrieben werden.

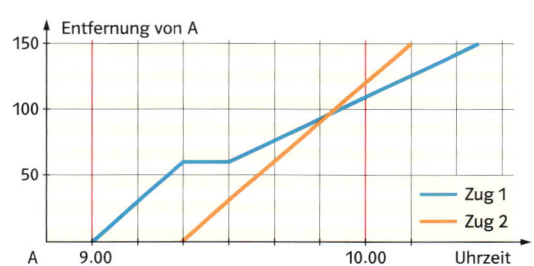

In diesem Kapitel
- wird der Begriff der Funktion erläutert.
- werden lineare und quadratische Funktionen vertieft.
- werden reale Situationen mathematisch modelliert.

I Funktionen und Anwendungen

1 Zusammenhänge darstellen und interpretieren

Die Tabelle zeigt den Anteil der erneuerbaren Energien am Brutto-Stromverbrauch in Deutschland in den Jahren 2003 bis 2013.

Jahr	03	05	07	09	11	13
Anteil (in %)	7	10	14	16	20	24

→ Veranschaulichen Sie die Daten in einem Schaubild.
→ Welche Entwicklung ist langfristig zu erwarten?

Das Schaubild zeigt die durchschnittliche Körpergröße eines Säuglings oder Kleinkinds in Abhängigkeit vom Alter. Mithilfe dieses Somatogramms kann festgestellt werden, ob sich ein Kleinkind altersgemäß entwickelt. So liegt ein sechs Monate altes Baby mit einer Körpergröße von 65 cm im Normbereich.
Ein 75 cm großes 2-jähriges Kind ist für sein Alter sehr klein. In diesem Fall ist es wichtig, die weitere Entwicklung des Kindes zu beobachten.

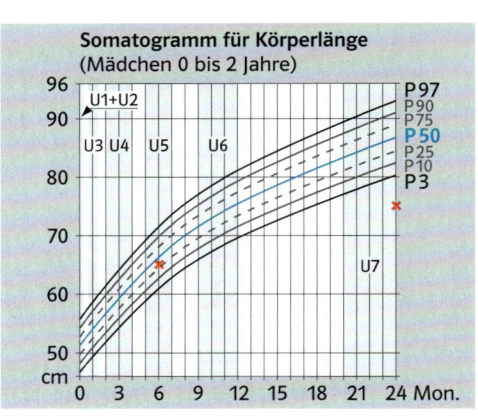

km/h sprich: „Kilometer pro Stunde" ist die Einheit für die Geschwindigkeit.

Statt der grafischen Darstellung können viele Zusammenhänge auch durch Formeln beschrieben werden. So lernt man in der Fahrschule zur Abschätzung des Bremswegs b (in m) in Abhängigkeit von der Geschwindigkeit v (in km/h)
die Faustregel $b = \frac{v}{10} \cdot \frac{v}{10}$.
Bei einer Geschwindigkeit von 80 km/h beträgt der Bremsweg $\frac{80}{10} \cdot \frac{80}{10}$ m = 64 m.

Merke Zusammenhänge zwischen zwei Größen werden häufig in **Worten** ausgedrückt, in einer **Tabelle** dokumentiert, durch ein **Schaubild** veranschaulicht oder in einer **Formel** ausgedrückt. Damit kann man Werte ablesen oder berechnen, den Verlauf der Werte interpretieren oder Prognosen erstellen.

Beispiel **1** Eine Klasse plant, beim Schulfest Grillwürste zur verkaufen und möchte sich einen Überblick über den möglichen Gewinn verschaffen. Der Einkaufspreis pro Wurst mit Brötchen beträgt 1,00 €. Die Leihgebühren für den Grill, das Geschirr und die übrigen Kosten betragen 80,00 €. Der Verkaufspreis pro Wurst soll 1,50 € betragen.
a) Stellen Sie die Einnahmen und die Kosten in einer Tabelle und in einem Schaubild dar, wenn 0; 50; 100; 150 oder 200 Würste verkauft werden.
b) Wie hoch sind die Kosten, wenn 120 Grillwürste verkauft werden? Prüfen Sie, ob dabei ein Gewinn oder ein Verlust erzielt wird. Wie hoch ist dieser?
c) Stellen Sie die Einnahmen beim Wurstverkauf in einer Formel dar.
d) Ab wie vielen verkauften Grillwürsten macht die Klasse Gewinn?

Lösung:

a) Die Anzahl der verkauften Grillwürste wird mit x bezeichnet.

Anzahl x	0	50	100	150	200
Einnahmen in €	0	75	150	225	300
Kosten in €	80	130	180	230	280

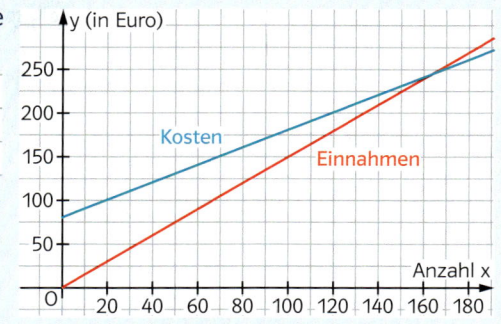

b) Im Schaubild sieht man, dass die Kosten bei 120 Würsten 200 € betragen. Da die Einnahmen nur 180 € betragen, werden 20 € Verlust gemacht.

c) Formel für die Einnahmen: $y = 1{,}5 \cdot x$.

d) Gewinn wird erzielt, wenn die Einnahmen größer sind als die Kosten. Bei $x = 160$ schneiden sich die beiden Geraden. Erst bei mehr als 160 verkauften Grillwürsten macht die Klasse Gewinn.

Aufgaben

Mrd. steht für Milliarde.

1 Die Tabelle zeigt die Entwicklung versendeter SMS in Deutschland.

Jahr	1999	2001	2003	2005	2007	2009	2011	2013
SMS (in Mrd.)	3,6	17,1	19,0	22,3	23,1	34,1	54,9	

a) Welche Prognose geben Sie aufgrund der Daten für das Jahr 2013?
b) Im Jahr 2013 waren es 37,9 Mrd. SMS. Erklären Sie die Abweichung zur Prognose.
c) Erklären Sie auch, warum das mathematisch schwer zu beschreiben ist.

2 Das Schaubild zeigt, wie sich die Körpertemperatur eines gesunden Menschen im Laufe eines Tages ändert. Jeder Uhrzeit ist eine Körpertemperatur zugeordnet.

a) Wie hoch ist die Körpertemperatur um 4 Uhr und um 20 Uhr?
b) Wann ist die Körpertemperatur am niedrigsten? Wie hoch ist sie dann?
c) Geben Sie an, wann die Körpertemperatur am stärksten ansteigt.
d) Zu welchen Uhrzeiten beträgt die Körpertemperatur genau 37 °C?

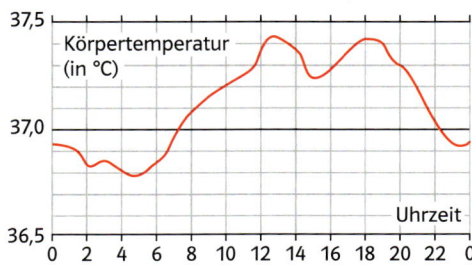

Mio. steht für Million.

Jahres-ende	Bevölkerung (in Mio.)
1990	79,8
1992	81,0
1994	81,5
1996	82,0
1998	82,0
2000	82,3
2002	82,5
2004	82,5
2006	82,3
2008	82,0
2010	81,8
2012	80,5
2014	81,1

3 Die Tabelle zeigt die Bevölkerungsentwicklung der Bundesrepublik Deutschland nach der Wiedervereinigung im Jahr 1989 laut Statistischem Bundesamt.

a) Zeichnen Sie ein Diagramm dazu. Suchen Sie aktuellere Zahlen, ergänzen Sie sie.
b) Wie viele Einwohner waren es im Jahr 2011 ungefähr?
c) Welche Entwicklung ist bei der Bevölkerungsentwicklung langfristig zu erwarten?

4 a) Ein Rechteck hat einen Flächeninhalt von $20\,cm^2$. Zeichnen Sie ein Rechteck, bezeichnen Sie die Seiten mit a und b. Geben Sie die Länge der zweiten Seite als Term von a an.
b) Berechnen Sie Umfang und Flächeninhalt, wenn alle Seiten rechts 4 cm lang sind und als Formel mit der Seitenlänge x.

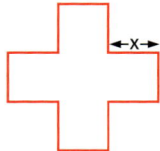

WV 1   NT 4   GS 2,3

Haltepunkt

1 cm³ = 1 ml
1 dm³ = 1 l
1 m³ = 1000 l

Die Lösungen finden Sie auf Seite L1.

5 Erwärmt man 1 l Wasser ab 0 °C, so ändert sich dabei sein Volumen.
a) 1 l Wasser wird von 0 °C auf 14 °C erwärmt. Wie ändert sich das Volumen?
b) Bei welcher Temperatur ist das Volumen am kleinsten? Wie groß ist es?
c) Um wie viel cm³ nimmt das Volumen von 1000 l Wasser zu, wenn dieses von 8 °C auf 14 °C erwärmt wird?

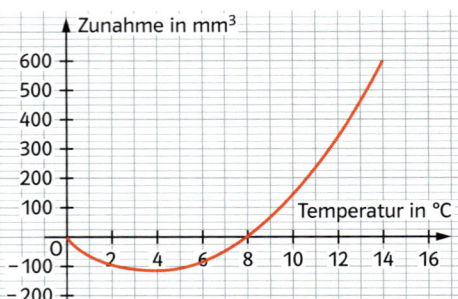

6 In der Schifffahrt ist für Entfernungen die übliche Einheit die Seemeile, kurz sm. Dabei gilt 1 sm = 1852 m. Erstellen Sie ein Schaubild, aus dem zu einer Kilometerangabe die zugehörige Maßzahl für Seemeilen abgelesen werden kann.

7 Schaubild und Tabelle zeigen die durchschnittliche monatliche Temperatur und die Niederschlagsmengen der Städte Berlin und Buenos Aires.
a) Zeichnen Sie die Schaubilder für die Temperaturverläufe für beide Städte in ein gemeinsames Koordinatensystem.

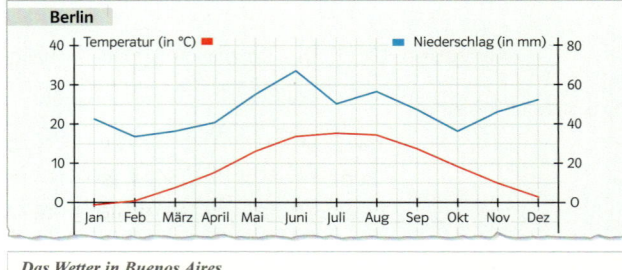

Das Wetter in Buenos Aires

Monat	Jan	Feb	März	April	Mai	Juni	Juli	Aug	Sep	Okt	Nov	Dez
Temp. (°C)	23,7	23,0	20,7	16,6	13,7	11,1	10,5	11,5	13,6	16,5	19,5	22,1
Nied. (mm)	104	82	122	90	79	68	61	68	80	100	90	83

b) Erstellen Sie eine gemeinsame Tabelle für die Niederschlagsmengen.
c) Suchen Sie die Städte im Atlas. Erläutern Sie den Temperaturverlauf im Hinblick auf die geografische Lage der Städte.

8 Eine Mountainbike-Tour im spanischen El-Ports-Gebirge hat das dargestellte Höhenprofil.
a) Wie hoch ist man nach 13 gefahrenen km, wie hoch nach 20 km?
b) Nach wie viel Kilometern befindet man sich in einer Höhe von 800 m?

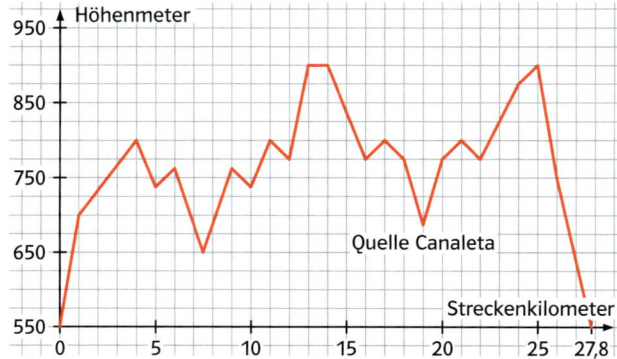

c) Wie viele Höhenmeter sind beim ersten Anstieg zu überwinden?
d) Wie viele Anstiege sind zu bewältigen? Wie groß ist der gesamte Anstieg?
e) Zur Quelle Canaleta führt nur eine Sackgasse. Wie sieht man dies im Schaubild?
f) Wo kann eine weitere Sackgasse sein? Wie lang sind die Sackgassen jeweils?

2 Der Begriff der Funktion

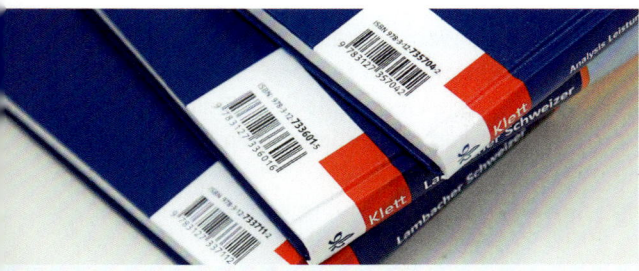

Mit der Angabe einer ISBN erhält man im Buchhandel sicher das zugehörige Buch.
ISBN steht für *Internationale Standard-Buchnummer*.
→ Würde es nicht ausreichen, nur die Autorin, den Autor oder nur den Buchtitel anzugeben?

Die Temperatur eines Sees wird in verschiedenen Tiefen gemessen, Figur links. Die Temperatur der Atmosphäre wird in verschiedenen Höhen dargestellt, Figur rechts.

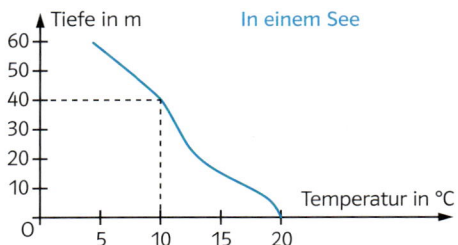
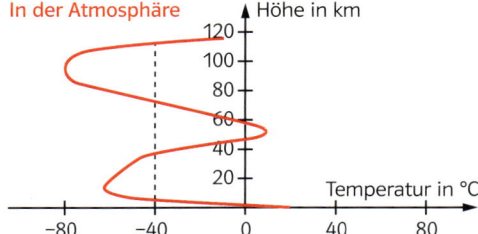

Aus der gemessenen Temperatur zwischen 5 °C und 20 °C lässt sich die Tiefe des Sees an dieser Stelle eindeutig angeben. Z. B. gehört zur Temperatur 10 °C die Seetiefe 40 m. Diese Zuordnung *Temperatur → Tiefe (des Sees)* ist eindeutig und daher eine **Funktion**.

Aus der Temperatur kann man die Höhe in der Atmosphäre nicht ermitteln. Das Schaubild zeigt, dass die Temperatur −40 °C etwa in 5 km, 40 km, 70 km und 110 km Höhe auftritt. Die Zuordnung *Temperatur → Höhe (in der Atmosphäre)* ist nicht eindeutig, also keine Funktion.

Viele Vorgänge kann man durch Funktionen mathematisch beschreiben. Tankt man z. B. 20 l Kraftstoff zum Preis von 1,50 € je Liter, so kostet dies $1{,}50\,€ \cdot 20 = 30{,}00\,€$. Wird das Auto auch für 10,00 € gewaschen, so sind $30{,}00\,€ + 10{,}00\,€ = 40{,}00\,€$ zu bezahlen. Wird der 60-l-Tank eines Autos gefüllt und das Auto gewaschen, kann man jeder Tankmenge x (in l) eindeutig einen Gesamtpreis y (in €) für Tanken und Waschen zuordnen. Die Zuordnung *Kraftstoff → Preis* ist eine Funktion f, die durch Tabelle, Schaubild oder die Gleichung $y = 1{,}5 \cdot x + 10$ beschrieben wird. Um die Funktion auszudrücken, schreibt man statt $y = 1{,}5 \cdot x + 10$ häufig $f(x) = 1{,}5 \cdot x + 10$. Der Rechenausdruck $1{,}5 \cdot x + 10$ heißt **Funktionsterm**. Wählt man $x = 40$, so ist $f(40) = 1{,}5 \cdot 40 + 10 = 70$.

💡 Zur Vereinfachung werden in der Mathematik häufig die Einheiten beim Rechenweg weggelassen.

Kraftstoff x (in l)	Preis y (in €)
0	10
10	25
20	40
30	55
40	70
50	85
60	100

→ Basiswissen Seite B 9

$f(40)$ heißt der **Funktionswert** an der **Stelle** $x = 40$. Dies ergibt im Schaubild den Punkt $P(40\,|\,70)$.
Da der Tank 60 l umfasst, kann x nicht größer als 60 sein. Die Funktion f hat die **Definitionsmenge** $D = [0;\,60]$.
Die Preise für Tanken und Waschen liegen zwischen $f(0) = 10\,€$ und $f(60) = 100\,€$.
Die Menge $W = [10;\,100]$ aller Funktionswerte heißt **Wertemenge** von f.

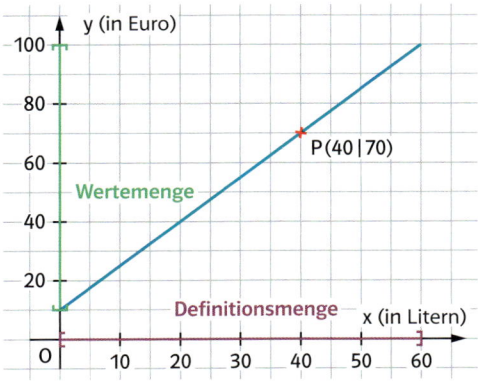

1 Funktionen und Anwendungen

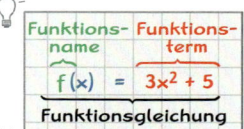

Merke

Eine Zuordnung, die jedem x-Wert genau einen y-Wert zuordnet, nennt man eine **Funktion f**. Eine Funktion wird durch einen **Funktionsterm f(x)** und die **Definitionsmenge D** aller zulässigen x-Werte angegeben. Der x-Wert heißt auch **Stelle**.
Den zugeordneten y-Wert nennt man **Funktionswert an der jeweiligen Stelle x**.
Die Menge aller Funktionswerte nennt man **Wertemenge W**.
Das **Schaubild** (oder die **Kurve**) einer Funktion f wird mit **K** oder K_f bezeichnet.

Das Schaubild nennt man auch den **Graph**.

Beispiel

1 Funktionsbegriff Entscheiden Sie, ob die Zuordnung eine Funktion ist.
a) Einer Person wird ihr Name zugeordnet.
b) Einem Namen wird die Person zugeordnet.

Lösung:
a) Jede Person hat einen Namen. Diese Zuordnung *Person → Name* ist eindeutig und daher eine Funktion.
b) Es gibt mehrere Menschen mit gleichem Namen. Die Zuordnung *Name → Person* ist nicht eindeutig und daher keine Funktion.

2 Definitionsmenge und Wertemenge
Bestimmen Sie für die Definitionsmenge D = [−2; 1,5]
die Wertemenge W der Funktion f mit $f(x) = x^2 - 1$.

Lösung:
Das Schaubild zeigt, dass bei der Definitionsmenge
D = [−2; 1,5] der Funktionswert f(0) = −1 der kleinste
Funktionswert. $f(-2) = (-2)^2 - 1 = 3$ ist der größte
Funktionswert. Somit umfasst die Wertemenge alle
reellen Zahlen zwischen −1 und 3, d.h. W = [−1; 3].

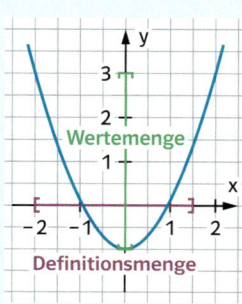

3 Bezeichnungen und Symbole
Formulieren Sie den Text mithilfe mathematischer Symbole.
a) Der Funktionswert von f an der Stelle 5 ist 7.
b) Die Funktion g ordnet einer Zahl das Doppelte dieser Zahl zu.
c) Die Funktionen f und g haben an der Stelle −1 den gleichen Funktionswert.

Lösung:
a) f(5) = 7   b) g(x) = 2x   c) f(−1) = g(−1)

Beim Wurzelziehen hilft der Taschenrechner.

4 Wertetabelle, Schaubild, Definitionsmenge, Wertemenge
Gegeben ist die Funktion f mit $f(x) = \sqrt{x + 2}$. Das Schaubild von f ist K.
a) Berechnen Sie den Funktionswert an der Stelle x = −1,64.
b) Erstellen Sie die Wertetabelle für −4 ≤ x ≤ 4. Zeichnen Sie das Schaubild K.
c) Nennen Sie die Definitionsmenge von f und die Wertemenge von f.

Die Zahl unter der Wurzel heißt **Radikand**.
Bei $\sqrt{100}$ ist 100 der Radikand.

x	−4	−3	−2	−1	0	1	2	3	4
f(x)	−	−	0	1	1,4	1,7	2	2,2	2,4

Lösung:
a) $f(-1,64) = \sqrt{-1,64 + 2} = \sqrt{0,36} = 0,6$.
b) Siehe Wertetabelle und Schaubild K.
c) Der Radikand darf nicht negativ sein.
   Definitionsmenge D ist D = [−2; ∞[.
   Die Wertemenge W ist $W = \mathbb{R}_+$.

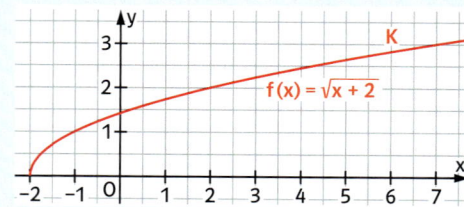

1 Funktionen und Anwendungen

Aufgaben

1 Welches Schaubild kann zu einer Funktion gehören? Begründen Sie.

a) 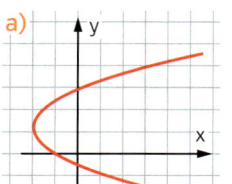 b) 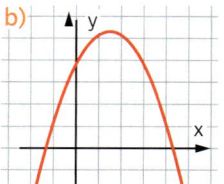 c) 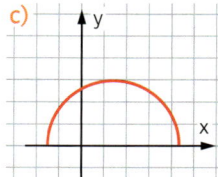 d)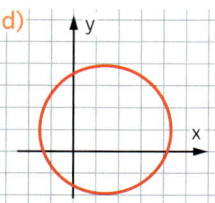

2 Die Funktionen sind f mit $f(x) = 2x + 1$, g mit $g(x) = 0,5x - 1$ und h mit $h(x) = x + 3$.
a) Berechnen Sie f(x) an der Stelle $x = 2$, g(x) an $x = 1$ und h(x) an $x = 0$.
b) Berechnen Sie die Stelle x für $f(x) = 7$, für $g(x) = 4$ und für $h(x) = 6,9$.

3 Ordnen Sie zu. Ergänzen Sie fehlende Karten.

a) Alle Funktionswerte von f sind kleiner als null.

5) $f(x) = \sqrt{2x}$ mit $D =]0; \infty[$

4) $f(2) = f(-2)$

d) An der Stelle x_1 haben f und h verschiedene Funktionswerte.

2) $W_f = \mathbb{R} \setminus \{-1\}$

c) Die Wertemenge von f besteht aus allen Zahlen außer −1.

1) $f(x_1) \neq h(x_1)$

3) $f(x) < 0$ für alle $x \in D$

b) Die Funktion f ordnet jeder positiven Zahl die Wurzel des Doppelten zu.

e) Das Schaubild von f verläuft auf dem Intervall I oberhalb des Schaubilds von g.

4 Formulieren Sie den Text mithilfe mathematischer Symbole.
a) Der Funktionswert der Funktion f an der Stelle 3 ist 10.
b) Die Zahl 5 ist der Funktionswert der Funktion f an der Stelle $x = -4$.
c) Die Definitionsmenge von f sind alle positiven reellen Zahlen.
d) Die Funktionen f und g haben an der Stelle $x = 2$ verschiedene Funktionswerte.

5 Das Schaubild zeigt die Funktion f.
a) Lesen Sie die Funktionswerte f(0), f(2) und f(−2,5) näherungsweise ab.
b) Geben Sie x-Werte mit $f(x) = 2$ an.
c) An welchen Stellen ist der Funktionswert 0?
d) Geben Sie den größten und kleinsten Funktionswert im Intervall $[-4; 5]$ an.

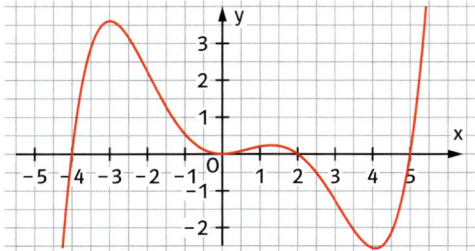

6 Bearbeiten Sie die Funktion entsprechend der Liste.
a) $f(x) = 5 - 3x$
b) $g(x) = 3 - x^2$
c) $h(x) = 3 + \sqrt{x}$

– Geben Sie die Definitionsmenge an.
– Berechnen Sie die Funktionswerte an den Stellen $x_1 = 2$ und $x_2 = -7$.
– Zeichnen Sie das Schaubild der Funktion mithilfe einer Wertetabelle und geben Sie die Wertemenge an.
– Prüfen Sie, ob die Punkte P(1|2) bzw. Q(0|3) auf dem Schaubild der Funktion liegen.

I Funktionen und Anwendungen

7 Formulieren Sie die mathematische Aussage mit eigenen Worten.
a) $f(4) = 6$
b) $D_f = \mathbb{R}\setminus\{0\}$
c) $f(2) = g(2)$
d) $h(x) = 1 - 4x$
e) $f(x) = 2$
f) $f(x) < 0$
g) $W = [-2; 5]$
h) $f(-3) = f(3)$

Haltepunkt

8 Formulieren Sie den Text mithilfe mathematischer Symbole.
a) Der Wert der Funktion g an der Stelle −2 ist 7.
b) Für jede Zahl ist 7 der Funktionswert von f.
c) Das Schaubild der Funktion h enthält den Punkt P(2|5).
d) Die Funktionswerte der Funktion f sind an jeder Stelle größer als die Funktionswerte der Funktion g.
e) Die Definitionsmenge der Funktion h umfasst alle positiven reellen Zahlen.

9 Geben Sie die mathematische Aussage in Worten wieder.
a) $f(3) = -5$
b) $W = [-5; 5]$
c) $f(x) = 0$, für alle $x \in \mathbb{R}$
d) $f(4) < 0$

10 Gegeben sind die Funktionen f mit $f(x) = -1{,}5x + 2$ und g mit $g(x) = 7 - x^2$.
a) Zeichnen Sie die beiden Schaubilder mithilfe von Wertetabellen im Intervall $[-4; 4]$.
b) Bestimmen Sie die Wertemengen von f und g für $x \in [-4; 4]$.

Die Lösungen finden Sie auf Seite L 2.

Lösungskontrolle: Für jede Funktion ergeben die Buchstaben zusammen ein Lösungswort.

11 Hier sind die Zeilen durcheinander geraten. Stellen Sie für jede Funktion den Funktionsterm, den Funktionswert an der Stelle 2, eine Eigenschaft der Funktion und das Schaubild richtig zusammen.

Funktionsterm		f(2)		Eigenschaft		Schaubild
$f(x) = 2x + 1$	H	1	Ü	Dem doppelten x-Wert wird der doppelte y-Wert zugeordnet.	L	S
$f(x) = \frac{1}{x}$	G	5	A	Wenn x um 1 zunimmt, dann nimmt y um 1 ab.	E	F / R / L
$f(x) = 0{,}5x$	M	2	E	Dem doppelten x-Wert wird der halbe y-Wert zugeordnet.	L	
$f(x) = -x + 4$	M	0,5	O	Nehmen die x-Werte um 1 zu, so nehmen die y-Werte um 2 zu.	U	

12 Begründen Sie, welche der Funktionen f, g, h und k gleich sind, welche verschieden.
$f(x) = x^2;\quad g(x) = (-x^2);\quad h(x) = -x^2;\quad k(x) = (2-x)^2 + 4x - 4$

13 Bestimmen Sie die Definitionsmenge und die Wertemenge der Funktion f. Berechnen Sie die Funktionswerte an den Stellen 2 und −3.
a) $f(x) = 3x - 0{,}5$
b) $f(x) = 7 - 5x$
c) $f(x) = 2{,}5 - x^2$
d) $f(x) = (x+1)(x-2)$
e) $f(x) = \sqrt{x+2} - 1$
f) $f(x) = -2x + x^2$

14 Zeichnen Sie Koordinatensysteme in Ihr Heft.
a) Zeichnen Sie drei Schaubilder von Zuordnungen, die Funktionen sind.
b) Zeichnen Sie drei Schaubilder von Zuordnungen, die keine Funktionen sind.

WV   NT   GS

3 Lineare Funktionen

Bei einer 5-tägigen Klassenfahrt sind für die Fahrkarten pro Person 80 € und für jede Übernachtung mit Verpflegung 35 € zu bezahlen.
→ Berechnen Sie, wie viel Euro die Fahrt pro Person kostet.

Ein Swimmingpool wird mit **25 Liter Wasser pro Minute** gefüllt. In der Zeit x (in Minuten) fließen also $f(x) = 25 \cdot x$ Liter in das Becken. Die Wertetabelle und das Schaubild der Funktion f stellen die Wassermenge im Becken in Abhängigkeit von der Zeit dar.

💡 Eine Zuordnung der Form $x \longrightarrow a \cdot x$ heißt **proportional**.

Die Wertetabelle zeigt, dass in der doppelten (k-fachen) Zeit die doppelte (k-fache) Menge Wasser hinzufließt. Das Verhältnis von Zuflussmenge zur benötigten Zeit ist konstant. So fließen z. B. 2500 l Wasser in 100 min ins Becken. Die Zuflussrate ist $m = \frac{2500}{100} \frac{l}{min} = 25 \frac{l}{min}$.

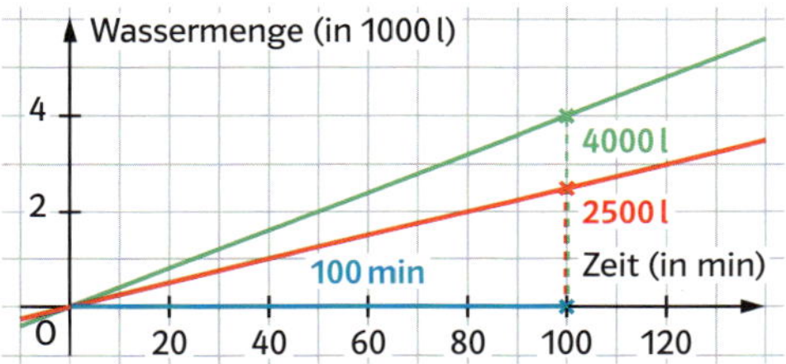

Das Schaubild ist eine **Gerade** mit der **Steigung** 25, die durch den Ursprung verläuft. Steigt die Zuflussrate z. B. auf 40 l/min, so wird die Gerade steiler.

x (in min)	0	20	40	60	80
f(x) (in Litern)	0	500	1000	1500	2000

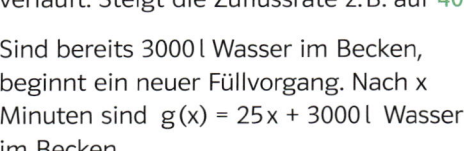

Sind bereits 3000 l Wasser im Becken, beginnt ein neuer Füllvorgang. Nach x Minuten sind $g(x) = 25x + 3000$ l Wasser im Becken.
Eine solche Funktion g der Form $g(x) = m \cdot x + b$ heißt **lineare Funktion**. Ihr Schaubild ist ebenfalls eine Gerade.
Zu jedem Funktionswert der oberen Wertetabelle für f(x) wird die Wassermenge 3000 l addiert. Das Schaubild von g verschiebt sich dadurch parallel um 3000 nach oben.
Da auch hier 25 l/min hinzufließen, bleibt die Steigung m = 25 gleich.

x (in min)	0	20	40	60	80
g(x) (in Litern)	3000	3500	4000	4500	5000

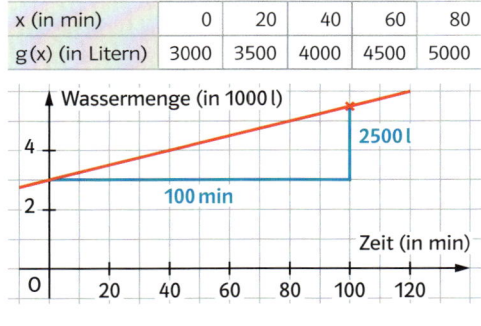

💡 Für die Steigung gilt: $\frac{\text{Differenz der y-Werte}}{\text{Differenz der x-Werte}}$.

💡 Winkel werden von der x-Achse aus gemessen; Winkel **entgegen** dem **Uhrzeigersinn** zählt man **positiv**, Winkel **im Uhrzeigersinn negativ**.

💡 Mehr zum Tangens finden Sie im Basiswissen auf Seite B 30.

Das Schaubild einer linearen Funktion f mit $f(x) = \frac{3}{4}x - \frac{3}{2}$ ist eine Gerade. Sie schneidet die y-Achse bei $-\frac{3}{2}$ und hat den **y-Achsenabschnitt** $b = -\frac{3}{2}$. Die Steigung ist $m = \frac{3}{4}$, man erhält sie durch
$m = \frac{y_2 - y_1}{x_2 - x_1} = \frac{3 - 0}{6 - 2} = \frac{3}{4}$. Die x-Achse schließt mit der Geraden einen Winkel α ein.
Für den **Steigungswinkel** gilt:
$\tan(\alpha) = \frac{\text{Gegenkathete von }\alpha}{\text{Ankathete von }\alpha} = m = \frac{3}{4}$.

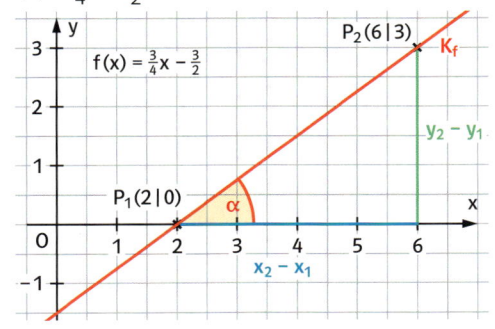

I Funktionen und Anwendungen

Merke Eine Funktion f mit $f(x) = m \cdot x + b$ heißt **lineare Funktion**. Das Schaubild einer linearen Funktion ist eine **Gerade** mit **Steigung m** und **y-Achsenabschnitt b**.
Ist $b = 0$, nennt man eine Gerade auch **Ursprungsgerade**.
Liegen zwei Punkte $P_1(x_1|y_1)$ und $P_2(x_2|y_2)$ auf einer Geraden, so ist die Steigung
$m = \frac{y_2 - y_1}{x_2 - x_1}$ (für $x_1 \neq x_2$). Für den **Steigungswinkel** α gilt: $\tan(\alpha) = m$.

Beispiel

> 💡 Die Schaubilder einer linearen Funktion kann man mit dem Lineal zeichnen.

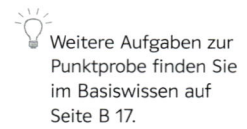

1 Funktionsterm und Schaubild
a) Bestimmen Sie die zugehörigen Funktionsterme zu den Geraden rechts.
b) Zeichnen Sie das Schaubild der linearen Funktionen f mit $f(x) = \frac{1}{4}x - 2$ und g mit $g(x) = -\frac{1}{2}x + 2$.

Lösung:
a) Die Gerade f schneidet die y-Achse bei −1,5, d.h. $b = -1{,}5$. Wählt man die Punkte $P_1(0|-1{,}5)$ und $P_2(1|-1)$, so gilt: Steigung $m = \frac{(-1) - (-1{,}5)}{1 - 0} = 0{,}5$.
Also ist $f(x) = 0{,}5x - 1{,}5$.
Die Gerade g hat den y-Achsenabschnitt $b = 1$. Mit $P_1(0|1)$ und $P_2(3|-1)$ ist $m = \frac{-1-1}{3-0} = -\frac{2}{3}$.
Also ist $g(x) = -\frac{2}{3}x + 1$.
Für die Gerade h gilt $b = 2$, h ist waagerecht mit Steigung $m = 0$. Folglich ist $h(x) = 0 \cdot x + 2 = 2$.
b) Siehe Schaubild rechts.

> 💡 Weitere Aufgaben zur Punktprobe finden Sie im Basiswissen auf Seite B 17.

2 Bestimmen des Funktionsterms Bestimmen Sie den Funktionsterm.
a) Die Gerade g hat die Steigung 3 und verläuft durch den Punkt $P(2|-3)$.
b) Die Punkte $Q(-2|1)$ und $R(4|3)$ liegen auf der Geraden h.

Lösung:
a) Der Funktionsterm von g hat die Form $g(x) = 3x + b$. Das Einsetzen des Punkts $P(2|-3)$ ergibt $-3 = 3 \cdot 2 + b$, d.h. $b = -9$. Der Funktionsterm ist $g(x) = 3x - 9$.
b) Die Steigung von h ist $m = \frac{3-1}{4-(-2)} = \frac{2}{6} = \frac{1}{3}$, d.h. $h(x) = \frac{1}{3}x + b$. Einsetzen von $R(4|3)$ ergibt $3 = \frac{1}{3} \cdot 4 + b$, d.h. $b = \frac{5}{3}$. Der Funktionsterm ist $h(x) = \frac{1}{3} \cdot x + \frac{5}{3}$.

3 Punktprobe, Steigungswinkel, Stelle und Funktionswert
Gegeben ist die lineare Funktion f mit $f(x) = 1{,}5x - 2$. Ihr Schaubild ist K_f.
a) Überprüfen Sie rechnerisch, ob der Punkt $P(7|9)$ auf dem Schaubild K_f liegt.
b) Bestimmen Sie den Steigungswinkel α von K_f.

Lösung:
a) Punktprobe: $f(7) = 1{,}5 \cdot 7 - 2 = 8{,}5 \neq 9$. Punkt P liegt nicht auf dem Schaubild K_f.
b) Es gilt $\tan(\alpha) = 1{,}5$. Die Umkehrung $\tan^{-1}$ liefert $\alpha \approx 56{,}31°$.

> 💡 Taschenrechner: $\tan^{-1}(1{,}5) \approx 56{,}31°$

I Funktionen und Anwendungen

4 Steigungswinkel bei negativer Steigung
Bestimmen Sie den Steigungswinkel der Geraden g mit $g(x) = -2x + 4$.
Lösung:
Es gilt $\tan(\alpha) \approx -2$. Die Umkehrung $\tan^{-1}$ liefert $\alpha \approx -63{,}43°$. Dies entspricht dem im Uhrzeigersinn gemessenen Winkel α_1. Für den Steigungswinkel α gilt daher: $\alpha \approx 180° - 63{,}43° = 116{,}57°$.

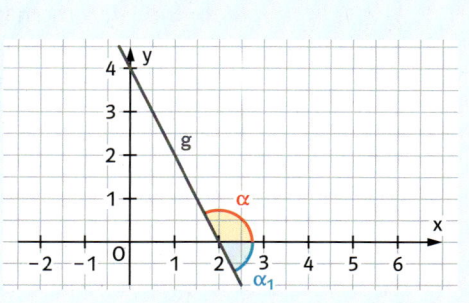

Aufgaben

○ 1 Bestimmen Sie die linearen Funktionen in der Figur rechts.

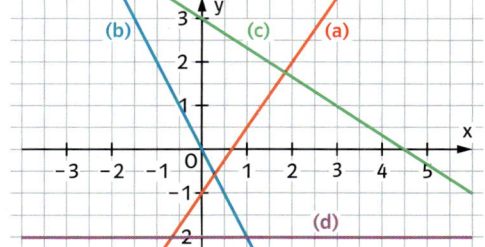

○ 2 Zeichnen Sie das Schaubild der linearen Funktion.
a) $f(x) = 3x + 2$
b) $g(x) = 1{,}5x - 4$
c) $f(x) = -2x - 3$
d) $h(x) = 1x$
e) $f(x) = 3$
f) $g(x) = \frac{5}{2}(x+2) - \frac{3}{2}$

💡 zu Aufgabe 3:
Überprüfen Sie Ihre Ergebnisse mit dem Taschenrechner.

○ 3 Bestimmen Sie die fehlenden Werte der linearen Funktion.

a)
x	−3	−1	1	3	☐
f(x)	−1,5	0,5	☐	☐	8,5

b)
x	−6	−4	0	2	☐
f(x)	☐	3	13	☐	28

● 4 Bestimmen Sie den Steigungswinkel der Geraden.
a) $f(x) = 0{,}5x - 2$
b) $g(x) = -x + 4$
c) $h(x) = \frac{3}{4}x - \frac{1}{2}$

● 5 Bestimmen Sie den Funktionsterm $f(x) = mx + b$.
a) $m = 3$ und der Punkt $P(2|13)$ liegt auf dem Schaubild K_f.
b) Das Schaubild K_f schneidet die y-Achse bei −1,5 und hat die Steigung 0.
c) Der Steigungswinkel α der Geraden beträgt 30°, der y-Achsenabschnitt $b = -1{,}5$.
d) Die Gerade hat den y-Achsenabschnitt 3 und den Funktionswert $f(5) = -2$.
e) Das Schaubild K_f verläuft durch die Punkte $A(-2|0)$ und $B(3|7{,}5)$.

💡 Statt eine Punktes $A(-2|0)$ könnte auch der Funktionswert $f(-2) = 0$ gegeben sein.

● 6 Für einen Test wurde das Gewicht G von Männern in Abhängigkeit von ihrer Größe x in cm bestimmt. Dies ergab die Funktion $G(x) = 0{,}88 \cdot x - 78$ für $x \geq 160$.
a) Welches Gewicht in kg hat demnach ein Mann der Größe 1,78 m?
b) Mit welcher Gewichtszunahme pro cm Körpergröße ist bei Männern zu rechnen?
c) Wie groß müsste demnach ein Mann mit 90 kg Gewicht sein?

● 7 Ein Autoverleih A verlangt 0,45 € für den gefahrenen Kilometer und als Tagespauschale 75 €. Autoverleih B will 50 ct pro Kilometer und die Tagespauschale 50 €.
a) Herr Lehmann will ca. 250 km am Tag fahren. Soll er Autoverleih A oder B wählen?
b) Herr Mayer möchte das Auto für drei Tage leihen und nicht mehr als 300 € ausgeben. Wie viele Kilometer kann er bei A bzw. bei B fahren?

WV 7   NT   GS 6

I Funktionen und Anwendungen

Haltepunkt

8 Die Figur rechts zeigt Schaubilder linearer Funktionen.
a) Entscheiden Sie, welche der angegebenen Funktionsterme zu einem Schaubild passen.
① g(x) = x − 1   ② g(x) = −3x + 6
③ g(x) = 6x + 2   ④ g(x) = 2
⑤ g(x) = 6 − 0,5x   ⑥ g(x) = −3 + 2,5x
b) Zeichnen Sie die Schaubilder der übrigen Funktionen in Ihr Heft.

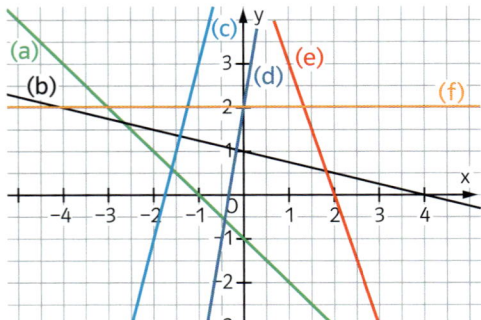

9 Bestimmen Sie den Funktionsterm der linearen Funktion f.
a) Das Schaubild von f hat die Steigung m = 0,3 und verläuft durch den Punkt P(2|−3).
b) Es ist f(−4) = 3 und f(1) = −2.
c) Das Schaubild von f hat den y-Achsenabschnitt 1,5 und den Steigungswinkel α = 45°.

10 Bei Autoreifen nimmt die Profiltiefe im Laufe der Zeit gleichmäßig ab. Deshalb überprüft sie ein Autofahrer von Zeit zu Zeit. Nach 20 000 km betrug sie noch 4 mm; nach 32 000 km waren es nur noch 3 mm.
a) Wie viel km kann der Autofahrer mit diesen Reifen noch fahren, wenn mindestens eine Profiltiefe von 1,6 mm vorgeschrieben ist?
b) Um wie viel mm nimmt die Profiltiefe alle 10 000 km ab?
c) Welche Profiltiefe hatten die Reifen beim Kauf?

🔑 Die Lösungen finden Sie auf Seite L2.

11 Gegeben ist die Gerade durch P(−2|2,5) und Q(1|1). Bestimmen Sie die Koordinaten des Punktes der Geraden, welcher
a) den x-Wert 2 hat.
b) den y-Wert 2 hat.
c) auf der x-Achse liegt.
d) auf der y-Achse liegt.

12 In einer Klinik wird ein Patient um 9:10 Uhr an den „Tropf" gelegt. Dem Patienten wird aus einer Infusionsflasche (Inhalt 0,5 l) Kochsalzlösung sehr langsam und gleichmäßig in die Blutbahn eingeträufelt. Um 9:25 Uhr stellt die Krankenschwester fest, dass noch 0,35 l in der Flasche sind.
a) Welche Funktion beschreibt (modelliert) den Vorgang der Infusion?
b) Wie viel Liter Kochsalzlösung sind nach 30 Minuten ins Blut gelangt?
c) Wie lange dauert es, bis die Flasche leer ist?
d) Nach welcher Zeit sind noch 75 % der Lösung in der Flasche?

13 Bei Straßen wird die Steigung in Prozent angegeben. Die steilsten Teilstücke der San Bernardino-Passstraße haben 15 % Steigung. Wie groß ist der Steigungswinkel α?

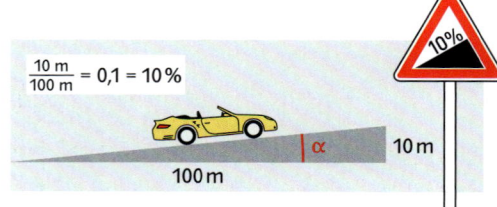

4 Lage von Geraden

Energiebilanz von Verkehrsmitteln pro Reisendem:

Flugzeug: 0,41 kWh pro km + 95,2 kWh pro Start (bei mittlerer Auslastung)

Auto: 0,80 kWh pro km (bei einem Insassen)

Bahn: 0,09 kWh pro km (bei mittlerer Auslastung)

→ Stellen Sie für Flugzeug, Auto und Bahn den Energieverbrauch pro Reisendem in Abhängigkeit von der Länge der Reisestrecke im Koordinatensystem dar.

→ Erläutern Sie am Schaubild, welches Verkehrsmittel für die Strecke von Stuttgart nach Berlin vorteilhaft ist. Die Entfernungen sind beim Fliegen 520 km, auf der Straße 640 km und mit der Bahn 590 km.

Zwei Geraden können verschiedene Lagen zueinander haben. Sie können
– parallel zueinander liegen,   – identisch sein oder   – sich schneiden.

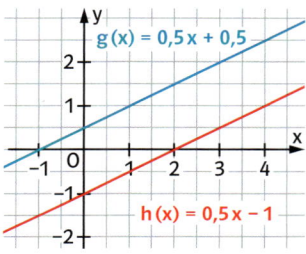 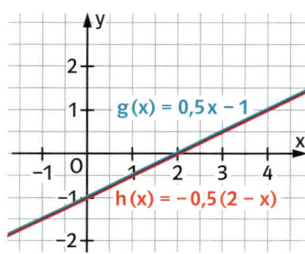 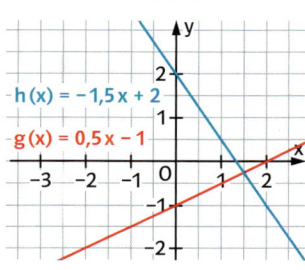

💡 Um die gemeinsamen Punkte zu ermitteln, werden die Funktionsterme von g(x) und h(x) gleichgesetzt.

Die Lage von zwei Geraden lässt sich auch rechnerisch durch Gleichsetzen feststellen.

$g(x) = h(x)$
$0,5x + 0,5 = 0,5x - 1 \mid -0,5x$
$0,5 = -1$

$g(x) = h(x)$
$0,5x - 1 = -0,5(2 - x)$
$0,5x - 1 = -1 + 0,5x$

$g(x) = h(x)$
$0,5x - 1 = -1,5x + 2 \mid +1$
$0,5x = -1,5x + 3 \mid +1,5x$
$2x = 3 \qquad \mid :2$
$x = 1,5$
$g(1,5) = 0,5 \cdot 1,5 - 1 = -0,25$

Das ist falsch. Die Geraden haben keinen Schnittpunkt, sie sind parallel.

Die Aussage ist für alle x richtig. Die Geraden sind identisch.

Die Geraden haben den Schnittpunkt $S(1,5 \mid -0,25)$.

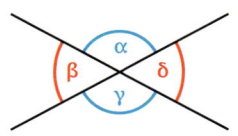

$\alpha = \gamma;\ \beta = \delta$

– Sind zwei Geraden parallel, so haben sie dieselbe Steigung m.
– Identische Geraden haben gleiche Steigung m und gleichen y-Achsenabschnitt b.
– Schneiden sich zwei Geraden, bilden sie zwei Paare jeweils gleich großer Winkel. Der kleinere Winkel heißt **Schnittwinkel** δ der Geraden g und h mit $0° \leq \delta \leq 90°$.

💡 Orthogonale Gerade:

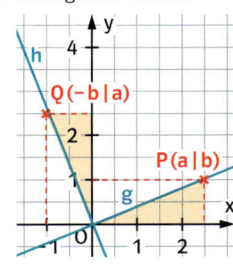

Aus dem Schaubild erkennt man: $\tan(\alpha_g) = \frac{1}{2}$, also $\alpha_g \approx 26,6°$ und $\tan(\alpha_h) = \frac{5}{4}$, also $\alpha_h \approx 51,3°$.
Somit ist $\delta = \alpha_h - \alpha_g \approx 51,3° - 26,6° = 24,7°$.
Im Sonderfall $\delta = 90°$ sind alle vier Winkel gleich groß. Die Geraden g und h stehen **senkrecht** aufeinander, man sagt auch, sie sind **orthogonal** zueinander. Für orthogonale Ursprungsgeraden gilt: Ist $P(a \mid b)$ ein Punkt auf g, so liegt $Q(-b \mid a)$ auf h. Die Steigung von g ist $m_g = \frac{b}{a}$, die von h ist $m_h = \frac{a}{-b}$. Es gilt $m_g \cdot m_h = \frac{b}{a} \cdot \frac{a}{-b} = -1$.

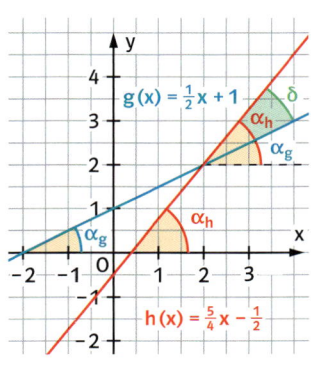

WV   NT   GS

1 Funktionen und Anwendungen

Merke

Gegeben sind zwei Geraden g und h mit den Steigungen m_g und m_h.
- g und h sind **parallel** zueinander, wenn sie gleiche Steigung haben, d.h. $m_g = m_h$.
- g und h sind **identisch**, wenn sie gleiche Steigung und y-Achsenabschnitte haben.
- Schneiden sich g und h in einem Punkt, so wird der Schnittwinkel δ aus den Steigungswinkeln der Geraden g und h berechnet: Ist $α_h > α_g$, gilt $δ = α_h - α_g$.
- g und h sind **orthogonal** zueinander, wenn sie sich in einem Winkel von 90° schneiden. Für ihre Steigungen gilt $m_g \cdot m_h = -1$ bzw. $m_h = -\frac{1}{m_g}$.

💡 Aus $m_g \cdot m_h = 1$ folgt auch $m_g = -\frac{1}{m_h}$.

Beispiele

1 Gegenseitige Lage von Geraden

Gegeben sind die Geraden g, h und k mit $g(x) = -\frac{3}{8}x + 1$, $h(x) = -0{,}375x$ und $k(x) = \frac{8}{3}x + 2$. Untersuchen Sie paarweise ihre gegenseitige Lage.

Lösung:
Da $m_g = -\frac{3}{8} = -0{,}375 = m_h$, sind die Geraden g und h parallel. Die Steigungen sind $m_g = -\frac{3}{8}$ und $m_k = \frac{8}{3}$.
Da $m_g \cdot m_k = \left(-\frac{3}{8}\right) \cdot \frac{8}{3} = -1$, ist k orthogonal zu g und zu h.

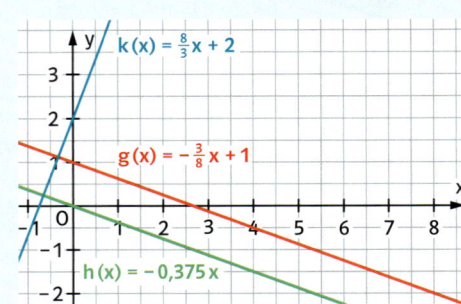

2 Berechnung des Schnittpunkts

Berechnen Sie den Schnittpunkt der Geraden g mit $g(x) = -2x + 4$ und h mit $h(x) = -3x + 2$.

Lösung:
$g(x) = -2x + 4$ und $h(x) = -3x + 2$ Gleichsetzen: $-2x + 4 = -3x + 2$
Auflösen der Gleichung ergibt $x = -2$.
$x = -2$ einsetzen: $g(-2) = -2 \cdot (-2) + 4 = 8$. Der Schnittpunkt von g und h ist $S(-2|8)$.

💡 Setzt man $x = -2$ in die Gleichung von h ein, kommt auch $h(-2) = 8$ heraus.

3 Bestimmung des Schnittwinkels

$g(x) = 0{,}5x + 1$ und $h(x) = 1{,}5x - 1$
Bestimmen Sie den Schnittwinkel.

Lösung:
Die Skizze zeigt: $δ = α_h - α_g$.
Aus $\tan(α_g) = 0{,}5$ folgt $α_g ≈ 26{,}6°$.
Aus $\tan(α_h) = 1{,}5$ folgt $α_h ≈ 56{,}3°$.
Also: $δ ≈ 56{,}3° - 26{,}6° ≈ 29{,}7°$.

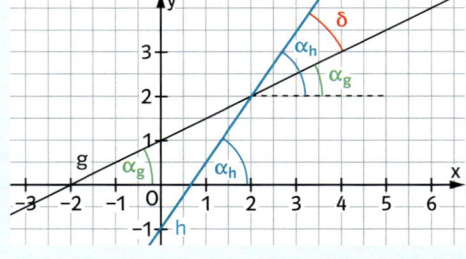

4 Besondere Geraden, 1. und 2. Winkelhalbierende

a) Ermitteln Sie die Gleichungen der Geraden auf dem Rand.
b) Eine Gerade ist parallel zur x-Achse und geht durch $P(1|4)$. Geben Sie die Geradengleichung an.

Lösung:
a) Es ist $m_g = 1$. Gleichung der 1. Winkelhalbierenden: $g(x) = 1 \cdot x = x$,
$m_h = -1$. Gleichung der 2. Winkelhalbierenden: $h(x) = -1 \cdot x = -x$.
b) Eine Parallele zur x-Achse hat die Steigung $m = 0$. Da sie durch $P(1|4)$ verläuft, haben alle Punkte auf ihr den y-Wert 4. Die Gleichung der linearen Funktion ist $f(x) = 0 \cdot x + 4 = 4$ oder die Geradengleichung lautet $y = 4$.

💡 1. Winkelhalbierende
   2. Winkelhalbierende

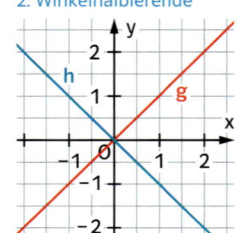

I Funktionen und Anwendungen

Aufgaben

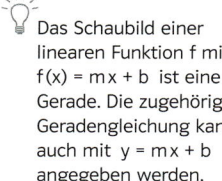
Das Schaubild einer linearen Funktion f mit f(x) = mx + b ist eine Gerade. Die zugehörige Geradengleichung kann auch mit y = mx + b angegeben werden.

1 Bestimmen Sie die Gleichungen der Geraden g, h, i, j und k in der Figur unten.

2 Bestimmen Sie die gegenseitige Lage von g und h und ggf. den Schnittpunkt.
a) $g(x) = 2x - 3$ und $h(x) = -x + 1$
b) g mit $y = -0{,}6x + 3$ und h mit $y = -\frac{5}{3}x + 2$
c) g mit $x = 3$ und h mit $y = 5$

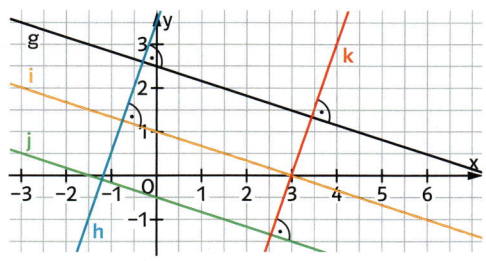

3 Entscheiden Sie rechnerisch.
a) Liegt der Punkt A(10|18) auf der Ursprungsgeraden f durch den Punkt B(−15|−27)?
b) Welche Gleichung hat die Orthogonale g zur Geraden mit $y = 3x - 4$ durch Q(3|4)?
c) Sind die Geraden mit $y = \frac{3}{7}x - \frac{1}{2}$ und $3y + 7x = 4$ orthogonal zueinander?

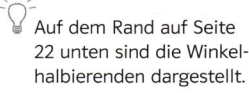
Auf dem Rand auf Seite 22 unten sind die Winkelhalbierenden dargestellt.

4 a) Zeigen Sie, dass sich 1. und 2. Winkelhalbierende im Winkel 90° schneiden.
b) Berechnen Sie den Schnittwinkel zwischen der 2. Winkelhalbierenden und der linearen Funktion f mit $f(x) = 0{,}5x + 5$. Prüfen Sie den Schnittwinkel zeichnerisch.

5 Ein Waldkindergarten mit 80 Kindern wächst kontinuierlich um jährlich 12 Kinder. Der Stadtkindergarten mit 240 Kindern verliert jährlich 15 Kinder. Wann hat der Waldkindergarten voraussichtlich mehr Kinder als der Kindergarten in der Stadt?

Haltepunkt

6 Bestimmen Sie die gegenseitige Lage der beiden Geraden.
a) $g(x) = 2x - 3$
   $h(x) = -x + 3$
b) g mit $y = 1{,}5x + 18$
   h mit $y = 5 - \frac{4}{6}x$
c) g mit $2y - 4x + 1 = 0$
   h mit $10x - 5y = 3$

7 Berechnen Sie Schnittpunkt und Schnittwinkel der beiden Geraden.
a) $g(x) = 3x - 2$
   $h(x) = x + 4$
b) g mit $3x - 4y = 27$
   h mit $x - y = 8$
c) g mit $y = 2x + 1$
   h mit $y = -x + 2$

8 Für Car-Sharing verlangt CityWagen monatlich 50 € und für die Benutzung pro Stunde 8 €. StadtCar verlangt keine Monatsgebühr und berechnet für die Benutzung 10 € pro Stunde. Erläutern Sie, welches Angebot wann vorteilhaft ist.

Die Lösungen finden Sie auf Seite L3.

9 Glykol, Wasser und Spiritus werden erwärmt.
a) Warum steigt die Temperatur bei Spiritus und Wasser nach einer Weile nicht mehr an? Wie ist das bei Glykol?
b) Bestimmen Sie eine lineare Funktion, die die Erwärmung von Wasser bzw. Spiritus (in °C) in Abhängigkeit von der Zeit t (in min) beschreibt. Geben Sie die Wertebereiche der Funktionen an.

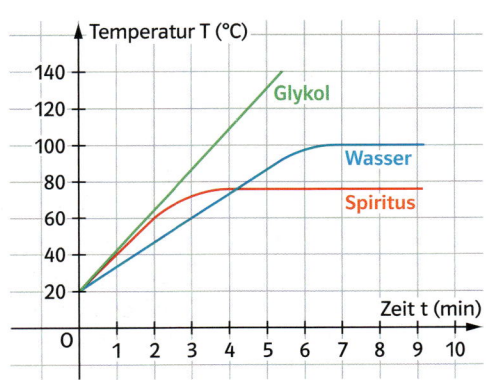

Rückblick

Funktionen, Bezeichnungen
Eine **Funktion** f ordnet jedem x-Wert genau einen y-Wert zu.
Der **Funktionsterm** wird mit f(x) bezeichnet, der x-Wert heißt auch **Stelle**, der zugeordnete y-Wert **Funktionswert**.
Die **Definitionsmenge D** ist die Menge aller x-Werte, die in die Funktion eingesetzt werden dürfen.
Die **Wertemenge W** ist die Menge aller Funktionswerte.
Das **Schaubild K** von f sind alle Punkte P(x|y) mit y = f(x).

$f(x) = 4x$
Wenn $D = \mathbb{R}_+$ für die Funktion $f(x) = 4x$, dann ist $W = \mathbb{R}_+$.
$f(2) = 4 \cdot 2 = 8$, d.h. der Punkt P(2|8) liegt auf dem Schaubild K von f.

Lineare Funktion, Gerade
Eine Funktion f mit $f(x) = m \cdot x + b$ heißt **lineare Funktion**.
Das Schaubild einer linearen Funktion ist eine **Gerade** mit **Steigung m** und **y-Achsenabschnitt b**.
Die zugehörige **Geradengleichung** lautet $y = m \cdot x + b$.
Für b = 0 nennt man diese Gerade **Ursprungsgerade**.
Liegen zwei Punkte $P_1(x_1|y_1)$ und $P_2(x_2|y_2)$ auf einer Geraden, so gilt für die Steigung der Geraden $m = \frac{y_2 - y_1}{x_2 - x_1}$ für $x_1 \neq x_2$.

Das Schaubild der linearen Funktion g mit $g(x) = 4x - 3$ ist eine Gerade mit Steigung m = 4 und y-Achsenabschnitt b = -3.
Das Schaubild von f mit $f(x) = 4x$ ist eine Ursprungsgerade mit Steigung m = 4.
$P_1(1|4)$ und $P_2(2|8)$ liegen auf der Geraden f. Es gilt $m = \frac{8 - 4}{2 - 1} = 4$.

Parallele und orthogonale Geraden
Zwei Geraden g und f mit den Steigungen m_f und m_g sind **parallel** zueinander, wenn sie die gleiche Steigung haben, d.h. $m_g = m_f$.
Zwei Geraden g und h mit den Steigungen m_g und m_h sind **orthogonal** zueinander, wenn sie sich in einem Winkel von 90° schneiden. Für ihre Steigungen gilt: $m_g \cdot m_h = -1$ bzw. $m_h = -\frac{1}{m_g}$.

$g(x) = 4x - 3$
$f(x) = 4x$; $m_g = m_f = 4$
$h(x) = -\frac{1}{4}x + 1$
$m_h = -\frac{1}{4}$
$m_g \cdot m_h = 4 \cdot \left(-\frac{1}{4}\right) = -1$

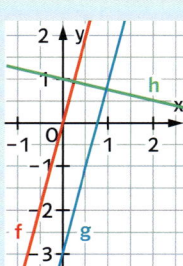

Besondere Geraden
y = b   ist eine **Parallele zur x-Achse**.
x = a   ist eine **Parallele zur y-Achse**.
y = x   heißt **1. Winkelhalbierende**.
y = -x   heißt **2. Winkelhalbierende**.

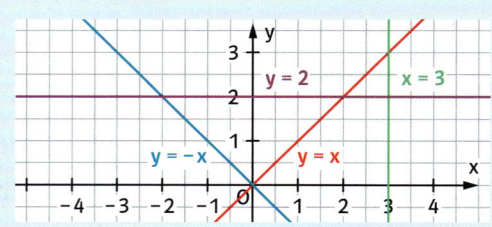

Steigungswinkel, Schnittwinkel zweier Geraden
Für den Steigungswinkel α_f einer Geraden f gilt: $\tan(\alpha_f) = m$.
Schneiden sich zwei Geraden f und k, so bilden sie zwei Paare jeweils gleich großer, gegenüberliegender Winkel. Der kleinere der beiden Winkel heißt **Schnittwinkel von f und k** und wird mit δ gekennzeichnet.
Ist $\alpha_f > \alpha_k$, dann gilt $\delta = \alpha_f - \alpha_k$.

$f(x) = 4x$; $k(x) = \frac{1}{2}x + 1$
$\tan(\alpha_f) = 4$; $\alpha_f \approx 76{,}0°$
$\tan(\alpha_k) = \frac{1}{2}$; $\alpha_k \approx 26{,}6°$
$\delta \approx 76{,}0° - 26{,}6° = 49{,}4°$

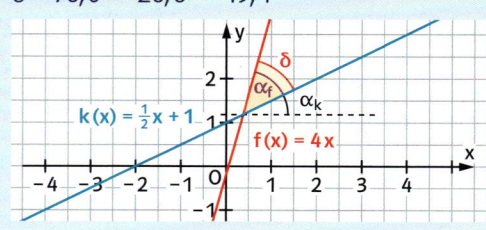

Sammelpunkt

Standpunkt/Kap. I
d3pn2r

Wo stehe ich?

Das kann ich ...	gut	etwas	nicht gut	Lerntipp
1 reale Zusammenhänge mit einer Tabelle, einem Schaubild oder einer Funktionsgleichung beschreiben.	☐	☐	☐	Seite 10
2 die mathematische Fachsprache verstehen.	☐	☐	☐	Seite 14
3 Schaubilder linearer Funktionen zeichnen.	☐	☐	☐	Seite 18
4 den Term einer linearen Funktion bestimmen				
a) mithilfe eines Punktes und der Steigung.	☐	☐	☐	Seite 18, 19
b) mithilfe zweier Punkte.	☐	☐	☐	Seite 18
5 die gegenseitige Lage von zwei Geraden bestimmen.	☐	☐	☐	Seite 22
6 den Steigungswinkel einer Geraden berechnen.	☐	☐	☐	Seite 18, 19
7 Schnittpunkt und Schnittwinkel von Geraden berechnen.	☐	☐	☐	Seite 22

Aufgaben

1 Wasser wird erhitzt. Die Tabelle zeigt Zeitdauer und Temperatur.

Zeit (in min)	0	1	2	3	4
Temperatur (in °C)	20	24	28	32	36

a) Bestimmen Sie eine lineare Funktion f, die die Temperatur (in °C) in Abhängigkeit von der Zeit t (in min) beschreibt.
b) Zeichnen Sie das Schaubild K von f für die ersten 15 Minuten.
c) Welche Temperatur wird das Wasser nach 12 Minuten haben?
d) Wann hat das Wasser eine Temperatur von 50 °C?

2 Erläutern Sie in Worten.
a) $f(3) = 4$
b) $g(2) > h(2)$
c) $f(x) < g(x)$ auf $[0; 5]$
d) $D_f = \mathbb{R} \setminus \{3\}$
e) $f(x) \neq 0$ auf $]0; 10]$

3 Zeichnen Sie das Schaubild K_f der linearen Funktion f mit $f(x) = -1{,}25x + 1$ und das Schaubild K_g der linearen Funktion g mit $g(x) = -0{,}25x - 2{,}5$ im Intervall $[-5; 5]$.

4 Bestimmen Sie den Funktionsterm der linearen Funktion.
a) Das Schaubild von f hat die Steigung $m = 2$ und verläuft durch Punkt $P(-1|0{,}25)$.
b) Die Punkte $A(-2|1)$ und $B(0{,}5|-1{,}5)$ liegen auf dem Schaubild K von g.

5 Gegeben sind die Geraden f, g, h und k durch $f(x) = -5x - 1$; $g(x) = 6 + 0{,}4x$; $h(x) = \frac{2}{5}x + 4$ und $k(x) = -3 - 2{,}5x$. Welche der Geraden sind parallel, welche orthogonal zueinander? Begründen Sie Ihre Aussagen.

6 Berechnen Sie die Steigungswinkel von $f(x) = -1{,}25x + 1$ und $g(x) = -0{,}25x - 2{,}5$.

7 Berechnen Sie den Schnittpunkt und den Schnittwinkel der Geraden
a) $f(x) = -1{,}25x + 1$; $g(x) = -0{,}25x - 2{,}5$.
b) $f(x) = 3$ und der 1. Winkelhalbierenden.

🗝 Die Lösungen finden Sie auf Seite L 4.

Anwenden – Vertiefen – Vernetzen

1. In einer englischen Studie wurde der Einfluss der Ernährung auf den Blutdruck untersucht.
   a) Ist es sinnvoll, die einzelnen Messpunkte miteinander zu verbinden?
   b) Geben Sie für die drei dargestellten Funktionen jeweils die Definitionsmenge und die Wertemenge an.
   c) Um wie viel Prozent sank der Blutdruck bei der Diät „viel Obst, wenig Fett" im Verlauf der Studie?

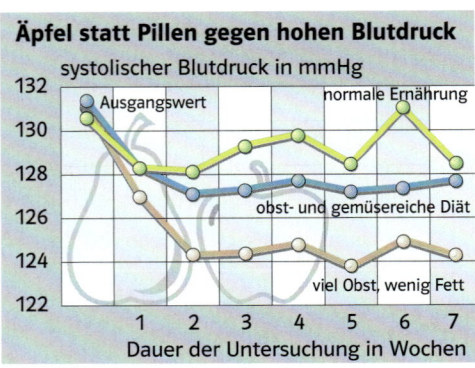

2. Bei einem städtischen Verkehrsbetrieb kostet der Einzelfahrschein 2,10 € und eine Zehnerkarte 17,50 €. Bei wie vielen Fahrten lohnt sich eine Zehnerkarte?

3. Ein Telefonanbieter hat zwei Tarife. In Tarif T_1 ist die monatliche Flatrate 25 €, in Tarif T_2 beträgt die monatliche Grundgebühr 5 €, der Minutenpreis ist 8 ct.
   a) Geben Sie für beide Tarife den Gesamtpreis als Funktion der Gesprächsminuten an.
   b) Stellen Sie beide Funktionen in einem gemeinsamen Koordinatensystem dar.
   c) Erläutern Sie, in welchen Fällen welcher Tarif günstiger ist.

Variable Kosten sind die reinen Produktionskosten; sie ändern sich mit der produzierten Menge. Die **Fixkosten** fallen unabhängig von der produzierten Menge an.

4. Bei der Fertigung eines Bauteils fallen 12 000 € Fixkosten an. Die variablen Kosten belaufen sich auf 45 € pro Stück. Das Bauteil wird zum Preis von 105 € verkauft.
   a) Ermitteln Sie die Gesamtkosten und den Gesamterlös als Funktion der Stückzahl.
   b) Stellen Sie Gesamtkosten und Gesamterlös in einem Koordinatensystem dar.
   c) Bei welchen Stückzahlen macht die Firma Gewinn? Nutzen Sie das Schaubild.

5. Ein Öltank mit 6000 l Fassungsvermögen wird gleichmäßig mit Heizöl gefüllt. Nach 6 Minuten sind 2100 l im Tank, eine Viertelstunde später 4350 l.
   a) Geben Sie die Funktion an, die der Fülldauer t den Füllstand f(t) zuordnet.
   b) War der Tank bei Beginn der Füllung leer?
   c) Wie lange dauert es, bis der Tank voll ist?

0 °C sprich: null Grad Celsius
32 °F sprich: 32 Grad Fahrenheit

6. Bei der Celsius-Skala ist 0 °C der Schmelzpunkt von Eis und 100 °C der Siedepunkt von Wasser. Die entsprechenden Werte bei der Fahrenheit-Skala sind 32 °F bzw. 212 °F.
   a) Um wie viel Grad Fahrenheit steigt die Temperatur, wenn sie um 1 Grad Celsius zunimmt?
   b) Durch welche Gleichung wird die Abhängigkeit der Temperatur in °F von der in °C beschrieben?
   c) Eine Person hat 41 °C Fieber. Wie viel Grad Fahrenheit entspricht dies?

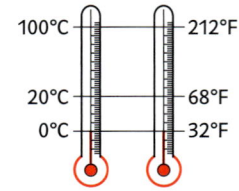

7. Einem Würfel mit der Seitenlänge x ist sein Volumen V zugeordnet.
   a) Geben Sie die zugehörige Funktion V(x) an und erstellen Sie eine Wertetabelle.
   b) Zeichnen Sie das Schaubild der Funktion V(x) und kontrollieren Sie Ihre Zeichnung mit dem Schaubild, das ein digitales Mathematikwerkzeug erzeugt.

8 Welche Darstellung ist Schaubild einer Funktion? Begründen Sie.

a) 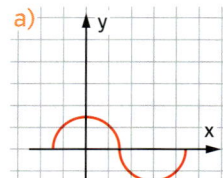 b) 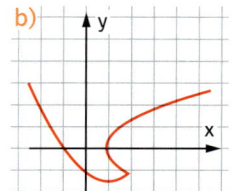 c) 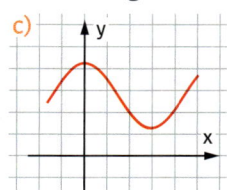 d)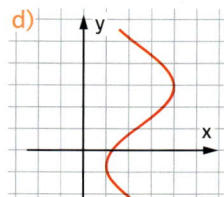

9 Ist das die Wertetabelle einer linearen Funktion? Notieren Sie den Funktionsterm.

a)
x	−2	0	2	4
f(x)	5	2	−1	−4

b)
x	0,6	1,2	2,4	3,0
f(x)	1,2	2,4	3,6	4,8

10 Gegeben ist eine Geradengleichung. Geben Sie den Term f(x) der zugehörigen linearen Funktion f an.

a) $y - 4x = 6$ b) $2y + 6x - 5 = 0$ c) $3x + 0,5y - 1,5 = 1,5$

11 Prüfen Sie rechnerisch und zeichnerisch, ob die Punkte auf einer Geraden liegen.

a) A(−1,5|0,5), B(2|2), C(3,5|2,5)   b) A(−10|1), B(−2|−1), C(2|−2)
c) A(0|11), B(11|0), C(5,4|5,6)   d) A(1|1), B(7,5|6), C(2,5|3)

12 Untersuchen Sie rechnerisch.

a) Liegt P(10|12) auf der Geraden durch den Ursprung O(0|0) und Q(0,25|0,2)?
b) Hat die Gerade durch A(−2|−3) und B(2|−3) die Gleichung y = −3?
c) Ist $-x + 4y - 6 = 0$ die Parallele zu $y = -0,25x$ durch den Punkt P(−6|0)?
d) Geht die Senkrechte zu $y = 7x - 21$ durch P(0|3) auch durch Q(14|1)?
e) Wie heißt die Gleichung der Geraden durch A(2|3) und B(2|2)?

13 Wie lautet eine Gleichung einer Geraden, die

a) zur x-Achse parallel ist und durch A(3|−2) geht,
b) zur y-Achse parallel ist und durch B(0|17) verläuft,
c) den Steigungswinkel 45° hat und durch C(−1|2) geht?

14 Zeichnen Sie das Viereck ABCD in ein Koordinatensystem und überprüfen Sie rechnerisch, ob es sich bei dem Viereck um ein Parallelogramm oder ein Trapez handelt.

a) A(0|−4), B(3|−3), C(1|3), D(−2|2)   b) A(2|0), B(8|−1), C(9|0), D(6|0,5)

15 Übertragen Sie die angefangenen Schaubilder ins Heft, vervollständigen Sie diese.

a) Bestimmen Sie die Gleichung der Geraden g.
b) Es ist $f(x) = 8 - x$. Skalieren Sie die Achsen.
c) Es ist $f(x) = 7 - 2 \cdot x$. Beschriften und skalieren Sie die Achsen.

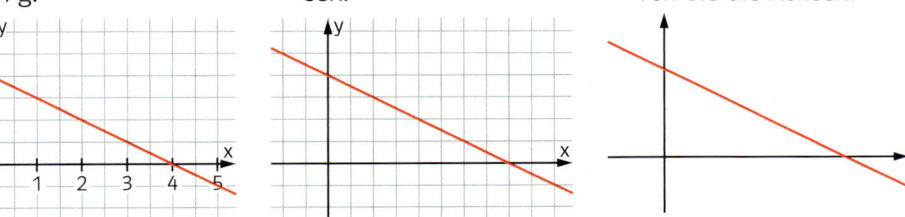

I Funktionen und Anwendungen

16 a) Zeichnen Sie die Schaubilder von f mit f(x) = 3 − 1,25x und g mit g(x) = 0,75x + 1.
b) Berechnen Sie die Werte von x mit f(x) = g(x).
c) Für welche x-Werte ist f(x) < g(x)?
d) Für welche x-Werte verläuft die Gerade f oberhalb der Geraden g?

17 Die Geraden g mit g(x) = −0,8x + 1, h mit h(x) = −4x + 17 und k mit k(x) = $\frac{5}{4}$x − 4 schließen ein Dreieck ein.
a) Zeichnen Sie das Dreieck in einem Koordinatensystem.
b) Bestimmen Sie die Koordinaten der Eckpunkte des Dreiecks.
c) Entscheiden Sie rechnerisch, ob das Dreieck rechtwinklig ist.
d) Welchen Flächeninhalt hat das Dreieck?
e) Wie zeigen Sie rechnerisch, ob der Punkt Q(4|−2) im Dreieck liegt oder außerhalb?

18 Kreisumfang u und Kreisinhalt A hängen vom Radius r eines Kreises ab.
a) Geben Sie die Funktion u an, die dem Radius r den Kreisumfang u zuordnet. Berechnen Sie anschließend u(1) und u(6) und geben Sie deren Bedeutung an. Zeichnen Sie das Schaubild der Funktion u.
b) Geben Sie die Funktion A an, die dem Radius r den Kreisinhalt A zuordnet. Berechnen Sie anschließend A(1) und A(6) und geben Sie deren Bedeutung an. Zeichnen Sie das Schaubild der Funktion A. Welche Form hat es?

19 Die Formel für die Oberfläche eines Quaders mit quadratischer Grundfläche ist
O = 2 · a² + 4 · a · h.
a) Erläutern Sie anhand einer Skizze die Bedeutung der vorkommenden Variablen.
b) Berechnen Sie die Oberfläche eines Quaders mit Kantenlängen a = 5 und h = 4.
c) Geben Sie die Höhe als Funktion der Oberfläche mit der Grundseite a = 5 an.

Irland ist eine Insel.

20 Mareike und Tatjana planen Sommerferien in Irland und kalkulieren: Hin- und Rückflüge kann man ab 232 € für beide buchen, der Mietwagen kostet pro Tag 22,50 €. Reisen beide mit dem Auto an, zahlen sie für alle Überfahrten insgesamt 700,00 € zzgl. 210,00 € für das Benzin bis zur Fähre und zurück. Für ein Doppelzimmer in einem Bed & Breakfast müssen pro Person und Nacht 35 € eingeplant werden.
a) Welches Angebot ist günstiger, wenn sie 21 bzw. 35 Tage in Irland verbringen?
b) Ab dem wievielten Tag Irland-Aufenthalt lohnt sich die Fähre?

21 Zwei zylinderförmige Gefäße werden mit Wasser gefüllt. Jedes Gefäß hat einen Grundflächeninhalt von 1 dm² und ist 85 cm hoch. Der jeweilige Wasserzufluss ist konstant.

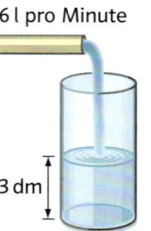

a) Geben Sie pro Gefäß die Wasserspiegelhöhe als Funktion der Zeit an.
b) Zeichnen Sie die Schaubilder beider Funktionen von Teilaufgabe a) in ein Koordinatensystem.
c) Erreicht der Wasserspiegel des zweiten Gefäßes die Höhe des Wasserspiegels vom ersten Gefäß, bevor das Wasser überläuft?

Test

1 Gegeben ist die Funktion f mit $f(x) = 4 - 0{,}25 x^2$.
a) Zeichnen Sie das Schaubild K_f von f im Intervall $[-2; 4]$.
b) Bestimmen Sie die Definitionsmenge und die Wertemenge der Funktion f.
c) Berechnen Sie $f(3)$ und $f(-0{,}8)$.
d) An welchen Stellen x ist $f(x) = -2{,}25$?

2 a) Bestimmen Sie die Gleichungen der Geraden f, g und h aus dem Schaubild.
b) Bestimmen Sie die Gleichung der Geraden k, die parallel zu f und durch den Punkt $N(4{,}5 | 0)$ verläuft.

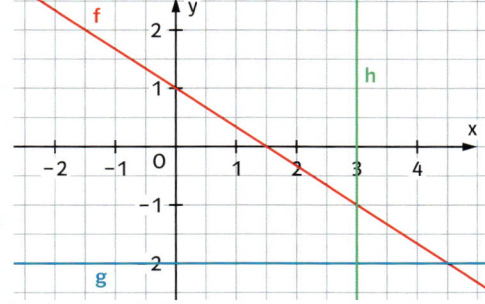

3 Gegeben sind g mit $g(x) = 0{,}25 x + 1{,}5$ und h mit $h(x) = -2x - \frac{3}{4}$.
a) Berechnen Sie die Schnittpunkte von g mit den Koordinatenachsen.
b) Der Punkt $P(x | 1)$ liegt auf der Geraden h. Bestimmen Sie x.
c) Berechnen Sie den Schnittpunkt der Geraden g und h.
d) Berechnen Sie den Schnittpunkt der Geraden h und der 2. Winkelhalbierenden.
e) Berechnen Sie die Steigungswinkel von g und h und den Schnittwinkel der Geraden.

4 Gegeben sind die Punkte $A\left(-1 | \frac{9}{5}\right)$ und $B\left(2 | \frac{3}{5}\right)$ sowie die lineare Funktion f mit $f(x) = \frac{3}{4}x + \frac{1}{4}$. Das Schaubild von f ist K_f.
a) Bestimmen Sie rechnerisch die Funktionsgleichung der linearen Funktion g, deren Schaubild K_g durch die Punkte A und B verläuft.
b) Bestimmen Sie die Funktionsgleichung der linearen Funktion h, deren Schaubild K_h orthogonal zu K_f ist und durch den Punkt A verläuft.
c) Bestimmen Sie die Geradengleichung der Geraden k, die parallel zur y-Achse ist und durch den Punkt B geht.
d) Zeichnen Sie die Geraden f, g, h und k in ein Koordinatensystem.

5 Entscheiden Sie, ob die Aussage wahr oder falsch ist. Begründen Sie Ihre Antwort.
a) Jede Parallele zur x-Achse hat mit dem Schaubild einer beliebigen Funktion höchstens einen Punkt gemeinsam.
b) Jede Parallele zur y-Achse hat mit dem Schaubild einer beliebigen Funktion höchstens einen Punkt gemeinsam.
c) Der Punkt $P(10 | 9)$ liegt auf der Ursprungsgeraden durch den Punkt $Q(0{,}25 | 0{,}2)$.
d) Die Geraden g mit $y = \frac{1}{3}x + \frac{4}{5}$ und h mit $x = 3y - 2{,}4$ schneiden sich im Punkt R.

6 Zwei Kerzen werden gleichzeitig angezündet. Eine ist zu Beginn 15 cm lang und wird pro Stunde 1,2 cm kürzer. Die 28 cm lange Kerze wird pro Stunde 3,5 cm kürzer.
a) Bestimmen Sie für jede Kerze die lineare Funktion, die die Höhe der Kerze (in cm) in Abhängigkeit von der Brenndauer (in h) beschreibt. Zeichnen Sie die Schaubilder.
b) Wie lang sind beide Kerzen nach 4 Stunden?
c) Welche Kerze ist zuerst abgebrannt?
d) Zu welchem Zeitpunkt sind beide Kerzen gleich lang?
e) Zu welchen Zeitpunkten unterscheiden sich die Kerzen in ihren Längen um 5 cm?

Die Lösungen finden Sie auf Seite L 5.

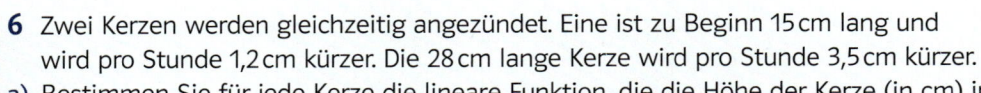

Standpunkt

Standpunkt/Kap. II
u3q8ew

Wo stehe ich?

Das kann ich ...	gut	etwas	nicht gut	Lerntipp
1 binomische Formeln anwenden.	■	■	■	Basiswissen, Seite B 5
2 einen Term als Produkt schreiben.	■	■	■	Basiswissen, Seite B 5
3 lineare und quadratische Gleichungen lösen.	■	■	■	Basiswissen, Seite B 10
4 Funktionswerte berechnen.	■	■	■	Kapitel 1, Seite 14
5 eine Punktprobe durchführen.	■	■	■	Kapitel 1, Seite 18
6 den Schnittpunkt zweier Geraden zeichnerisch und rechnerisch ermitteln.	■	■	■	Basiswissen, Seite B 24

Überprüfen Sie Ihre Einschätzung.

1 Schreiben Sie den Term mithilfe der binomischen Formeln als Summe.
a) $(x + 2)^2$
b) $(2x - 3)^2$
c) $2(x + 1,5)^2$
d) $-2(x - 2,5)^2$
e) $(x + 5)(x - 5)$
f) $2(x + 1,5)(x - 1,5)$
g) $-(2x - 1)(2x + 1)$
h) $-(x - 3)^2$

2 Schreiben Sie den Term als Produkt.
a) $3x^2 + 12x$
b) $\frac{1}{2}x^2 - 4x$
c) $x^2 + 6x + 9$
d) $2x^2 + 8x + 8$
e) $-x^2 + 8x - 16$
f) $x^2 - 25$

3 Berechnen Sie die Lösungsmenge.
a) $2x - 4 = 3x + 2$
b) $x - 1 = 2(x + 1)$
c) $x^2 + 5 = 2x^2 + 1$
d) $\frac{1}{2}x - 1 = -(2x + 1,5)$
e) $x^2 - 2x = 2x(x - 1)$
f) $x^2 - 6x - 16 = 0$

4 Berechnen Sie die Funktionswerte der Funktion f an den Stellen $x_1 = -2$; $x_2 = 0$ und $x_3 = 10$.
a) $f(x) = 3x - 5$
b) $f(x) = -\frac{3}{4}x + \frac{1}{2}$
c) $f(x) = x^2 - 2$

5 Berechnen Sie alle Punkte $P(x|0)$, die auf der Funktion f mit f(x) liegen.
a) $f(x) = \frac{3}{2}x - 6$
b) $f(x) = -\frac{1}{2}x - 3$
c) $f(x) = \frac{1}{2}x^2 - 2$

6 Zeichnen Sie die beiden Geraden in Ihr Heft. Lesen Sie den Schnittpunkt ab. Überprüfen Sie Ihr Ergebnis durch eine Rechnung.
a) g: $y = -x + 2$ und h: $y = 2x - 4$
b) g: $y = 3x - 1$ und h: $y = x + 3$
c) g: $y = -\frac{1}{2}x + 1$ und h: $y = 2x - \frac{3}{2}$
d) g: $y = \frac{2}{3}x - \frac{2}{3}$ und h: $y = -\frac{3}{2}x + \frac{3}{2}$

Die Lösungen finden Sie auf Seite L 7.

II Polynomfunktionen

Mathematische Funktionen helfen Ingenieurinnen, Technikern und Architektinnen ihre Bauprojekte zu beschreiben. So lässt sich der Innenbogen des Gateway-Arch in St. Louis (USA) ② näherungsweise durch die folgende Funktion f mit
$f(x) = -2 \cdot 10^{-6} \cdot x^4 - 1{,}6 \cdot 10^{-2} \cdot x^2 + 187{,}5$ (x in m, f(x) in m) beschreiben. Auch Teilstrecken einer Achterbahn ① können mit Funktionen beschrieben werden.

In diesem Kapitel
- werden Parabeln gestreckt und verschoben.
- werden die Schnittpunkte von Parabeln mit der x-Achse und der y-Achse eines Koordinatensystems berechnet.
- werden Polynomfunktionen eingeführt und deren Eigenschaften beschrieben.
- werden unterschiedliche Darstellungsformen von Polynomfunktionen vorgestellt.

II Polynomfunktionen

1 Die Normalparabel strecken und verschieben

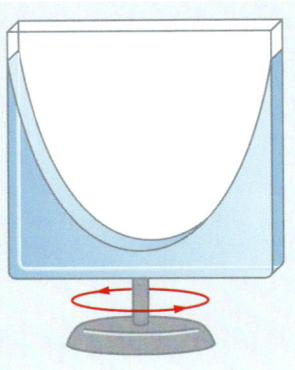
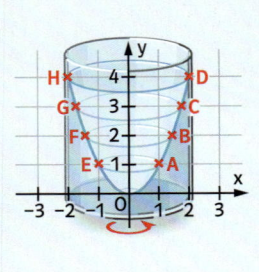

Ein Glas mit gefärbtem Wasser wird um seine Achse gedreht. Das rotierende Wasser bildet einen Hohlkörper. Betrachtet man den Querschnitt des Hohlkörpers im Koordinatensystem, ergibt dies eine charakteristische Kurve:
→ Lesen Sie die Koordinaten der Punkte A, B, C, D, E, F, G und H im hinterlegten Koordinatensystem ab.
→ Können Sie einen Zusammenhang zwischen den x-Koordinaten und y-Koordinaten erkennen?

Der Flächeninhalt A eines Quadrats mit Seitenlänge x lässt sich mathematisch als Funktion $A(x) = x^2$ beschreiben. Das Schaubild dieser Funktion wird als **Normalparabel** bezeichnet.

💡 Liegt der Punkt P(x|y) auf der Funktion f(x), so kann man den Punkt auch mit P(x|f(x)) bezeichnen.

Zum Zeichnen des **Schaubilds** von $f(x) = x^2$ für $x \in [-3; 3]$ wird eine **Wertetabelle** erstellt.

x	−3	−2,5	−2	−1,5	−1	−0,5
f(x)	9	6,25	4	2,25	1	0,25

x	0	0,5	1	1,5	2	2,5	3
f(x)	0	0,25	1	2,25	4	6,25	9

💡 Statt Scheitelpunkt kann man auch **Scheitel** sagen.

Der tiefste Punkt S(0|0) der Parabel heißt **Scheitelpunkt**. Die x-Werte 2 und −2 haben denselben Funktionswert, d.h. $f(2) = f(-2) = 4$. Da für alle Stellen Entsprechendes gilt, ist die Normalparabel achsensymmetrisch zur y-Achse. Multipliziert man den Funktionsterm von $f(x) = x^2$ mit einer Zahl $a \in \mathbb{R}^*$, so wird die Parabel in **y-Richtung gestreckt**. Man erhält eine Funktion vom Typ $g(x) = a \cdot x^2$, die Funktionen bezeichnet man als **Parabeln**.

💡 $\mathbb{R}^* = \mathbb{R} \setminus \{0\}$
Für a = 0 ist g(x) = 0, also eine Gerade.

a = 1 Normalparabel

a > 0 nach oben offen

a < 0 nach unten offen

x	−2	−1	0	1	2	3
$f(x) = x^2$	4	1	0	1	4	9
$g(x) = 2 \cdot x^2$	8	2	0	2	8	18
$h(x) = \frac{1}{2} \cdot x^2$	2	$\frac{1}{2}$	0	$\frac{1}{2}$	2	$\frac{9}{2}$
$i(x) = -2 \cdot x^2$	−8	−2	0	−2	−8	−18

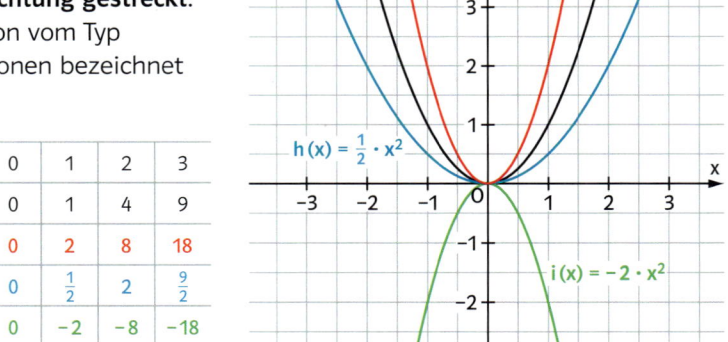

32   WV   NT   GS

II Polynomfunktionen

Merke

Das Schaubild der Funktion f mit $f(x) = x^2$ heißt **Normalparabel**.
Die Funktion $g(x) = ax^2$ mit $a \neq 0$ hat als Schaubild eine **Parabel**, die aus der Normalparabel durch **Streckung mit dem Faktor a** in y-Richtung hervorgeht.
Für $a > 0$ ist die Parabel nach oben geöffnet. Der **Scheitelpunkt S** ist in diesem Fall der tiefste Punkt der Parabel.
Für $a < 0$ ist die Parabel nach unten geöffnet. Der Scheitelpunkt S ist in diesem Fall der höchste Punkt.

💡 Funktionen der Form $f(x) = a \cdot x^2$ nennt man quadratische **Funktionen**.

Beispiel

1 Schaubilder und Punkte einer Funktion der Form $f(x) = a \cdot x^2$

a) Erstellen Sie Wertetabellen für g mit $g(x) = 2 \cdot x^2$; h mit $h(x) = \frac{1}{3} \cdot x^2$ und i mit $i(x) = -\frac{1}{5} \cdot x^2$. Wählen Sie die Werte $-3; -2,5; -2; -1,5; -1$ und $-0,5$.

b) Zeichnen Sie die Normalparabel und die Schaubilder von g, h und k in ein Koordinatensystem.

c) Liegen die Punkte $P(3|3)$, $Q(2,5|2)$ und $R(5|2)$ auf der Parabel mit der Gleichung $h(x) = \frac{1}{3} \cdot x^2$?

Lösung: a) und b)

x	−3	−2,5	−2	−1,5	−1	−0,5
$f(x) = x^2$	9	6,25	4	2,25	1	0,25
$g(x) = 2x^2$	18	12,5	8	4,5	2	0,5
$h(x) = \frac{1}{3}x^2$	3	2,08	1,33	0,75	$\frac{1}{3}$	0,08
$i(x) = -\frac{1}{5}x^2$	−1,8	−1,25	−0,8	−0,45	−0,2	−0,05

💡 Statt $g(x) = 2 \cdot x^2$ schreibt man kurz $g(x) = 2x^2$.

c) $P(3|3)$ einsetzen: $h(3) = \frac{1}{3} \cdot 3^2 = 3$. D.h. der Punkt P liegt auf dem Schaubild der Funktion h.
$Q(2,5|2)$ einsetzen: $h(2,5) = \frac{1}{3} \cdot 2,5^2 = \frac{1}{3} \cdot \left(\frac{5}{2}\right)^2 = \frac{1}{3} \cdot \frac{25}{4} = \frac{25}{12} \neq 2$.
D.h. der Punkt Q liegt nicht auf dem Schaubild von h.
$R(5|2)$ ablesen: R liegt nicht auf dem Schaubild von h.

2 Streckfaktor berechnen

Die blaue und die grüne Parabel sind durch Streckung aus der Normalparabel entstanden. Lesen Sie die Koordinaten der Parabelpunkte P und Q ab, berechnen Sie den Streckfaktor und geben Sie den Funktionsterm an.

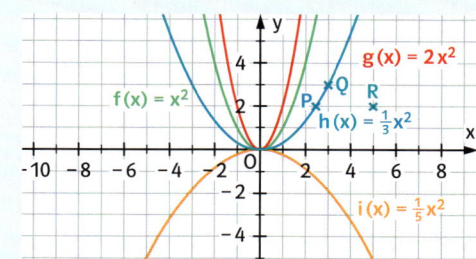

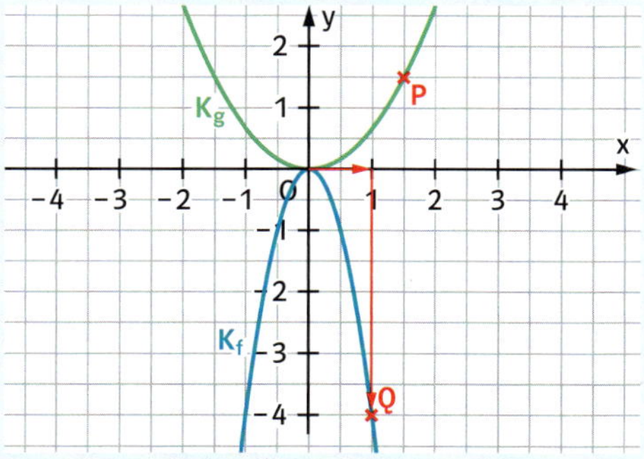

Lösung:

Blaue Parabel: Vom Scheitel aus um eine Einheit nach rechts, dann um 4 Einheiten nach unten gehen. Der Streckfaktor ist −4. Als Funktionsterm erhält man $f(x) = -4x^2$.

Grüne Parabel: Der Streckfaktor lässt sich nicht ablesen. Der Funktionsterm hat die Form $g(x) = ax^2$. Die Koordinaten von $P(1,5|1,5)$ werden abgelesen. Durch Punktprobe erhält man: $1,5 = a \cdot 1,5^2$ und somit $a = \frac{2}{3}$. Der Funktionsterm ist $g(x) = \frac{2}{3}x^2$.

💡 Verläuft die Parabel durch einen Gitterpunkt des Koordinatensystems so kann man einen Punkt gut ablesen und den Streckfaktor berechnen.

II Polynomfunktionen

Aufgaben

1 Erstellen Sie eine Wertetabelle, zeichnen Sie das Schaubild. Lesen Sie die Funktionswerte der Stellen $x = -0{,}5$; $x = 1{,}4$ und $x = 2{,}1$ ab.
a) $f(x) = -x^2$
b) $f(x) = 1{,}5x^2$
c) $f(x) = -0{,}3x^2$

2 Prüfen Sie zeichnerisch oder rechnerisch, ob sich die Punkte $P(1|0{,}25)$, $Q(-3|-36)$ und $R\left(\sqrt{\tfrac{3}{10}}\,\big|\,0{,}09\right)$ auf der Parabel befinden.
a) $f(x) = 5x^2$
b) $f(x) = \tfrac{1}{5}x^2$
c) $f(x) = -4x^2$
d) $f(x) = -\tfrac{1}{4}x^2$
e) $f(x) = 0{,}3x^2$
f) $f(x) = \tfrac{6}{5}x^2$

3 Gegeben sind eine Funktion f mit $f(x) = ax^2$ und ein Punkt, der auf dem Schaubild von f liegt. Bestimmen Sie den Streckfaktor a.
a) Der Punkt $P(2|8)$ liegt auf der Parabel.
b) Der Punkt $Q(a|27)$ liegt auf der Parabel.

4 Ordnen Sie durch Ablesen zu, welche der Funktionsgleichungen zum jeweiligen farbigen Schaubild gehört:
$f(x) = -\tfrac{1}{2}x^2$, $\quad g(x) = x^2$,
$h(x) = -x^2$, $\quad i(x) = -2x^2$.

5 Gegeben ist eine Funktion f mit $f(x) = ax^2$.
Übertragen Sie die Wertetabelle ins Heft. Bestimmen Sie den Streckfaktor a. Zeichnen Sie das zugehörige Schaubild.

a)
x	2	4	6	8	10
f(x)	☐	8	☐	☐	☐

b)
x	-4	-3	-2	5	10
f(x)	☐	-45	☐	☐	☐

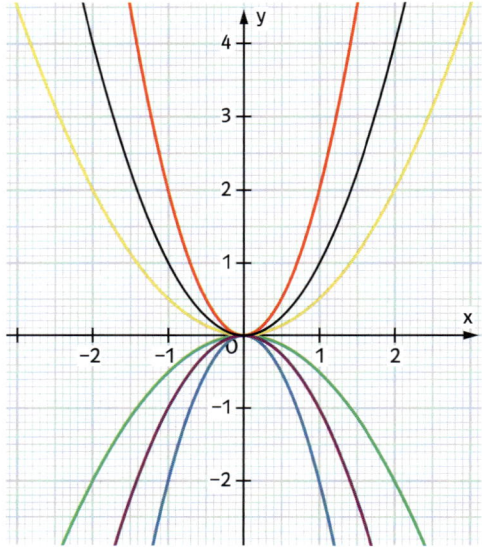

Wird zum Funktionsterm $f(x) = x^2$ eine Konstante d addiert, so verschieben positive Werte für d die Parabel nach oben, negative Werte für d verschieben die Parabel nach unten. Man erhält Funktionen vom Typ $f(x) = x^2 + d$ mit dem Scheitelpunkt $S(0|d)$.

x	-2	-1	0	1	2	3
$f(x) = x^2$	4	1	0	1	4	9
$g(x) = x^2 + 1$	5	2	1	2	5	10
$h(x) = x^2 - 2$	2	-1	-2	-1	2	7

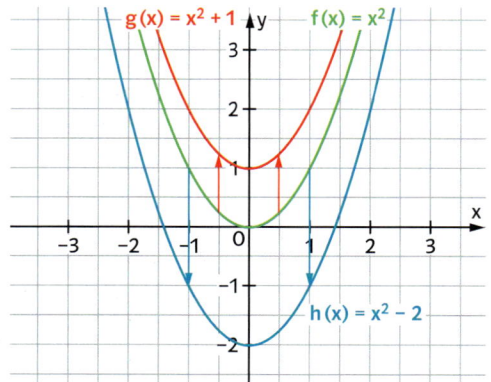

34   WV   NT   GS

Will man die Normalparabel $f(x) = x^2$ in positive x-Richtung um 1 verschieben, so wird der Wert x durch $(x - 1)$ ersetzt. Man erhält die Funktion $g(x) = (x - 1)^2$ mit dem Scheitelpunkt $S(1|0)$.

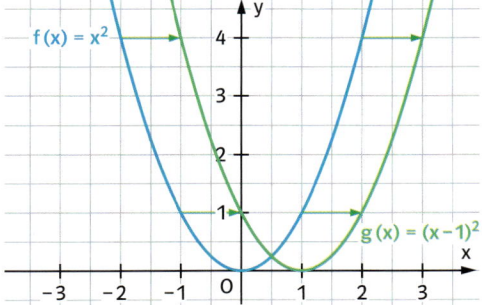

x	-2	-1	0	1	2
$f(x) = x^2$	4	1	0	1	4
$g(x) = (x-1)^2$	9	4	1	0	1

Bei einer Verschiebung der Normalparabel um c in x-Richtung verschieben positive Werte von c die Parabel nach links und negative Werte von c verschieben die Parabel nach rechts. Man erhält eine Funktion vom Typ $h(x) = (x - c)^2$.

Veränderungen des Funktionsterms von f mit $f(x) = x^2$ bewirken Veränderungen des Schaubilds:

$g(x) = ax^2$ Streckung in y-Richtung mit Faktor a

$h(x) = x^2 + d$ Verschiebung um d in y-Richtung

$i(x) = (x - c)^2$ Verschiebung um c in x-Richtung

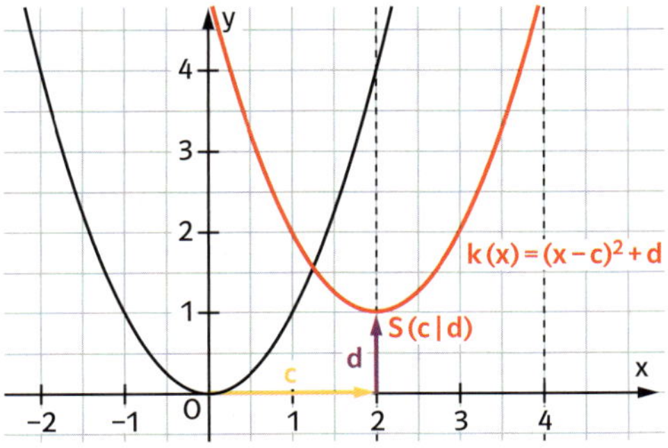

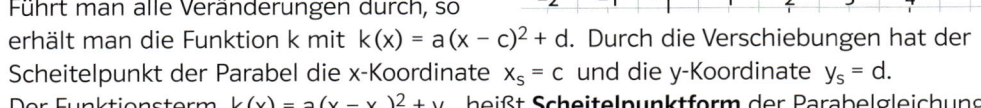

Führt man alle Veränderungen durch, so erhält man die Funktion k mit $k(x) = a(x - c)^2 + d$. Durch die Verschiebungen hat der Scheitelpunkt der Parabel die x-Koordinate $x_S = c$ und die y-Koordinate $y_S = d$.
Der Funktionsterm $k(x) = a(x - x_S)^2 + y_S$ heißt **Scheitelpunktform** der Parabelgleichung.

💡 Statt Scheitelpunktform sagt man auch **Scheitelform**.

💡 Der Scheitelpunkt S wird bezeichnet als $S(c|d)$ oder $S(x_S|y_S)$.

Merke

Das Schaubild der Funktion f mit $f(x) = a(x - x_S)^2 + y_S$ geht aus der Normalparabel hervor durch
    – Streckung in y-Richtung mit Faktor a mit $a \neq 0$,
    – Verschiebung um y_S in y-Richtung,
    – Verschiebung um x_S in x-Richtung.
Das Schaubild von f ist eine Parabel mit dem Scheitelpunkt $S(x_S|y_S)$. Der Funktionsterm $f(x) = a(x - x_S)^2 + y_S$ heißt Scheitelpunktform der Parabelgleichung.

Beispiel

3 Verschiebung der Normalparabel
Beschreiben Sie, wie das Schaubild von f aus der Normalparabel hervorgeht.
a) $f(x) = x^2 - 3$ b) $f(x) = (x - 3)^2$ c) $f(x) = (x + 3)^2$ d) $f(x) = (x + 3)^2 - 4$
e) Die Normalparabel ist um 7 in x-Richtung und um −9,2 in y-Richtung verschoben. Wie lautet der Funktionsterm der verschobenen Parabel?

Lösung:
Die Normalparabel wird verschoben um
a) −3 in y-Richtung.   b) +3 in x-Richtung.   c) −3 in x-Richtung.
d) −3 in x-Richtung und um −4 in y-Richtung.
e) Einsetzen in die Scheitelpunktform $f(x) = (x - c)^2 + d$ ergibt $f(x) = (x - 7)^2 - 9,2$.

II Polynomfunktionen

Beispiel

4 Streckung und Verschiebung der Normalparabel
a) Wie entsteht das Schaubild der Funktion f mit $f(x) = \frac{1}{2}(x-2)^2 - 1{,}5$ aus der Normalparabel?
b) Die Normalparabel wird mit Faktor 2 gestreckt, an der x-Achse gespiegelt und um −3 in x-Richtung und um −4 in y-Richtung verschoben. Geben Sie den Funktionsterm g(x) in der Scheitelpunktform an. Skizzieren Sie das Schaubild von f.

Lösung:
a) Die Normalparabel wird mit Faktor $\frac{1}{2}$ gestreckt. Dann wird die Parabel um 2 Einheiten nach rechts und um 1,5 Einheiten nach unten verschoben.
b) Die Normalparabel ist $f(x) = x^2$.
Spiegelung an der x-Achse: $f(x) = -x^2$,
dann Streckung in y-Richtung mit Faktor 2: $f(x) = -2x^2$,
Verschiebung in x-Richtung um −3: $f(x) = -2(x+3)^2$,
Verschiebung in y-Richtung um −4:
Ergebnis $f(x) = -2(x+3)^2 - 4$.

Zeichnung:

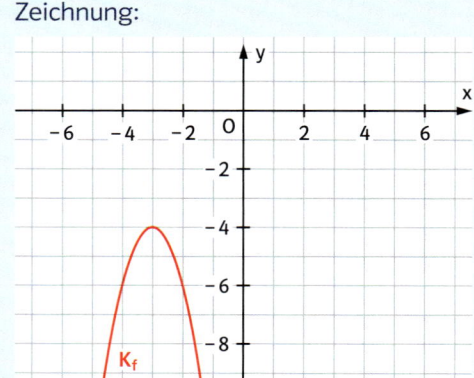

Aufgaben

6 Geben Sie zu jedem Schaubild die zugehörige Funktion an.

a) 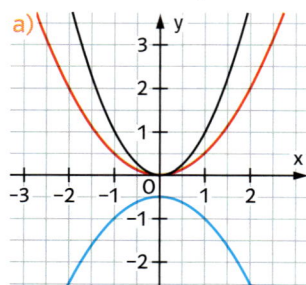 b) 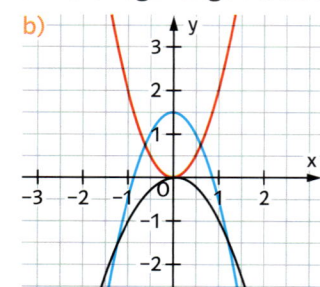 c)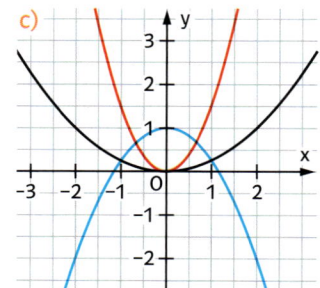

7 Wie entsteht das Schaubild der Funktion f aus der Normalparabel? Skizzieren Sie die Parabel.
a) $f(x) = x^2 + 3$
b) $f(x) = \frac{1}{2}x^2 - 1$
c) $f(x) = (x+3)^2$
d) $f(x) = -\frac{3}{2}(x-1)^2$
e) $f(x) = -(x-1{,}5)^2$
f) $f(x) = -(x+1)^2 - 1$
g) $f(x) = -\frac{1}{2}(x-1)^2 + 1$
h) $f(x) = \frac{3}{2}\left(x - \frac{1}{2}\right)^2 - \frac{1}{3}$
i) $f(x) = -(x+\sqrt{2})^2 - \sqrt{3}$

8 Finden Sie einen passenden Funktionsterm für die quadratische Funktion f, deren Schaubild aus der Normalparabel entsteht, in dem man sie …
a) … an der x-Achse spiegelt, mit Faktor 2 streckt und um 1 nach rechts verschiebt.
b) … mit Streckfaktor 0,5 streckt, an der x-Achse spiegelt und anschließend um 3 Einheiten nach rechts und 1 Einheit nach oben verschiebt.
c) … mit Streckfaktor −0,25 streckt, anschließend um 1 Einheit nach links und um 2 Einheiten nach unten verschiebt.

*Liegt der Streckfaktor zwischen −1 und 1, so spricht man auch von einer **Stauchung**.*

Haltepunkt

9 Skizzieren Sie die Parabel und beschreiben Sie, wie sie aus der Normalparabel entstanden ist.

a) $f(x) = -2(x-1)^2 + 1$ b) $f(x) = \frac{1}{2}(x+2)^2 - 1$ c) $f(x) = -(x+1,5)^2$

10 Die Parabel entstand aus der Normalparabel. Lesen Sie den Streckfaktor ab. Geben Sie den Funktionsterm an. Prüfen Sie Ihr Ergebnis mit einer Punktprobe von P.

a) 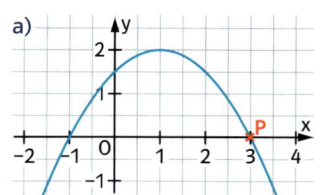 b) 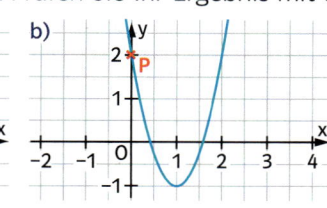 c)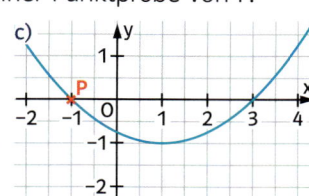

☞ Die Lösungen finden Sie auf Seite L 8.

11 Ordnen Sie die Parabeln den Funktionen f, g und h zu und bestimmen Sie die Variablen a, b, c, d, e und k.

$f(x) = -(x-a)^2 + b$
$g(x) = c(x-d)^2$
$h(x) = (x-k)^2 + e$

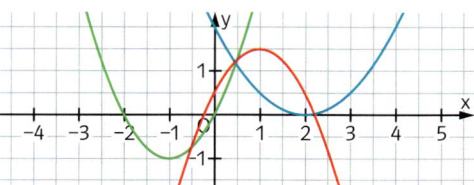

12 Geben Sie den Scheitelpunkt S der Parabel an. Wohin ist die Parabel geöffnet?

a) $f(x) = -(x-1)^2 + 2$ b) $f(x) = 2(x+1)^2 - 1$ c) $f(x) = \frac{1}{3}(x-2)^2$

d) $f(x) = -\frac{1}{2}(x+2)^2 + 5$ e) $f(x) = \frac{1}{3}(x+5)^2$ f) $f(x) = 3x^2 - \frac{5}{2}$

g) $f(x) = -x^2 - 1$ h) $f(x) = (x-2)^2 - \sqrt{3}$ i) $f(x) = (x-\pi)^2 + 2\pi$

j) $f(x) = (x-\sqrt{3})^2 - 25$ k) $f(x) = -(x-\sqrt{5})^2 - \sqrt{2}$ l) $f(x) = -(x+2,6)^2 - 1,8$

Information — Digitale Mathematikwerkzeuge (DMW) I → Aufgabe 13

Mit dem Computer und einer dynamischen Geometriesoftware lassen sich quadratische Funktionen der Form $f(x) = ax^2 + c$ grafisch darstellen. Die Variablen a und c kann man über einen Schieberegler der dynamischen Geometriesoftware verändern.

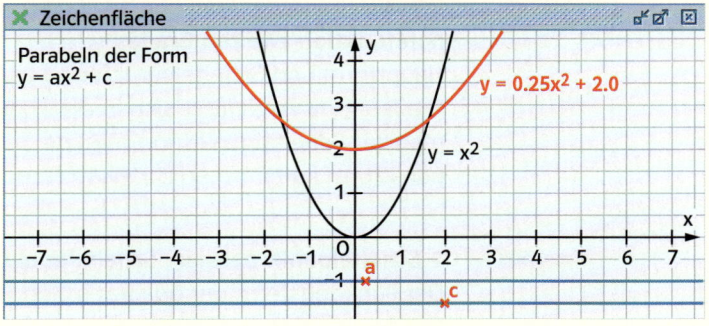

13 Stellen Sie quadratische Funktionen der Form $f(x) = ax^2 + c$ grafisch mit einem Digitalen Mathematikwerkzeug, kurz DMW, dar.

2 Polynomfunktionen zweiten Grades

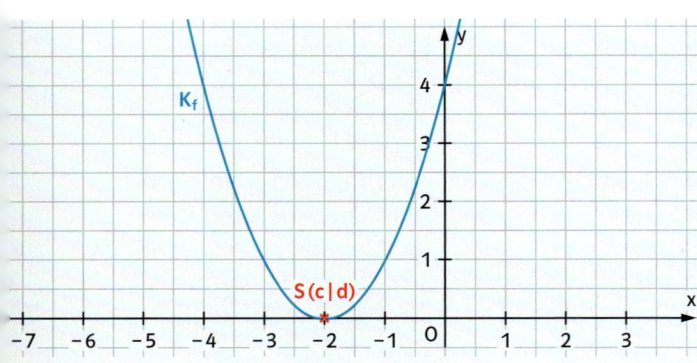

Beim Verschieben der Normalparabel verschiebt sich auch der Scheitelpunkt S.
$f(x) = x^2 + 2$
$f(x) = (x + 2)^2$
$f(x) = x^2 + 4x + 4$
$f(x) = x^2 - 6x + 9$
$f(x) = x^2 - 6x + 10$
→ Bestimmen Sie jeweils den Scheitelpunkt $S(c|d)$.

In der Funktion f mit $f(x) = ax^2 + bx + c$ wird der Term $ax^2 + bx + c$ als **Polynom** bezeichnet. Da die Variable x als höchste Potenz die Zahl 2 hat, spricht man von einer **Polynomfunktion zweiten Grades**.
Die Funktion f kann auch in die sogenannte **Scheitelpunktform** $f(x) = a(x - c)^2 + d$ umgeformt werden, um den Scheitelpunkt $S(x_s|y_s)$ direkt abzulesen.

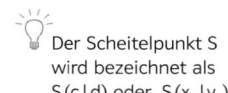 Der Scheitelpunkt S wird bezeichnet als $S(c|d)$ oder $S(x_s|y_s)$.

 Binomische Formeln
$(a + b)^2 = a^2 + 2ab + b^2$
$(a - b)^2 = a^2 - 2ab + b^2$

Im Basiswissen finden Sie weitere Informationen zu quadratischen Gleichungen und zur quadratischen Ergänzung auf den Seiten B 27 und B 28.

	$f(x) = 2x^2 - 4x + 5$
1. **Vorfaktor** a von x^2 ausklammern	$f(x) = 2(x^2 - 2x + 2,5)$ | : 2
2. Beide Seiten der Gleichung durch Vorfaktor a teilen.	$0,5 \cdot f(x) = x^2 - 2x + 2,5$
3. **Quadratische Ergänzung** der rechten Seite zur Anwendung der 2. binomischen Formel.	$0,5 \cdot f(x) = (x^2 - 2x + 1) - 1 + 2,5$
4. Verwendung der 2. binomischen Formel.	$0,5 \cdot f(x) = (x - 1)^2 + 1,5$ | · 2
5. Beide Seiten der Gleichung wieder mit Vorfaktor a multiplizieren.	$f(x) = 2(x - 1)^2 + 3$ Dies ist die Scheitelpunktform.
6. Den Scheitelpunkt ablesen.	Der Scheitelpunkt ist $S(1|3)$.

Merke

Die Gleichung der Funktion f mit $f(x) = ax^2 + bx + c$ heißt **Hauptform einer Polynomfunktion zweiten Grades**.
Hauptform und Scheitelpunktform beschreiben beide Polynomfunktionen zweiten Grades. Eine Form lässt sich in die andere umwandeln: von der Hauptform kommt man zur Scheitelpunktform mithilfe quadratischer Ergänzung, von der Scheitelpunktform kommt man zur Hauptform durch Ausmultiplizieren.

Beispiel

1 Scheitelpunkt ablesen, Scheitelpunktform in Hauptform umwandeln
Der Funktionsterm der quadratischen Funktion f ist $f(x) = -0,5(x + 1)^2 + 3$.
Bestimmen Sie den Scheitelpunkt und geben Sie die zugehörige Hauptform an.
Lösung:
Der Scheitelpunkt lässt sich aus der Scheitelpunktform ablesen und befindet sich bei $S(-1|3)$. Durch Ausmultiplizieren berechnet man die Hauptform:
$f(x) = -0,5(x + 1)^2 + 3 = -0,5(x^2 + 2x + 1) + 3 = -0,5x^2 - x + 2,5$.

Beispiel

2 Vergleich von Polynomfunktionen
Prüfen Sie, ob die Polynomfunktionen f und g gleich sind.
a) $f(x) = x^2 - 2x + 1$ und $g(x) = (x - 1)^2$
b) $f(x) = x^2 - 3x + 2{,}75$ und $g(x) = (x - 1{,}5)^2 + 0{,}5$
c) $f(x) = 3x^2 - 6x$ und $g(x) = 5x\,(0{,}6x - 1{,}2) + 7$

Lösung:
Ausmultiplizieren von g(x) ergibt
a) $g(x) = f(x)$, d.h. die Polynomfunktionen f und g sind gleich.
b) $g(x) = f(x)$, d.h. die Funktionen f und g sind gleich.
c) $g(x) = 3x^2 - 6x + 7 \neq 3x^2 - 6x$, d.h. f und g sind verschieden.

Aufgaben

1 Die Funktionen sind in der Scheitelpunktform dargestellt. Lesen Sie den Scheitelpunkt ab und formen Sie die Funktion in die Hauptform um.
a) $f(x) = 1{,}5\,(x - 3)^2 + 4$
b) $g(x) = (x + 2{,}5)^2 - 1$
c) $h(x) = -\frac{1}{3}(x + 1)^2 - \frac{2}{3}$

2 Geben Sie den Funktionsterm in der Scheitelpunktform an. Zeichnen Sie das Schaubild.
a) $f(x) = x^2 - 4x + 1$
b) $f(x) = x^2 + 8x + 16$
c) $f(x) = x^2 + 4x$
d) $f(x) = x^2 + 6x + 7$

3 Berechnen Sie die Scheitelpunktkoordinaten, geben Sie die Scheitelpunktform an.
a) $f(x) = x^2 + 2x + 2$
b) $f(x) = -x^2 + 4x - 1$
c) $f(x) = x^2 - 6x + 4$
d) $f(x) = 2x^2 + 2x + 2$
e) $f(x) = \frac{3}{2}x^2 + 2x - 1$
f) $f(x) = -\frac{1}{2}x^2 + x - 1$

4 Eine Parabel hat ihren Scheitelpunkt in S und geht durch P. Bestimmen Sie den zugehörigen Funktionsterm in der Scheitelpunktform und in der Hauptform.
a) S(2|2) und P(1|1)
b) S(-3|5,5) und P(0|1)
c) S(3|-8) und P(2|-6)

Haltepunkt

5 Eine Parabel hat den Scheitelpunkt S und geht durch Punkt A. Bestimmen Sie den Funktionsterm in der Scheitelpunktform und in der Hauptform.
a) S(-1|4) und A(0|3)
b) S(2|-1) und A(4|0)
c) S(-1|-1) und A(1|1)

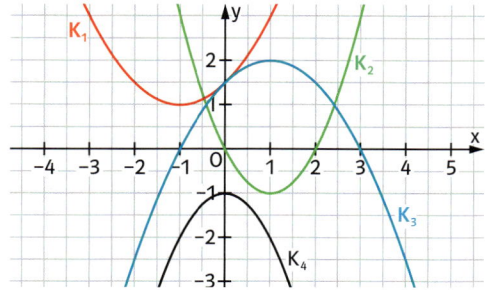

Die Lösungen finden Sie auf Seite L 8.

6 Geben Sie zu den Schaubildern K_1 bis K_4 rechts passende Funktionsterme f_1 bis f_4 in der Hauptform an.

7 Die Leistung P einer Turbine hängt von der Drehzahl n ab. Die Funktionsgleichung $P(n) = 300n - 0{,}8n^2$ gibt die Leistung der Turbine in der Einheit Watt (kurz: W) an.
a) Bei welcher Drehzahl hat die Turbine die maximale Leistung?
b) Mit welcher Umdrehungszahl muss sich die Turbine drehen, damit sie eine Leistung von mindestens 10 000 W erzielt?

8 Der Hauptbogen einer Brücke über einen Fluss wird mit dieser Funktion beschrieben: $f(x) = -\frac{1}{3}x^2 + 2x + 2$. Dabei denkt man sich den Ursprung des Koordinatensystems am linken Ufer und die x-Achse auf der Wasseroberfläche. Wie hoch liegt die höchste Stelle des Brückenbogens über der Wasseroberfläche?

9 Noel springt vom Sprungbrett. Seine Flugbahn entspricht ungefähr einer Parabel. Die Höhe beschreibt die Funktion h mit $h(x) = -5x^2 + 2x + 3$. Dabei ist x die horizontale Entfernung zum Absprungpunkt (in m). 
a) Aus welcher Höhe sprang Noel?
b) Was ist Noels größte Höhe während des Flugs?
c) Wie weit ist Noel vom Brett entfernt, wenn er ins Wasser eintaucht?
d) Wie müsste der Funktionsterm für den Sprung aus 5m (7m; 10m) Höhe lauten?

10 Eine Sportfestdisziplin ist der Ballweitwurf. Die Flugbahn eines Balls ist etwa parabelförmig. Daniela wirft ihn in 2m Höhe ab. Der Scheitelpunkt der Wurfparabel liegt bei S(23|13,5). 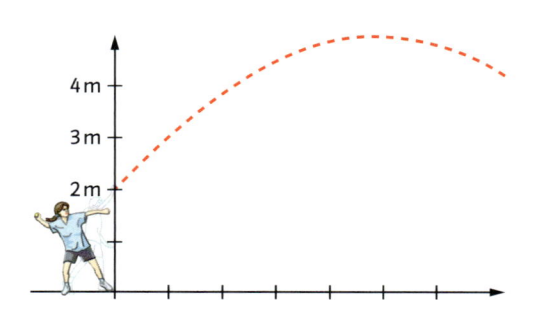
a) Geben Sie den Funktionsterm der zugehörigen quadratischen Funktion an.
b) Wie weit wirft Daniela?

Information

Bei manchen digitalen Mathematikwerkzeugen müssen Sie nur $x^2 + 4x + 4$ statt $f(x) = x^2 + 4x + 4$ schreiben. Auch Brüche werden unterschiedlich eingegeben. Manche Werkzeuge verzichten auf das Multiplikationszeichen oder verwenden *.

Digitale Mathematikwerkzeuge (DMW) II → Aufgabe 11

Mithilfe digitaler Mathematikwerkzeuge lassen sich Polynomfunktionen zweiten Grades unterschiedlich darstellen. Funktionsplotter, CAS-Systeme und Geometriesysteme eignen sich sehr gut, um sich Schaubilder im Vergleich zu veranschaulichen.

11 Welche Kärtchen passen zum gleichen Schaubild. Was bleibt übrig?

(1) $f(x) = x^2 + 4x + 4$
(2) $f(x) = (x + 2)^2$
(3) $S(3,5|0)$ und $B\left(5\big|\frac{9}{8}\right)$
(4) $S(-2|0)$ und $A(4|36)$
(5) $f(x) = 0,5(x - 3,5)^2$
(6) $f(x) = -(x - 6)^2 + 4$
(7) $f(x) = 6,125 + 0,5x^2 - \frac{7}{2}x$
(8) $f(x) = -x^2 + 12x - 32$
(9) $S(0|-6)$ und $C(-5|-31)$
(10) $S(6|0)$ und $D(2|-16)$
(11) $f(x) = -x^2 - 6$

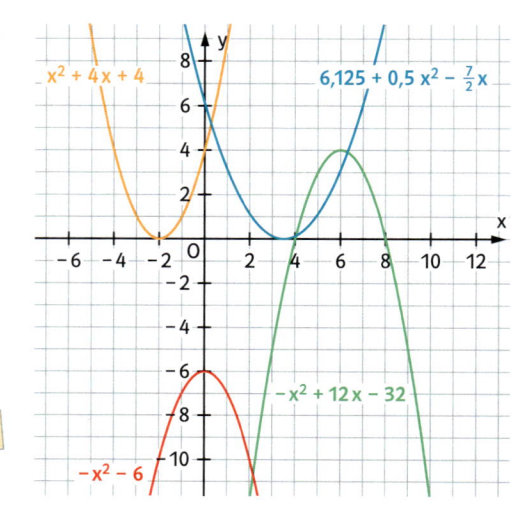

3 Nullstellen und Produktform

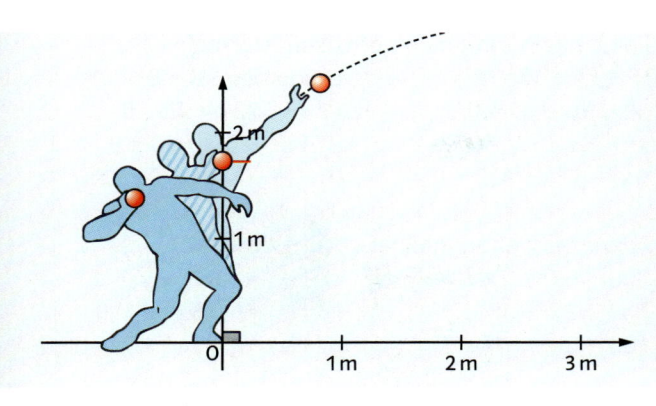

Beim Kontrollversuch zum Kugelstoßen haben Physiker die Flugbahn der Kugel mit der Gleichung der Funktion f angenähert: $f(x) = -0{,}05x^2 + x + 1{,}8$.

→ Geben Sie die Stelle x an, ab der die Weite gemessen wird.
→ Welche Eigenschaft hat der Punkt W, in dem die Kugel auftrifft?
→ Bestimmen Sie den Punkt W näherungsweise unter Verwendung einer Zeichnung.

Häufig tritt bei einer Funktion f die Frage auf, für welche Stellen x die Funktion f den Wert 0 annimmt. Eine Zahl x_0 mit $f(x_0) = 0$ heißt **Nullstelle**. Manche Nullstellen lassen sich leicht finden, weil die Gleichungen dazu leicht zu lösen sind:

a) $x^2 - 9 = 0$ $| +9$
    $x^2 = 9$ $| \sqrt{}$
    $x_1 = +3;\ x_2 = -3$

b) $x^2 - 7x = 0$ $|$ x ausklammern
    $x(x-7) = 0$
    $x_1 = 0;\ x_2 = 7$

c) $(x-4)^2 = 0$ $| \sqrt{}$
    $x - 4 = 0$ $| +4$
    $x = 4$

d) $x^2 + 2x + 1 = 4$ $|$ 1. binomische Formel
    $(x+1)^2 = 4$ $| \sqrt{}$
    $x_{1;2} + 1 = \pm 2$ $| -1$
    $x_1 = 1;\ x_2 = -3$

💡 Die abc-Formel heißt auch **Mitternachtsformel**: Diese Formel sollte man „im Schlaf" beherrschen!

Im Folgenden sollen die Nullstellen quadratischer Funktionen berechnet werden, d.h. die Gleichung $ax^2 + bx + c = 0$ ist zu lösen.

Merke

Die quadratische Gleichung löst man mit der	$x^2 + px + q = 0$ **pq-Formel.**	$ax^2 + bx + c = 0$ **abc-Formel.**
	$x_{1;2} = -\dfrac{p}{2} \pm \sqrt{\left(\dfrac{p}{2}\right)^2 - q}$ bzw.	$x_{1;2} = \dfrac{-b \pm \sqrt{b^2 - 4ac}}{2a}$
Die Lösungen lauten	$x_1 = -\dfrac{p}{2} + \sqrt{\left(\dfrac{p}{2}\right)^2 - q}$ bzw.	$x_1 = \dfrac{-b + \sqrt{b^2 - 4ac}}{2a}$
	$x_2 = -\dfrac{p}{2} - \sqrt{\left(\dfrac{p}{2}\right)^2 - q}$ bzw.	$x_2 = \dfrac{-b - \sqrt{b^2 - 4ac}}{2a}$

Beispiel

1 Lösung einer quadratischen Gleichung mit Lösungsformel

Geben Sie Nullstellen der quadratischen Funktion f mit $f(x) = 0{,}1x^2 - 1{,}5x + 5{,}6$ an.

Lösung: mit pq-Formel:

$0{,}1x^2 - 1{,}5x + 5{,}6 = 0\ |:0{,}1$
$x^2 - 15x + 56 = 0$
$p = -15;\ q = 56$
$x_{1;2} = 7{,}5 \pm \sqrt{7{,}5^2 - 56}$
$x_{1;2} = 7{,}5 \pm 0{,}5$
$x_1 = 8$ und $x_2 = 7$

mit abc-Formel:

$a = 0{,}1;\ b = -1{,}5;\ c = 5{,}6$
$x_{1;2} = \dfrac{1{,}5 \pm \sqrt{1{,}5^2 - 4 \cdot 0{,}1 \cdot 5{,}6}}{2 \cdot 0{,}1}$
$x_{1;2} = \dfrac{1{,}5 \pm \sqrt{2{,}25 - 2{,}24}}{2 \cdot 0{,}1}$
$x_{1;2} = \dfrac{1{,}5 \pm 0{,}1}{0{,}2};\ x_1 = 8;\ x_2 = 7$

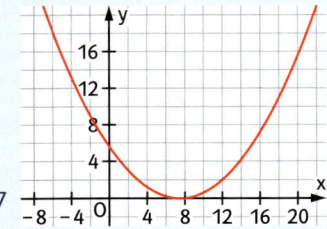

💡 Schaut man nur das Schaubild ganz rechts an, so scheint das Schaubild von f nur eine Nullstelle zu haben.

II Polynomfunktionen

Aufgaben

1 Lösen Sie die quadratischen Gleichungen mithilfe einer Lösungsformel.
a) $x^2 + 2x + 1 = 0$
b) $x^2 + 7x + 10 = 0$
c) $x^2 + 2x - 3 = 0$
d) $x^2 - 4x + 4 = 0$
e) $x^2 + 10x - 11 = 0$
f) $x^2 - 22x + 72 = 0$
g) $x^2 + 2{,}5x + 1 = 0$
h) $x^2 - 5{,}2x + 1 = 0$
i) $2x^2 + 12x + 10 = 0$
j) $3x^2 + 9x - 84 = 0$
k) $5x^2 - 25x - 120 = 0$
l) $\frac{1}{2}x^2 - x - 4 = 0$

2 Bestimmen Sie die Nullstellen ohne Verwendung einer Lösungsformel.
a) $f(x) = x^2 - 5x$
b) $f(x) = -x^2 - 2x$
c) $f(x) = -2x^2 + 5x$
d) $f(x) = x^2 - 25$
e) $f(x) = 2x^2 - 18$
f) $f(x) = -0{,}5x^2 + 4$
g) $f(x) = x^2 - 4x + 4$
h) $f(x) = 2x^2 - 4x + 2$
i) $f(x) = -0{,}5x^2 + 5x - 12{,}5$

Für die Gleichungen $\quad x^2 + px + q = 0 \quad$ bzw. $\quad ax^2 + bx + c = 0$

gilt die Lösungsformel $\quad x_{1;2} = -\frac{p}{2} \pm \sqrt{\left(\frac{p}{2}\right)^2 - q} \quad$ bzw. $\quad x_{1;2} = \frac{-b \pm \sqrt{b^2 - 4ac}}{2a}$.

Ob es zwei Lösungen, eine oder keine Lösung gibt, hängt vom Term unter der Wurzel ab.
Man nennt diesen Term die **Diskriminante D**.

Die Diskriminante lautet: bei der pq-Formel: bei der abc-Formel:

$$D = \left(\frac{p}{2}\right)^2 - q, \qquad D = b^2 - 4ac.$$

Ist
– D positiv, so gibt es zwei Lösungen,
– D = 0, so gibt es eine Lösung,
– D negativ, so gibt es keine Lösung.

Merke

Eine quadratische Funktion hat
zwei Nullstellen, wenn D > 0.
eine Nullstelle (Berührstelle), wenn D = 0.
keine Nullstellen, wenn D < 0.

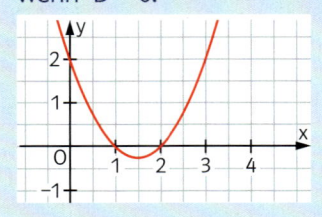

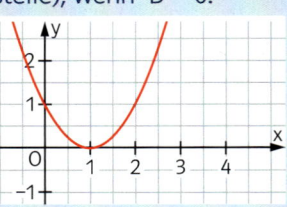

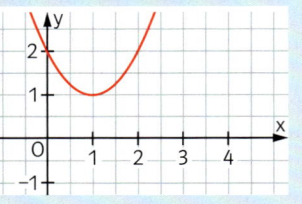

💡 Hat eine quadratische Funktion genau eine Nullstelle, so spricht man von einer **doppelten Nullstelle**. Die Diskriminante ist 0.

Beispiel

2 Anzahl der Nullstellen
Wie viele Nullstellen besitzt die Funktion f?
a) $f(x) = x^2 - 5x - 7$
b) $f(x) = \frac{1}{2}x^2 - \frac{3}{2}x + \frac{9}{8}$
c) $f(x) = -3x^2 + \frac{4}{3}x - \frac{1}{3}$

Lösung:
Man berechnet die Diskriminante $D = b^2 - 4ac$ der zugehörigen quadratischen Gleichung.
a) $D = (-5)^2 - 4 \cdot 1 \cdot (-7) = 25 + 28 = 53 > 0$, also hat f zwei Nullstellen.
b) $D = \left(-\frac{3}{2}\right)^2 - 4 \cdot \frac{1}{2} \cdot \frac{9}{8} = \frac{9}{4} - \frac{9}{4} = 0$, also hat f genau eine Nullstelle.
c) $D = \left(\frac{4}{3}\right)^2 - 4 \cdot (-3) \cdot \left(-\frac{1}{3}\right) = \frac{16}{9} - 4 = -\frac{20}{9} < 0$, also hat f keine Nullstelle.

II Polynomfunktionen

Aufgaben

$f(x) = x^2 + 4x$
$g(x) = x^2 + 4$
$h(x) = x^2 - 4$
$i(x) = x^2 + 4x + 4$

3 Wie viele Nullstellen haben die Funktionen auf dem Rand jeweils?

4 Untersuchen Sie anhand der Diskriminante, wie viele Nullstellen die Funktion f hat.
a) $f(x) = \frac{1}{2}x^2 + 6x + 15$
b) $f(x) = -2x^2 - 5x - 4$
c) $f(x) = -\frac{1}{5}x^2 + 6x - 45$
d) $f(x) = -\frac{1}{4}x^2 + 10x - 100$
e) $f(x) = 2x^2 - 3x + 2$
f) $f(x) = -3x^2 - 9x - \frac{27}{4}$

Satz vom Nullprodukt: Ein Produkt ist genau dann null, wenn einer der Faktoren null ist.

Hat eine quadratische Funktion zwei Nullstellen und kennt man den Streckfaktor, dann lässt sich diese Funktion als Produkt darstellen z.B. $f(x) = 4(x-2)(x+5)$. Man kann die Nullstellen $x_1 = 2$ und $x_2 = -5$ aus der Gleichung durch Anwendung des Satzes vom Nullprodukt direkt ablesen. Dass die Funktion tatsächlich quadratisch ist, stellt man durch Ausmultiplizieren fest.
$f(x) = 4(x-2)(x+5) = 4(x^2 + 5x - 2x - 10) = 4x^2 + 12x - 40$

Merke

Hat eine quadratische Funktion die beiden Nullstellen x_1 und x_2, so kann man den Funktionsterm auch in der **Produktform** $f(x) = a(x - x_1)(x - x_2)$ schreiben.
Fallen die beiden Nullstellen zusammen, d.h. $x_1 = x_2$, so spricht man von einer **doppelten Nullstelle**. In diesem Fall berührt die Parabel die x-Achse und der Funktionsterm von f ist $f(x) = a(x - x_1)^2$.

Bemerkung

Hat eine quadratische Funktion allerdings keine Nullstelle, so lässt sich der Funktionsterm nicht als Produkt darstellen z.B. $f(x) = x^2 + 4$.

Beispiel

3 Nullstellen und Faktor ablesen
a) Eine Funktion f besitzt die Nullstellen -1 und 4 und den Streckfaktor $-\frac{1}{8}$. Wie lautet der Funktionsterm?
b) Eine Funktion f hat den Funktionsterm $f(x) = 6(x + 7,5)(x - 0,5)$. Welche Nullstellen besitzt die Parabel? Wie lautet der Streckfaktor?
c) Gegeben ist die quadratische Funktion f mit $f(x) = 2x^2 + 3x$. Stellen Sie den Funktionsterm von f in Produktform dar und lesen Sie die Nullstellen daraus ab.

Lösung:
a) $f(x) = -\frac{1}{8}(x + 1)(x - 4)$
b) Die Nullstellen der Funktion f sind $0,5$ und $-7,5$, der Streckfaktor ist 6.
c) Die Funktion f mit $f(x) = 2x^2 + 3x$ hat kein Absolutglied; $2x$ wird ausgeklammert $f(x) = 2x(x + 1,5)$. Aus $f(x) = 0$ erhält man die Nullstellen $x_1 = 0$; $x_2 = -1,5$.

Die quadratische Funktion $f(x) = 2x^2 + 3x + 7$ hat das Absolutglied 7.

Aufgaben

5 Finden Sie die passende Lösungskarte und bilden Sie ein Lösungswort.
a) $f(x) = -x^2 - 2x + 15$
b) $f(x) = 2x^2 - 5x - 42$
c) $f(x) = 3x^2 - 4x - 4$
d) $f(x) = -x^2 + 5x - 6$
e) $f(x) = 2x^2 + 2x - 12$
f) $f(x) = 3x^2 - 6x + 3$

T $f(x) = 3(x-2)^2$
G $f(x) = 2(x-2)(x+3)$
I $f(x) = 3(x-2)(x+\frac{2}{3})$
E $f(x) = -(x+5)(x-3)$
N $f(x) = 3(x-1)^2$
A $f(x) = 2(x-6)(x-3)$
N $f(x) = 2(x-6)(x+3,5)$
W $f(x) = -(x-2)(x-3)$

WV   NT   GS

II Polynomfunktionen

6 Gegeben ist die quadratische Funktion f. Skizzieren Sie die Parabel. In welchen Bereichen sind die Funktionswerte positiv?

a) $f(x) = \frac{1}{2}(x-1)(x-3)$
b) $f(x) = -2(x+2)(x-4)$
c) $f(x) = \frac{1}{3}x^2 - 3$
d) $f(x) = \frac{1}{2}x^2 - 3x$
e) $f(x) = -x^2 - 3x + 4$
f) $f(x) = \frac{1}{2}x^2 - 3x + 2{,}5$

Haltepunkt

7 Berechnen Sie die Nullstellen der Funktion f. Schreiben Sie die Lösung mit Wurzel.

a) $f(x) = x^2 - 2x - 4$
b) $f(x) = -\frac{1}{4}x^2 + 2x - 2$

💡 Nutzen Sie den Satz vom Nullprodukt und die binomischen Formeln.

8 Schreiben Sie den Funktionsterm in Produktform und geben Sie die Nullstellen ohne Rechnung an. Skizzieren Sie die Parabel und bestimmen Sie ihren Scheitel.

a) $f(x) = -x^2 + 3x$
b) $f(x) = \frac{1}{2}x^2 + 3x + 4{,}5$
c) $f(x) = -\frac{1}{4}x^2 + 4$

🔑 Die Lösungen finden Sie auf Seite L 8.

9 Skizzieren Sie das Schaubild der quadratischen Funktion f mit $f(x) = -2x^2 + 16x - 24$. Bestimmen Sie den Bereich, in denen das Schaubild positive Funktionswerte hat.

10 Das Schaubild einer quadratischen Funktion f schneidet die x-Achse in x_1 und x_2, und geht durch P. Bestimmen Sie den Funktionsterm.

a) $x_1 = 1$; $x_2 = 4$; $P(3|1)$
b) $x_1 = -2$; $x_2 = 1$; $P(2|8)$
c) $x_1 = -1$; $x_2 = 4$; $P(1|6)$

💡 Hinweise zu Formvariablen finden Sie im Basiswissen auf Seite B 10.

11 Für welche Werte von t hat die Funktion f genau eine Nullstelle. Wie muss t gewählt werden, damit es zwei (keine) Nullstellen gibt.

a) $f(x) = x^2 - 8x + t$
b) $f(x) = -x^2 - 6x + t$
c) $f(x) = 2x^2 - 4x + t$

12 Beim Abstoß wird ein Fußball unter einem Winkel von 45° schräg nach oben geschossen. Die parabelförmige Flugbahn kann mit der quadratischen Funktion f mit $f(x) = -0{,}016x^2 + x$ beschrieben werden. Wo erreicht der Ball den höchsten Punkt, wo kommt er wieder auf dem Boden auf?

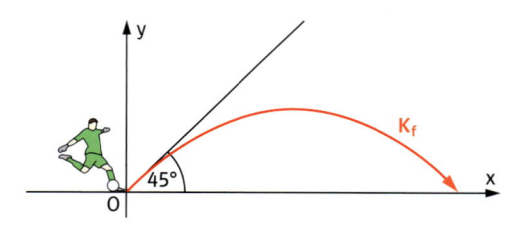

💡 Während es sich bei den Teilaufgaben a) und b) um Parabeln mit dem Vorfaktor 1 handelt, ist dieser bei Teilaufgabe c) noch zu bestimmen.

13 Ermitteln Sie die Funktionsgleichung.

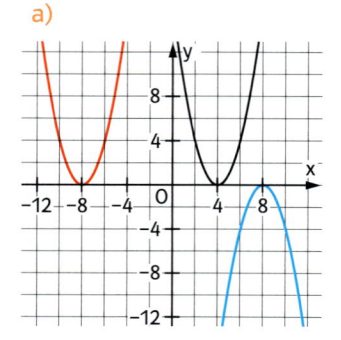

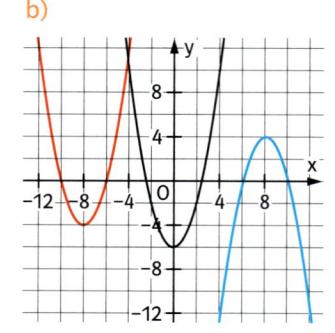

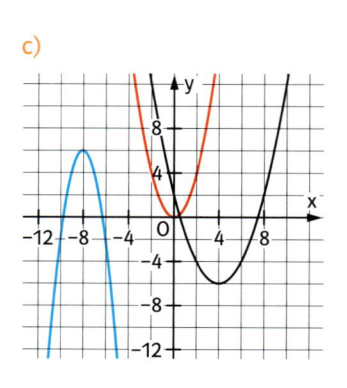

a)
b)
c)

II Polynomfunktionen

14 Bestimmen Sie einen passenden Funktionsterm zu der Parabel.

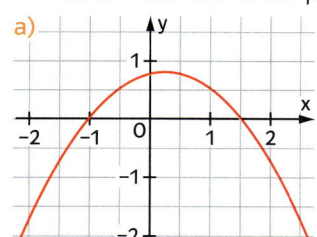

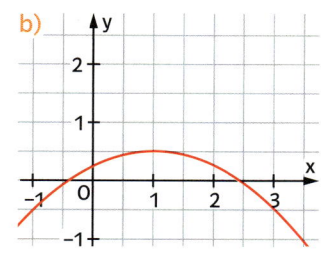

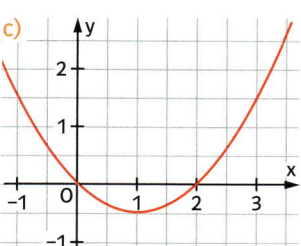

a) b) c)

15 Das Schaubild einer quadratischen Funktion f geht durch diese Punkte. Bestimmen Sie den Funktionsterm von f und geben Sie diesen in der Hauptform an.
a) Scheitelpunkt $S(2|7)$ und $A(5|-2)$
b) $N_1(2|0)$, $N_2(-1|0)$ und $A(5|-2)$
c) $S_y(0|2)$, $A(1|3)$ und $B(-1|-3)$
d) Scheitelpunkt $S(1|-0,5)$, $S_y(0|-1)$

16 Ermitteln Sie jeweils den Funktionsterm für die quadratische Funktion mit
a) Punkt $P(2|8)$; Nullstellen -3 und $+1$.
b) Punkt $Q(-1|-5)$; doppelte Nullstelle 4.
c) Nullstellen -2 und 6; Punkt $R(3|8)$.
d) Nullstellen 7 und 4; Punkt $T(4|\sqrt{3})$.

Information — Gewinnfunktion → Aufgabe 17

GE steht für **Geldeinheiten**. ME steht für **Mengeneinheiten**.

Eine **Gewinnfunktion** beschreibt den Gewinn (in GE) einer Firma in Abhängigkeit von der Produktionsmenge x (in ME). Negative Funktionswerte bedeuten, dass die Firma Verlust macht. Die **Nutzenschwelle** ist die Produktionsmenge, bei der die Firma von der Verlustzone in die Gewinnzone kommt, also die linke Nullstelle der quadratischen Gewinnfunktion. Bei der **Nutzengrenze** erfolgt der Übergang von der Gewinn- in die Verlustzone, also bei der rechten Nullstelle. Als **Gewinnzone** wird der Bereich aller x-Werte beschrieben, in dem das Schaubild G oberhalb der x-Achse verläuft.

Beispiel: Nutzenschwelle und Nutzengrenze
Geben Sie für die Gewinnfunktion $G(x) = -0,2x^2 + 2,8x - 4,8$; x in ME, G(x) in GE und $x \in [0; 14]$ die Nutzenschwelle und die Nutzengrenze an. Lesen Sie aus dem Schaubild die Gewinnzone und den maximalen Gewinn ab.

Lösung: Es ist $G(x) = 0$, d.h.
$-0,2x^2 + 2,8x - 4,8 = 0 \quad |:(-0,2)$
$x^2 - 14x + 24 = 0$, also
$x_{1;2} = 7 \pm \sqrt{49-24}$; $x_{1;2} = 7 \pm 5$
Damit gilt $x_1 = 7 + 5 = 12$; $x_2 = 7 - 5 = 2$.
2 ist die Nutzenschwelle, 12 die Nutzengrenze. Die Gewinnzone liegt zwischen 2 ME und 12 ME. Gewinn erhält man für $x \in]2; 12[$. Da der Scheitelpunkt $S(7|5)$ ist, liegt der maximale Gewinn von 5 GE bei einer Produktionsmenge von 7 ME.

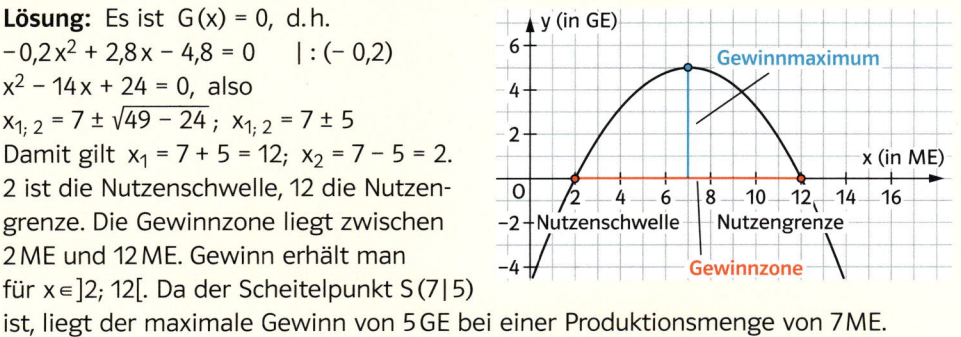

zu Aufgabe 17:
a) $G(x) = -x^2 + 10x - 16$
b) $G(x) = -3x^2 + 51x - 180$
c) $G(x) = -0,1x^2 + 6x - 50$
d) $G(x) = -2x^2 + 60x - 400$
e) $G(x) = -x^2 - 7x - 10$
f) $G(x) = -0,5x^2 + 13,5x - 55$

17 Den Gewinn einer Firma in Abhängigkeit der Produktionsmenge beschreibt die quadratische Funktion G. Berechnen Sie Nutzenschwelle und Nutzengrenze. Skizzieren Sie die Gewinnfunktion. Geben Sie Gewinnzone und maximalen Gewinn an.

4 Gegenseitige Lage von Gerade und Parabel

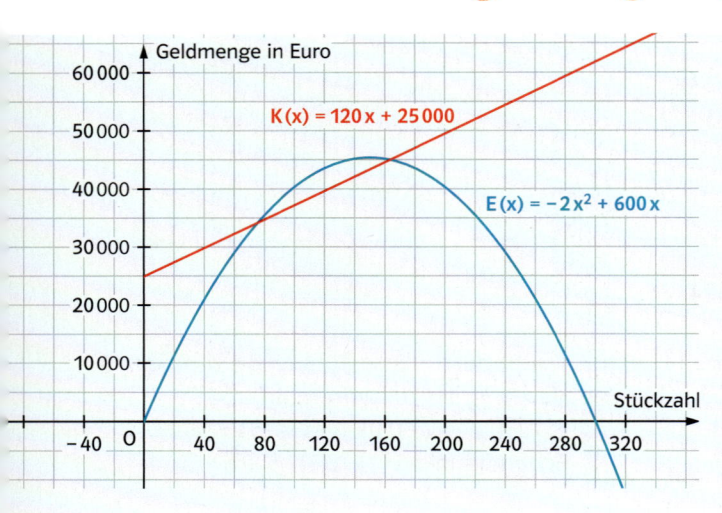

Ein Unternehmen vergleicht Kosten und Erlöse.
Die Kostenfunktion K lautet $K(x) = 120x + 25\,000$,
die Erlösfunktion E lautet $E(x) = -2x^2 + 600x$.

→ Lesen Sie aus dem Schaubild ab: Bei welchen Verkaufszahlen sind die Kosten genau gedeckt? Bei welchen Stückzahlen wird Gewinn erzielt?

→ Auf wie viel Euro werden die Fixkosten von 25 000 € erhöht werden, damit nur ein Schnittpunkt zwischen den Kurven entsteht? Interpretieren Sie diesen Punkt.

→ Die fixen Kosten erhöhen sich auf 30 000 €. Wie sieht das neue Schaubild aus? Was bedeutet das für das Unternehmen?

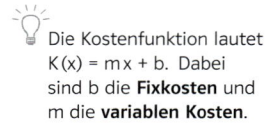

💡 Die Kostenfunktion lautet $K(x) = mx + b$. Dabei sind b die **Fixkosten** und m die **variablen Kosten**.

Eine Parabel und eine Gerade können verschiedene Lagen zueinander haben. Um die gegenseitige Lage zu untersuchen, prüft man, ob es gemeinsame Punkte gibt. Dazu setzt man die Gleichungen von Parabel und Gerade gleich. Die folgenden Beispiele veranschaulichen drei Möglichkeiten, die vorkommen können.

Das Schaubild der quadratischen Funktion f mit $f(x) = -x^2 + 2x + 3$ soll mit dem Schaubild der linearen Funktion g geschnitten werden.

$g_1(x) = x + 1$ $g_2(x) = -2x + 7$ $g_3(x) = 2x + 4$

Gleichsetzen der beiden Funktionsterme $f(x) = g(x)$ führt zu folgenden Gleichungen:

$-x^2 + 2x + 3 = x + 1$ $-x^2 + 2x + 3 = -2x + 7$ $-x^2 + 2x + 3 = 2x + 4$
$-x^2 + x + 2 = 0$ $-x^2 + 4x - 4 = 0$ $-x^2 - 1 = 0$
$x^2 - x - 2 = 0$ $x^2 - 4x + 4 = 0$ $x^2 = -1$
                               $(x - 2)^2 = 0$

Zwei Lösungen: Eine Lösung: $x_1 = 2$ Keine Lösung
$x_1 = -1$ und $x_2 = 2$

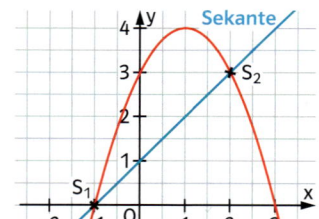

Die quadratische Gleichung $f(x) = g_1(x)$ hat zwei Lösungen.
Die Parabel und die Gerade haben zwei Schnittpunkte $S_1(-1|0)$ und $S_2(2|3)$.

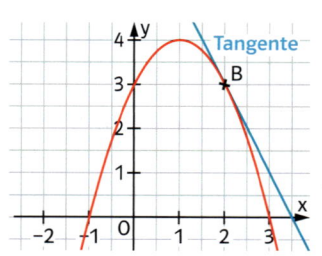

Die quadratische Gleichung $f(x) = g_2(x)$ hat eine Lösung.
Parabel und Gerade berühren sich im Punkt $B(2|3)$.

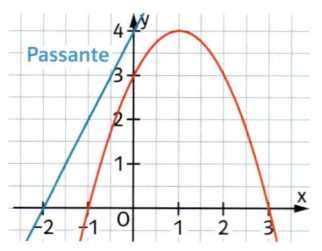

Die quadratische Gleichung $f(x) = g_3(x)$ hat keine Lösung.
Die Parabel und die Gerade haben keine gemeinsamen Punkte.

II Polynomfunktionen

Merke Schneidet eine Gerade eine Parabel in zwei verschiedenen Punkten, so heißt diese Gerade **Sekante**; die beiden Punkte nennt man **Schnittpunkte**.
Berührt eine Gerade eine Parabel in einem Punkt, so heißt diese Gerade **Tangente**; den gemeinsamen Punkt nennt man **Berührpunkt**.
Haben Gerade und Parabel keinen gemeinsamen Punkt, heißt die Gerade **Passante**.

Beispiel **1 Schnittstellen ablesen und berechnen.**
Gegeben sind die Funktionen $f(x) = -x^2 + 2x + 3$ und $g(x) = -x + 3$.
a) Zeichnen Sie die Schaubilder von f und von g in ein gemeinsames Koordinatensystem und lesen Sie die Koordinaten der Schnittpunkte ab.
b) Berechnen Sie die exakten Koordinaten der Schnittpunkte.

Lösung:
a) An der nebenstehenden Grafik liest man ab: $S_1(0|3)$ und $S_2(3|0)$.
b) Gleichsetzen $f(x) = g(x)$
$$-x^2 + 2x + 3 = -x + 3$$
$$x(x - 3) = 0$$
Man erhält $x_1 = 0$ und $x_2 = 3$.
Durch Einsetzen in den Funktionsterm von g erhält man $g(0) = 3$ und $g(3) = 0$. Die Schnittpunkte sind $S_1(0|3)$ und $S_2(3|0)$.

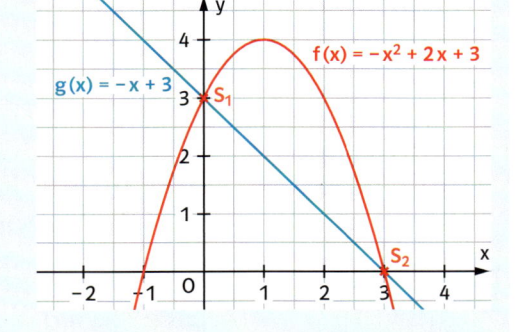

2 Gegeben ist f mit $f(x) = -\frac{1}{2}x^2 - x + 2$.
Welche der drei Geraden
a) g mit $g(x) = x + 5$;
b) h mit $h(x) = x + 4$ und
c) erste Winkelhalbierende i
berührt die Parabel?

Lösung:
a) Gleichsetzen liefert für $g(x) = f(x)$:
$x + 5 = -\frac{1}{2}x^2 - x + 2 \quad |+\frac{1}{2}x^2 |+x |-2$
$\frac{1}{2}x^2 + 2x + 3 = 0 \quad |\cdot 2$
$x^2 + 4x + 6 = 0$
Da der linke Term immer größer als 0 ist, hat $g(x) = f(x)$ keine Lösung.

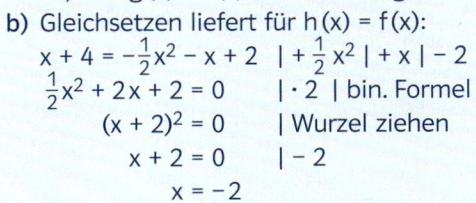

b) Gleichsetzen liefert für $h(x) = f(x)$:
$x + 4 = -\frac{1}{2}x^2 - x + 2 \quad |+\frac{1}{2}x^2 |+x |-2$
$\frac{1}{2}x^2 + 2x + 2 = 0 \quad |\cdot 2 |$ bin. Formel
$(x + 2)^2 = 0 \quad |$ Wurzel ziehen
$x + 2 = 0 \quad |-2$
$x = -2$
Einsetzen in h: $h(-2) = (-2) + 4 = 2$.
Der Berührpunkt lautet $B(-2|2)$.

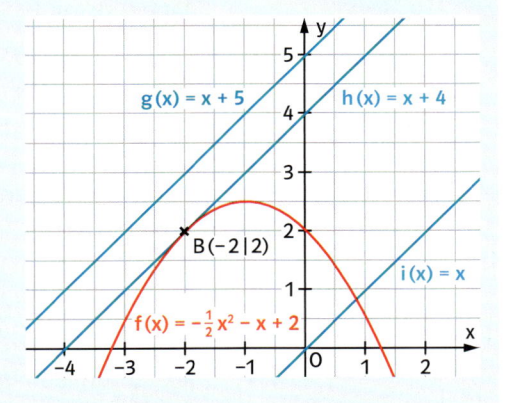

c) Gleichsetzen liefert für $i(x) = f(x)$:
$x = -\frac{1}{2}x^2 - x + 2 \quad |+\frac{1}{2}x^2 |+x |-2$
$\frac{1}{2}x^2 + 2x - 2 = 0 \quad |\cdot 2$
$x^2 + 4x - 4 = 0 \quad |$ pq-Formel
$x_{1;2} = -\frac{4}{2} \pm \sqrt{\left(\frac{4}{2}\right)^2 - (-4)}$,
$x_1 = -2 + \sqrt{8} \approx 0{,}83$;
$x_2 = -2 - \sqrt{8} \approx -4{,}83$
i und f haben zwei Schnittpunkte.

II Polynomfunktionen

Aufgaben

1 Zeichnen Sie die Schaubilder der Funktionen, berechnen Sie die Schnittpunkte.
a) $f(x) = \frac{1}{2}x^2 + 2x$ und $g(x) = 2x + 2$
b) $f(x) = x^2 + x - 2$ und $g(x) = 2x - 3$
c) $f(x) = 2x^2 - 4x + 8$ und $g(x) = 8x - 10$
d) $f(x) = \frac{1}{4}x^2 - 3x$ und $g(x) = -x - 4$

2 Ordnen Sie jedem Schaubild eine Gleichung zu. Lesen Sie die Schnittpunkte und Berührpunkte ab. Überprüfen Sie Ihren Vorschlag durch eine Rechnung.

zu Aufgabe 2:

(1) $\frac{1}{2}x = \frac{1}{4}x^2 - \frac{1}{2}x$

(2) $-x + 1 = -\frac{1}{3}x^2 + x - 2$

(3) $2 = \frac{1}{4}x^2 - \frac{5}{4}x + 1$

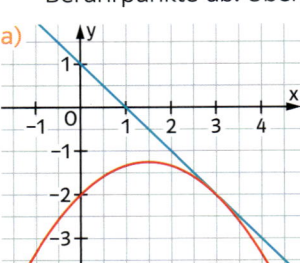

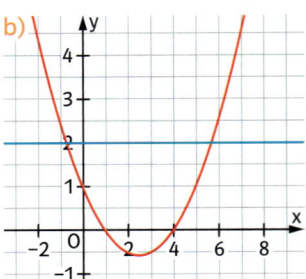

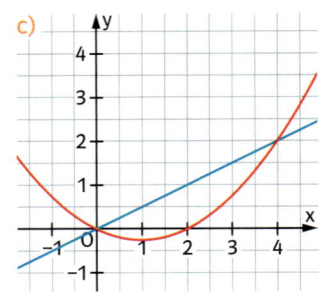

3 Beschreiben Sie die gegenseitige Lage der Schaubilder von f und g. Geben Sie gegebenfalls die gemeinsamen Punkte an.
a) $f(x) = -\frac{1}{4}x^2 + \frac{1}{2}$; $g(x) = \frac{1}{4}x - 1$
b) $f(x) = \frac{1}{2}x^2 - 2$; $g(x) = x - 2$
c) $f(x) = -\frac{1}{3}x^2 + 2x$; $g(x) = 3x + 4$
d) $f(x) = 5x^2 + 20x - 60$; $g(x) = -5x + 10$

Haltepunkt

4 Prüfen Sie rechnerisch, ob das Schaubild der Funktion g Sekante, Passante oder Tangente zur Parabel der Funktion f ist. Zeichnen Sie die beiden Schaubilder.
a) $f(x) = \frac{1}{2}x^2 + x$; $g(x) = \frac{3}{2}x + 1$
b) $f(x) = \frac{1}{4}x^2 - 2x + 1$; $g(x) = -x$
c) $f(x) = 2x^2 - 2$; $g(x) = x - 4$
d) $f(x) = 4x^2 - 80x + 280$; $g(x) = -16x + 24$

5 Bestimmen Sie den Achsenabschnitt b der Geraden so, dass sie das Schaubild von f berührt. Ermitteln Sie den Berührpunkt rechnerisch und zeichnerisch.
a) $f(x) = \frac{1}{2}x^2 + 3$
   $g(x) = x + b$
b) $f(x) = 4x^2 + 3x + 2$
   $g(x) = 3x + b$
c) $f(x) = \frac{1}{4}x^2$
   $g(x) = x + b$

Die Lösungen finden Sie auf Seite L 9.

6 Kostenfunktion ist K mit $K(x) = 2{,}3 + 0{,}6x$; Erlösfunktion E mit $E(x) = -0{,}8x^2 + 3{,}4x$.
a) Zeichnen Sie Schaubilder der Kosten- und der Erlösfunktion ins Koordinatensystem.
b) Bestimmen Sie die Schnittpunkte der Schaubilder und interpretieren Sie sie.
c) Für welche Stückzahlen wird Gewinn erzielt?
d) Bei K(x) verdoppeln sich die Fixkosten von 2,3 GE auf 4,6 GE. Wie sieht das neue Schaubild aus? Was bedeutet das für Gewinn bzw. Verlust?

7 Eine Jongleurin wirft Bälle in die Luft. Die Gleichung $f(x) = 3x - 2x^2$ beschreibt die Flugbahn eines Balls. Drei Scheinwerfer sind aufgestellt, deren Lichtstrahlen linear sind: $L_1(x) = 1{,}45 - 0{,}55x$; $L_2(x) = \frac{9}{8}$; $L_3(x) = 2{,}4 - 0{,}85x$.
Wie oft können die Scheinwerfer jeweils den Ball beleuchten? Begründen Sie dies rechnerisch und zeichnerisch.

5 Potenzfunktionen mit natürlicher Hochzahl

Die Firma Quatro-Pak stellt Milchtüten in Würfelform für eine Molkerei her. Bei einem Liter entspricht die Länge einer Kante eines Milch-Würfels 10 cm.
→ Wie lang ist eine Kante bei einem 0,25-l-Würfel; einem 0,5-l-Würfel bzw. bei einem 2-l-Würfel?
→ Quatro-Pak empfiehlt als Kantenlänge a des Würfels 7 cm, 10 cm, 13 cm. Welchem Füllvolumen entspricht dies? Zeichnen Sie das Schaubild der Funktion.
→ Stellen Sie einen Funktionsterm für V(a) auf und einen Funktionsterm für a(V).

Neben linearen Funktionen und Polynomfunktionen 2. Grades gibt es Funktionen mit höheren Potenzen, z.B. Funktionen mit der Funktionsgleichung $f(x) = x^3$, $f(x) = 2x^3$ oder $f(x) = -0{,}7x^3$. Diese nennt man **Potenzfunktionen 3. Grades**. Entsprechend gibt es Potenzfunktionen 4., 5., 6. usw. Grades. Der Grad entspricht der Hochzahl.

💡 Statt Hochzahl sagt man auch **Exponent**.

Merke Funktionen mit Funktionsgleichungen der Form $f(x) = a \cdot x^n$ mit $a \in \mathbb{R}^*$ und $n \in \mathbb{N}^*$ nennt man **Potenzfunktionen vom Grad n** oder **ganzrationale Funktion vom Grad n**.

Beispiel

1 Potenzfunktionen mit geraden Hochzahlen
a) Zeichnen Sie die Schaubilder der Potenzfunktionen f mit $f(x) = 0{,}1x^4$; g mit $g(x) = 2x^4$; h mit $h(x) = -2x^4$ und i mit $i(x) = x^4$.
b) Bestimmen Sie die Funktionswerte an den Stellen −1 und 1.
c) Beschreiben Sie den Verlauf der Schaubilder der Funktionen.

Lösung:
b) $f(1) = 0{,}1 \cdot 1^4 = 0{,}1$; $f(-1) = 0{,}1 \cdot (-1)^4 = 0{,}1$;
$g(1) = 2 \cdot 1^4 = 2$; $g(-1) = 2 \cdot (-1)^4 = 2$;
$h(1) = (-2) \cdot 1^4 = -2$; $h(-1) = -2$;
$i(1) = 1^4 = 1$; $k(-1) = (-1)^4 = 1$

💡 Quadranten im Koordinatensystem

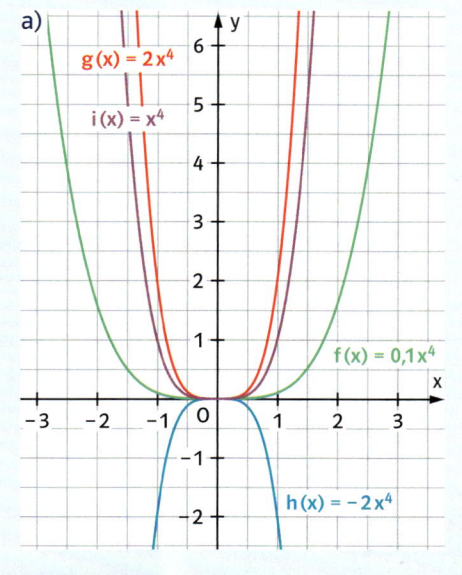

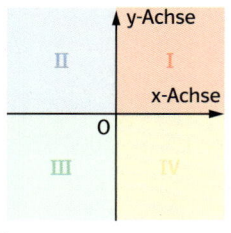

c) Die Funktionsterme sind alle $a \cdot x^4$.
1. Die Schaubilder verlaufen für $a > 0$, also für f, g und i von „links oben nach rechts oben", d.h. vom II. in den I. Quadranten. Das Schaubild von h verläuft von „links unten nach rechts unten", d.h. vom III. in den IV. Quadranten, da $a < 0$.
2. Alle Schaubilder verlaufen durch $P(-1|a)$, $Q(1|a)$ und Ursprung $O(0|0)$.
3. Potenzfunktionen vom Grad 4 sind achsensymmetrisch zur y-Achse.
4. Der kleinste Funktionswert ist $f(0) = 0$, wenn der Faktor a größer 0 ist.
5. Der größte Funktionswert ist $i(0) = 0$, wenn der Faktor a kleiner 0 ist.

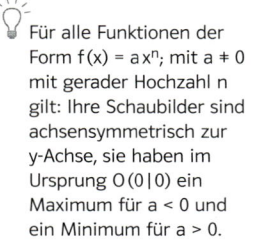

💡 Für alle Funktionen der Form $f(x) = ax^n$; mit $a \neq 0$ mit gerader Hochzahl n gilt: Ihre Schaubilder sind achsensymmetrisch zur y-Achse, sie haben im Ursprung $O(0|0)$ ein Maximum für $a < 0$ und ein Minimum für $a > 0$.

Beispiel

2 Potenzfunktionen mit ungeraden Hochzahlen
a) Zeichnen Sie die Schaubilder der Funktionen $f(x) = 0{,}3x^5$; $g(x) = 4x^5$; $h(x) = -4x^5$ und $i(x) = x^5$.
b) Beschreiben Sie die Gemeinsamkeiten von Funktionen mit ungerader Hochzahl.

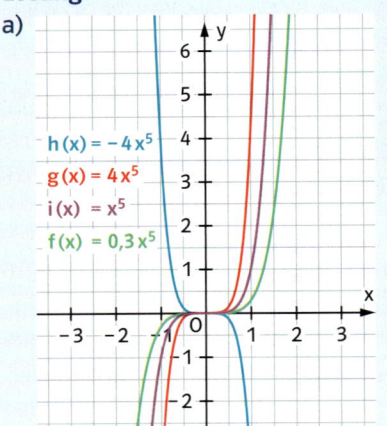

Lösung:
a)

b) Die Funktionen haben als Funktionsterm $a \cdot x^n$ mit $a \neq 0$ und ungerader Hochzahl 5.
1. Die Schaubilder verlaufen für die Funktionen mit $a > 0$ von „links unten nach rechts oben" von Quadrant III nach I; mit $a < 0$ von „links oben nach rechts unten" von Quadrant II nach IV.
2. Alle Schaubilder der Funktionen verlaufen durch $P(-1|-a)$, $Q(1|a)$ und $O(0|0)$.
3. Die Schaubilder der Potenzfunktionen mit Hochzahl 5 sind punktsymmetrisch zum Ursprung $O(0|0)$.
4. Es gibt kein Minimum und kein Maximum.

Quadranten im Koordinatensystem

3 Aufstellen der Funktionsgleichung einer Potenzfunktion
Das Schaubild einer Potenzfunktion geht durch die Punkte $P(1|3)$ und $Q(-2|48)$. Ermitteln Sie die Funktionsgleichung.

Lösung:
Ansatz: $f(x) = a \cdot x^n$; setzt man die Koordinaten von P ein, ergibt dies $3 = a \cdot 1^n$. Da $1^n = 1$ für jedes n gilt, ist $a = 3$. Einsetzen von $a = 3$ ergibt $48 = 3 \cdot (-2)^n$. Es folgt $16 = (-2)^n$, also $n = 4$. Die Funktionsgleichung lautet $f(x) = 3 \cdot x^4$.

Aufgaben

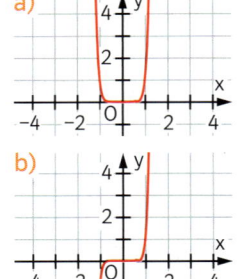

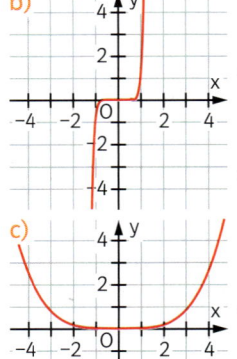

zu Aufgabe 5:
a)
b)
c)

1 Zeichnen Sie die Schaubilder der Funktionen f und g im angegebenen Intervall in ein Koordinatensystem. Beschreiben Sie den Verlauf der Schaubilder der Funktionen.
a) $f(x) = x^4$; $g(x) = 0{,}5x^4$; $-1{,}5 \leq x \leq 1{,}5$
b) $f(x) = -x^5$; $g(x) = 2x^5$; $-1{,}5 \leq x \leq 1{,}5$
c) $f(x) = x^3$; $g(x) = -0{,}4x^3$; $-2 \leq x \leq 2$
d) $f(x) = x^6$; $g(x) = -0{,}1x^6$; $-1{,}5 \leq x \leq 1{,}5$

2 a) Nennen Sie 3 Punkte vom Schaubild der Potenzfunktion f mit $f(x) = -0{,}5x^4$.
b) Die Punkte P, Q, R und S liegen auf dem Schaubild der Funktion f mit $f(x) = 2x^5$. Bestimmen Sie die fehlende Koordinate: $P(2|y)$; $Q(-2|y)$; $R(x|-64)$; $S(x|0{,}00002)$.

3 Zeichnen Sie die Schaubilder der Potenzfunktionen f mit $f(x) = x^4$ und g mit $g(x) = x^8$. Vergleichen Sie diese, benennen Sie Gemeinsamkeiten und Unterschiede.

4 Skizzieren Sie die Schaubilder der Funktionen f, g, h und i. Vergleichen Sie sie, begründen Sie Gemeinsamkeiten und Unterschiede mithilfe der Funktionsgleichungen.
a) $f(x) = 0{,}1x^2$
b) $g(x) = 0{,}1x^3$
c) $h(x) = 0{,}1x^4$
d) $i(x) = 0{,}1x^5$

5 Ordnen Sie den Schaubildern auf dem Rand die Funktionsterme zu: $f(x) = 0{,}01x^4$; $g(x) = 0{,}5x^3$; $h(x) = x^{11}$; $j(x) = x^{10}$. Begründen Sie Ihre Auswahl.

II Polynomfunktionen

zu Aufgabe 8:

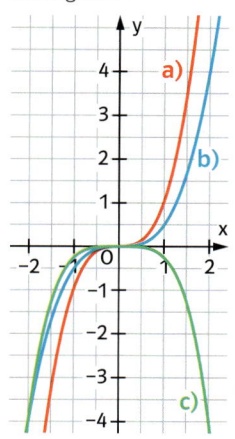

6 Wie lautet die Funktionsgleichung der Potenzfunktion f mit $f(x) = a \cdot x^n$ durch die Punkte:
a) $P(1|0,5)$ und $Q(-2|32)$?
b) $P(1|0,25)$ und $Q(2|32)$?
c) $P(1|-2)$ und $Q(-3|-162)$?
d) $P(1|0,4)$ und $Q(4|25,6)$?
e) $P(1|3)$ und $R(-3|-729)$?
f) $P(1|-7)$ und $R(-4|-1792)$?
g) Wie kann man ohne Rechnung erkennen, ob in den Teilaufgaben a), c), e) und f) eine Potenzfunktion mit gerader oder ungerader Hochzahl vorliegt?

7 Das Schaubild einer Potenzfunktion geht durch die beiden Punkte A und B. Bestimmen Sie die zugehörige Funktionsgleichung und skizzieren Sie das Schaubild.
a) $A(1|1)$; $B(2|8)$
b) $A(1|0,5)$; $B(2|4)$
c) $A(1|-2)$; $B(2|-32)$

8 Die Figur links zeigt die Schaubilder von Potenzfunktionen. Geben Sie ihre Funktionsgleichung an. Lesen Sie die Koordinaten der Punkte bei $x = 1$ und $x = 1,5$ ab.

Haltepunkt

9 a) Beschreiben Sie Gemeinsamkeiten und Unterschiede der Schaubilder f mit $f(x) = x^2$, g mit $g(x) = x^4$, h mit $h(x) = x^5$ und i mit $i(x) = x^3$.
b) Ordnen Sie den Schaubildern rechts die Funktionsgleichungen zu $f(x) = 0,01x^4$, $g(x) = 0,5x^7$; $h(x) = -0,5x^7$.

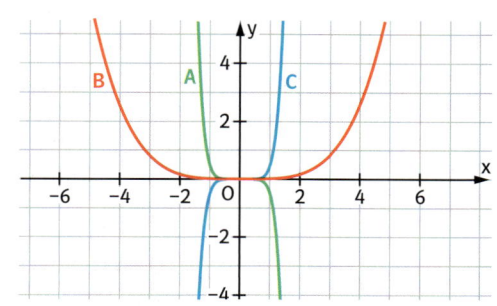

🔑 Die Lösungen finden Sie auf Seite L11.

10 Bestimmen Sie die Funktionsgleichung der Funktion $f(x) = a \cdot x^n$ aus den Punkten.
a) $P(1|0,3)$ und $Q(-2|-9,6)$
b) $P(1|-2)$ und $Q(3|-162)$

11 Bei einem Windrad lässt sich die Leistung P (in Watt) mit der Windgeschwindigkeit v (in $\frac{m}{s}$) mit der Formel $P = 1000 \cdot v^3$ berechnen.
a) Stellen Sie das Schaubild der Funktion P in einem Koordinatensystem dar. Wählen Sie $-10 < x < 10$ und $-10^6 < y < 10^6$ als Achsengrenzen.
b) Lesen Sie ab, bei welcher Windgeschwindigkeit die Leistung $P = 5 \cdot 10^5$ W beträgt.
c) Stellen Sie Ihrer Nachbarin oder ihrem Nachbarn drei Aufgaben zum Schaubild oder zur Funktionsgleichung. Kontrollieren Sie Ihre Ergebnisse gemeinsam.
d) Wo liegen Vor- und Nachteile der Windenergie gegenüber anderen Energieformen?

12 Eine Studie zum Schwerlastverkehr ergab, dass das Gewicht eines Lkw mit der vierten Potenz in das Maß der Straßenschädigung eingeht.
a) Wie erhöht sich die Schädigung der Straße für einen Lkw, dessen Gewicht sich durch Zuladung verdoppelt?
b) Früher war in Deutschland bei einem Lkw eine Achslast von 100 000 N (N heißt Newton) erlaubt. Heute beträgt der zulässige Wert 115 000 N. Um wie viel Prozent stiegen die Schädigungen durch die vorgenommene Erhöhung der Achslast?
c) Welche Erhöhung der Achslast darf man höchstens vornehmen, wenn man die Schädigung auf das Doppelte des ursprünglichen Wertes begrenzen will?

WV 12 NT 11, 12 GS

6 Polynomfunktionen höheren Grades

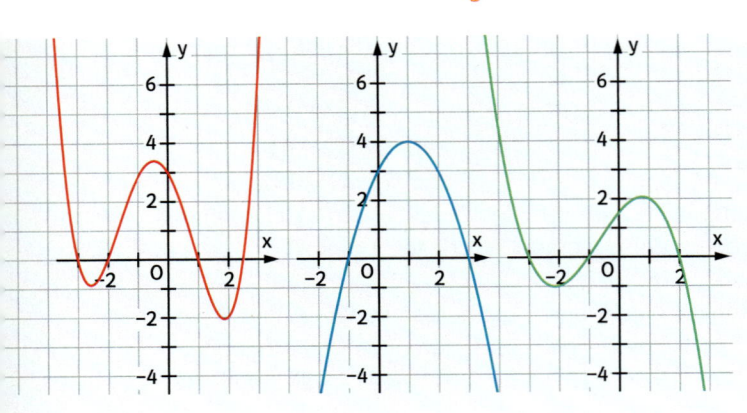

$f(x) = \frac{1}{5}x^4 + \frac{3}{10}x^3 - \frac{9}{5}x^2 - \frac{17}{10}x + 3$

$g(x) = -0{,}25x^3 - 0{,}5x^2 + 1{,}25x + 1{,}5$

$h(x) = -x^2 + 2x + 3$

$i(x) = -\frac{1}{4}(x+3)(x+1)(x-2)$

→ Ordnen Sie allen Funktionen das passende Schaubild zu. Erläutern Sie Ihren Vorschlag.

Funktionen wie z. B. f mit $f(x) = 2x^3 - 8x^2 + 7x + 5$ heißen **ganzrationale Funktionen**. Die Hochzahl der größten Potenz von x heißt **Grad der ganzrationalen Funktion**, bei f(x) also 3. Die Zahlen 2; –8; 7 und 5 vor den Potenzen von x bezeichnet man als **Koeffizienten**. Der Koeffizient ohne x, d. h. der Koeffizient vor x^0, hier also die Zahl 5, heißt **Absolutglied**.

Ganzrationale Funktionen vom **Grad 1** sind die linearen Funktionen, die ganzrationalen Funktionen vom **Grad 2** sind die quadratischen Funktionen. Konstante Funktionen f mit $f(x) = a$, $a \neq 0$ haben den **Grad 0**, da $a = a \cdot x^0$. Der Nullfunktion f mit $f(x) = 0$ (für alle reellen x) wird kein Grad zugeordnet. Die maximale Definitionsmenge einer ganzrationalen Funktion ist $\mathbb{R}$.

Auch eine Funktion f mit $f(x) = 2x(4x-5)(x^2+3)$ ist eine ganzrationale Funktion. Multipliziert man die Klammer aus, so ist $2x(4x-5)(x^2+3) = 8x^4 - 10x^3 + 24x^2 - 30x$. Die Terme ganzrationaler Funktionen werden **Polynome** genannt. Man bezeichnet ganzrationale Funktionen daher auch als **Polynomfunktionen**.

Der Funktionsterms der Funktion hilft sich ein ungefähres Bild vom Verlauf des Schaubilds einer Polynomfunktion zu machen. Dazu untersucht man, wie sich die Funktion für sehr große und sehr kleine Werte von x verhält.

Merke

Eine Funktion f, deren Funktionsgleichung man in der Form
$f(x) = a_n x^n + a_{n-1} x^{n-1} + \ldots + a_1 x + a_0$ schreiben kann,
heißt ganzrationale Funktion vom Grad n oder **Polynomfunktion vom Grad n.** Dabei ist n eine natürliche Zahl und $a_0; a_1; \ldots; a_n$ sind reelle Zahlen $(a_n \neq 0)$.

Verhalten für $x \to +\infty$ und Verhalten für $x \to -\infty$:

Für $x \to +\infty$ und für $x \to -\infty$ wird das Verhalten einer ganzrationalen Funktion vom Summanden mit der größten Hochzahl bestimmt. Für sehr große positive Zahlen, d. h. für $x \to +\infty$, bzw. sehr kleine negative Zahlen, d. h. für $x \to -\infty$, dominiert die höchste Potenz.

Das Schaubild der Polynomfunktion f verhält sich wie das Schaubild der Funktion g mit $g(x) = a_n x^n$, wobei n der Grad von f und der Grad von g ist, man sagt: $a_n x^n$ ist der **dominierende Term** der Funktion f(x).

💡 Vergleicht man zwei negative Zahlen am Zahlenstrahl, so liegt die kleinere Zahl weiter links auf dem Zahlenstrahl.

II Polynomfunktionen

Beispiel

1 Eigenschaften des Schaubilds einer ganzrationalen Funktion untersuchen

Gegeben ist die Funktion f mit $f(x) = 2x^5 + x^2 - 5x + 2$.

a) Wie verhält sich das Schaubild von f für $x \to +\infty$ und für $x \to -\infty$?

b) Zeichnen Sie das Schaubild von f sowie die Schaubilder der Vergleichsfunktion für $x \to +\infty$ und $x \to -\infty$ in ein Koordinatensystem.

Lösung:

a) Für $x \to +\infty$ und für $x \to -\infty$ verhält sich das Schaubild von f so wie das Schaubild der Funktion g mit $g(x) = 2x^5$. Damit strebt das Schaubild von f für $x \to -\infty$ gegen $-\infty$ und für $x \to +\infty$ gegen $+\infty$.

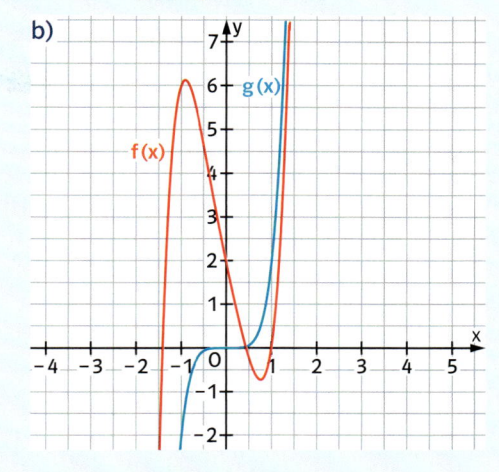

2 Funktionen mit vorgegebenen Eigenschaften angeben

Geben Sie zwei ganzrationale Funktionen an, deren Schaubild sich für $x \to +\infty$ und für $x \to -\infty$ wie das Schaubild von $g(x) = -5x^4$ verhält.

Lösung:

Es gibt unendlich viele Lösungen. Alle Lösungen können durch
$f(x) = -5x^4 + a \cdot x^3 + b \cdot x^2 + cx + d$ mit a, b, c und $d \in \mathbb{R}$ beschrieben werden,
da $-5x^4$ der dominierende Summand ist. Beispiele sind
$f(x) = -5x^4 + 3x - 1$; $f(x) = -5x^4 + 7x^3 + 2x + 3$; $f(x) = -5x^4 - 4x^3 + 0,5x^2 - 1$.

Aufgaben

○ **1** Geben Sie Grad, Koeffizienten und Absolutglied der Polynomfunktion an.
a) $f(x) = 2x^3 - 5x^2 + 4x + 6$
b) $f(x) = -8x^4 + x^3 - 2x$
c) $f(x) = x^6 + x^4 + x^2 + 1$
d) $f(x) = x(x^2 - 3x + 4)$
e) $f(x) = 3(x + 2)(x - 4)^2$
f) $f(x) = -2x(x - 3)(x - 4)(x - 5)$

○ **2** Wie verhält sich das Schaubild von f für $x \to +\infty$ und für $x \to -\infty$? Zeichnen Sie die Schaubilder von f und der Vergleichsfunktion g in ein Koordinatensystem.
a) $f(x) = 4x^3 - x^2 + 2x + 1$
b) $f(x) = 0,5x^4 - 1,5x^2 + x - 2$

○ **3** Welches Vorzeichen könnten die Funktionswerte $f(1000)$ und $f(-1000)$ haben? Überprüfen Sie Ihre Vermutung.
a) $f(x) = 2x^3 - 4x^2 + x$
b) $f(x) = -x^5 + 3x^3 + 15\,000$
c) $f(x) = x^4 - x^3 + x^2 - x + 1$
d) $f(x) = 10\,000x - 0,0001x^4$
e) $f(x) = x^3 - 1000x^2$
f) $f(x) = (x - 100)(x + 100)x$

● **4** Geben Sie eine Funktion g mit $g(x) = a_n x^n$ an, die das Verhalten des Schaubilds von f für $x \to +\infty$ und für $x \to -\infty$ beschreibt.
a) $f(x) = -3x^3 + x^2 + x$
b) $f(x) = -3x^9 + 5x^5 + 15\,000x$
c) $f(x) = -x^5 + 100\,000x$
d) $f(x) = 3x^8 + 0,0001x^6$
e) $f(x) = 3x(x^5 - x^2 + 15)$
f) $f(x) = 3x^4(x - 2)(x + 3)$

WV NT GS

II Polynomfunktionen

5 Untersuchen Sie das Verhalten von f für $x \to +\infty$ und für $x \to -\infty$.
a) $f(x) = x^3 + x^2 + 1$
b) $f(x) = -3x^5 + 3x^2 - x^3$
c) $f(x) = (x+2)(x-1)(x-4)$
d) $f(x) = 1010 x^6 - 0{,}1 x^7 + 250 x$

6 Ordnen Sie die Schaubilder (A bis D) den Funktionsgleichungen auf dem Rand zu.

$f_1(x) = x^6 - 2x^4 + 1{,}5x + 2$

$f_4(x) = x^3 - 3x^2 + 2$

$f_2(x) = (x+1)(x-2)(x-1) + 4$

$f_3(x) = -0{,}5 x^4 + 2x^2 + 2$

$f_5(x) = x^3 - 3x + 2$

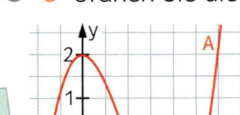

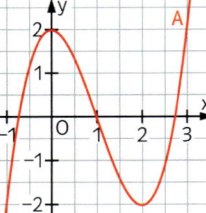

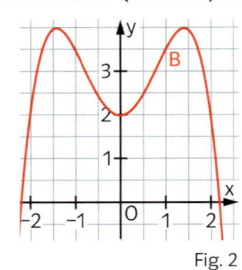

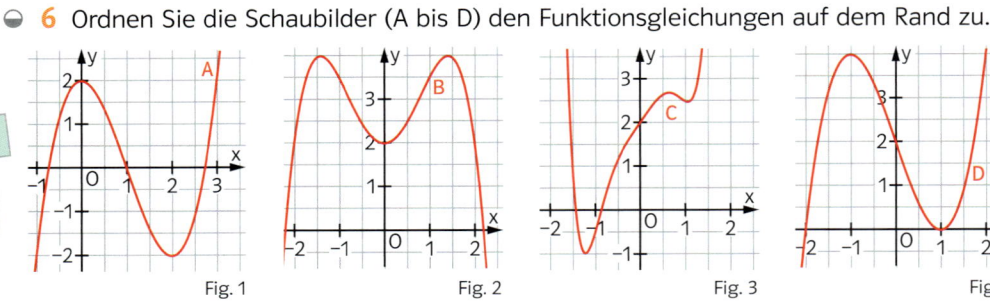

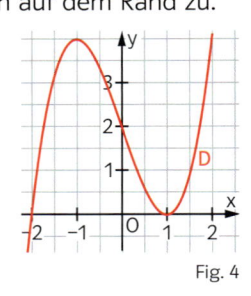

Fig. 1   Fig. 2   Fig. 3   Fig. 4

Haltepunkt

7 Untersuchen Sie das Verhalten des Schaubilds von f für $x \to +\infty$ und $x \to -\infty$.
a) $f(x) = x^6 + x^3 - 2x + 1$
b) $f(x) = -2x^4 + 1{,}5 x^2 - 3$
c) $f(x) = 4(x^2 - 2)(x+3)$

8 Ordnen Sie die Funktionen den Schaubildern (Fig. 5 bis Fig 8.) zu.

$f_1(x) = -2x^3 - 2x + 10$

$f_2(x) = x^4 - 2x^2 + 10$

$f_3(x) = x^4 + 2x^2 + 10$

$f_4(x) = -2x^3 - 5x^2 + 10$

$f_5(x) = x^4 - 8x + 10$

$f_6(x) = -2x^3 + 5x + 10$

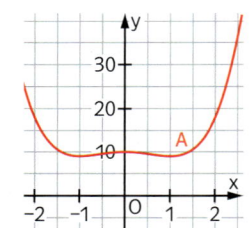

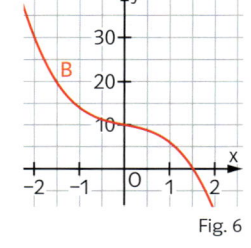

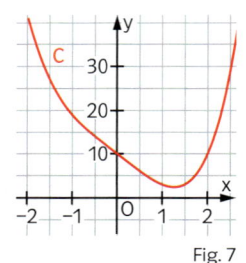

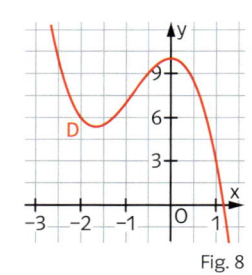

Fig. 5   Fig. 6   Fig. 7   Fig. 8

Die Lösungen finden Sie auf Seite L11.

9 Variieren Sie den Funktionsterm der Funktion f mit $f(x) = x^3 + 6x^2$ so, dass
a) für $x \to +\infty$ gilt $f(x) \to -\infty$,
b) für $x \to -\infty$ und $x \to +\infty$ gilt $f(x) \to +\infty$,
c) für $x \to +\infty$ und $x \to -\infty$ gilt $f(x) \to -\infty$.

10 Mithilfe der Zahlen $-2; -1; 0; 1$ und 2 als Koeffizienten können verschiedene Polynomfunktionen gebildet werden.
Beispiele $f(x) = 1 \cdot x^4 + 0 \cdot x^3 - 1 \cdot x^2 + 2 \cdot x - 1$ oder
$f(x) = 0 \cdot x^4 + 2 \cdot x^3 - 2 \cdot x^2 + 1 \cdot x - 1$.
a) Bestimmen Sie eine derartige Funktion f so, dass $f(1) = 4$ ist.
b) Bestimmen Sie eine derartige Funktion so, dass das Schaubild von f „von unten kommt und nach oben geht".

Die Schaubilder von Polynomfunktionen können neben dem Verhalten für $x \to +\infty$ und für $x \to -\infty$ noch weitere Eigenschaften besitzen, die das Zeichnen von Schaubildern erleichtern. Die Wertetabelle ist einfacher auszufüllen und das Schaubild leichter zu zeichnen, wenn man an dem Funktionsterm eine Symmetrie erkennen kann. Es gibt „Prüfbedingungen" für die Achsensymmetrie zur y-Achse und es gibt „Prüfbedingungen" für die Punktsymmetrie zum Ursprung $O(0|0)$.

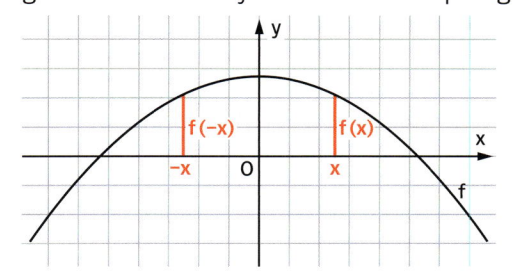

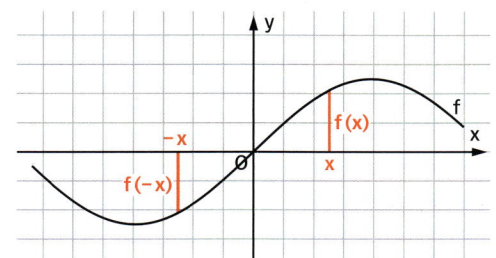

Merke

Das Schaubild einer Funktion f mit der Definitionsmenge D ist genau dann

achsensymmetrisch zur y-Achse,   **punktsymmetrisch zum Ursprung $O(0|0)$,**
wenn für alle $x \in D$ gilt: wenn für alle $x \in D$ gilt:
$f(-x) = f(x)$. $f(-x) = -f(x)$.

Beispiel

3 Achsensymmetrische und punktsymmetrische Funktionen

a) Zeigen Sie, dass die Funktion f mit $f(x) = x^4 - 8$ achsensymmetrisch zum Ursprung ist.

b) Zeigen Sie, dass die Funktion f mit $f(x) = x^3 + 2x$ punktsymmetrisch zum Ursprung ist.

Lösung:

a) $f(-x) = (-x)^4 - 8 = (-1)^4 x^4 - 8 = 1x^4 - 8 = x^4 - 8 = f(x)$.
   Die Funktion f mit $f(x) = x^4 - 8$ ist achsensymmetrisch zum Ursprung.

b) $f(-x) = (-x)^3 + 2(-x) = (-1)^3 x^3 + 2 \cdot (-1)x = (-1)x^3 + (-1) \cdot 2x = (-1) \cdot (x^3 + 2x)$
   $= -(x^3 + 2x) = -f(x)$
   Die Funktion f mit $f(x) = x^3 + 2x$ ist punktsymmetrisch zum Ursprung.

Aufgaben

11 Vom Schaubild einer Funktion ist bekannt, dass es eine Symmetrieeigenschaft hat. Übertragen Sie die Wertetabelle in Ihr Heft, ergänzen Sie diese bis $x = 2,5$ und zeichnen Sie das Schaubild.

a) Achsensymmetrie zur y-Achse:

x	−2,5	−2	−1,5	−1	−0,5	0	...
y	1,01	0	0,61	1,8	2,81	3,2	...

b) Punktsymmetrie zum Ursprung:

x	−2,5	−2	−1,5	−1	−0,5	0	...
y	−2,81	0	1,31	1,5	0,94	0	...

12 Welche Funktion hat ein zur y-Achse symmetrisches Schaubild, welche ein zum Ursprung symmetrisches Schaubild? Begründen Sie.

a) $f(x) = x^2$ b) $f(x) = x^3 - 2x$ c) $f(x) = 2x^4 - 8x^2 + 1$
d) $f(x) = -2x^6 + 3x^2$ e) $f(x) = x(x^4 - 3)$ f) $f(x) = 2x$
g) $f(x) = (x - 2)(x + 2)$ h) $f(x) = 5x^3 + 4$ i) $f(x) = x^2(x - 3)(x + 3)$

II Polynomfunktionen

> 💡 Potenzen mit geraden Hochzahlen sind x^0; x^2; x^4; x^6; x^8; usw.

> 💡 Potenzen mit ungeraden Hochzahlen sind x^1; x^3; x^5; x^7; x^9; usw.

Bei Polynomfunktionen erkennt man die Symmetrie anhand der auftretenden Potenzen von x.
Treten in dem Funktionsterm von f nur Potenzen mit geraden Hochzahlen auf, so gilt für alle x, dass $f(-x) = f(x)$, wie man an dem Beispiel $f(x) = 4x^6 - 3x^2 + 0{,}4$ erkennen kann: $f(-x) = 4(-x)^6 - 3(-x)^2 + 0{,}4 = 4x^6 - 3x^2 + 0{,}4 = f(x)$.
Das zugehörige Schaubild verläuft achsensymmetrisch zur y-Achse.
Treten dagegen im Funktionsterm nur Potenzen mit ungeraden Hochzahlen auf, so ergibt sich für alle x immer $f(-x) = -f(x)$, wie man an dem Beispiel
$f(x) = -7x^5 + 2x^3 - 4x$ erkennen kann:
$f(-x) = -7(-x)^5 + 2(-x)^3 - 4(-x) = 7x^5 - 2x^3 + 4x = -(-7x^5 + 2x^3 - 4x) = -f(x)$.
Das zugehörige Schaubild verläuft punktsymmetrisch zum Ursprung O(0|0).

> 💡 Polynomfunktionen mit geraden **und** ungeraden Hochzahlen sind weder achsensymmetrisch zur y-Achse noch punktsymmetrisch zum Ursprung.

Umgekehrt gilt: Ist das Schaubild einer Polynomfunktion achsensymmetrisch zur y-Achse, dann treten nur gerade Potenzen von x auf und ist das Schaubild einer Polynomfunktion punktsymmetrisch zum Ursprung, dann treten nur ungerade Potenzen von x auf.

Allgemein bezeichnet man eine beliebige Funktion als **gerade Funktion**, wenn ihr Schaubild achsensymmetrisch zur y-Achse verläuft und als **ungerade Funktion**, wenn ihr Schaubild punktsymmetrisch zum Ursprung ist.

Merke
Das Schaubild einer Polynomfunktion f mit $f(x) = a_n x^n + \ldots + a_1 x + a_0$ verläuft
achsensymmetrisch zur y-Achse, wenn der Funktionsterm von f nur Potenzen mit geraden Hochzahlen enthält.
punktsymmetrisch zum Ursprung O(0|0), wenn der Funktionsterm von f nur Potenzen mit ungeraden Hochzahlen enthält.

Beispiel
4 Symmetrieuntersuchung bei Polynomfunktionen
Überprüfen Sie, ob das Schaubild der Polynomfunktion f symmetrisch zur y-Achse, symmetrisch zum Ursprung O(0|0) verläuft oder, ob keine der beiden Eigenschaften erfüllt ist.

> 💡 Symmetrie bei Polynomfunktionen? Hochzahlen betrachten

a) $f(x) = 5x^4 - 7x^2 + 3$ b) $f(x) = 4x^3 + 9x$ c) $f(x) = 2x^4 - x^3 + 2x$

Lösung:
a) Der Funktionsterm enthält nur gerade Potenzen von x mit den Hochzahlen 4, 2 und 0. Also treten nur gerade Hochzahlen auf und das Schaubild von f verläuft somit achsensymmetrisch zur y-Achse.

> 💡 Gerade oder ungerade Funktion? $f(-x)$ bilden, umformen und mit $f(x)$ bzw. $-f(x)$ vergleichen.

b) Der Funktionsterm enthält nur ungerade Potenzen von x mit den Hochzahlen 3 und 1. Also treten nur ungerade Hochzahlen auf und das Schaubild von f verläuft punktsymmetrisch zum Ursprung O(0|0).
c) Es treten sowohl gerade als auch ungerade Hochzahlen auf. Somit verläuft das Schaubild der Funktion f weder achsensymmetrisch zur y-Achse noch punktsymmetrisch zum Ursprung O(0|0).

Aufgaben
○ **13** Welche der folgenden Funktionen ist eine gerade, welche eine ungerade Funktion?
a) $f(x) = x^2$ b) $f(x) = x^3$ c) $f(x) = x^4$ d) $f(x) = x^{99}$
e) $f(x) = x^2 + 5$ f) $f(x) = x^3 + 4$ g) $f(x) = x^4 + x^3$ h) $f(x) = x^{99} + x^3 + x$

II Polynomfunktionen

14 Prüfen Sie, ob die Polynomfunktion f gerade oder ungerade ist. Welche Aussage ergibt sich über das Symmetrieverhalten des Schaubilds der Funktion?
a) $f(x) = x \cdot (x^2 - 5)$
b) $f(x) = (x - 2)^2 + 1$
c) $f(x) = x(x - 1)(x + 1)$
d) $f(x) = (x - 1)(x - 2)$
e) $f(x) = \frac{1}{3}x^3(6 - x^2)$
f) $f(x) = (2 - x)^2(2 + x)^2$
g) $f(x) = (x - 1)^3 + 3x^2 + 1$
h) $f(x) = (1 - 3x^2)^2$
i) $f(x) = (x - x^2)^2$

Haltepunkt

Die Lösungen finden Sie auf Seite L11.

15 Untersuchen Sie, ob die Funktion gerade oder ungerade ist. Begründen Sie Ihre Entscheidung.
a) $f(x) = 3x^4 - 2x^2 + 4$
b) $f(x) = 0{,}2x^3 + 3x$
c) $f(x) = x^4 - 4x^3 + 1$
d) $f(x) = 2x^5 - 0{,}4x^3 + 7x$
e) $f(x) = x^4(3 - x^2) + 5$
f) $f(x) = 4 - x^3$

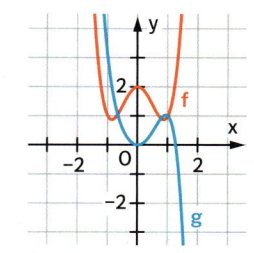

16 Beantworten Sie folgende Fragen für die Polynomfunktionen f und g, die Sie auf dem Rand sehen.
a) Ist das Schaubild der Funktion achsensymmetrisch zur y-Achse?
b) Ist das Schaubild der Funktion punktsymmetrisch zum Ursprung?
c) Kann die Funktion eine gerade Polynomfunktion sein? Begründen Sie.
d) Stimmt die Aussage „Der Grad der Funktion ist mindestens 3."?

17 Zu welcher der Funktionen könnte das Schaubild gehören? Begründen Sie.

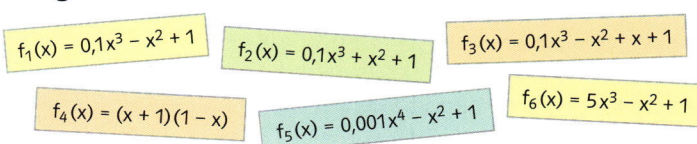

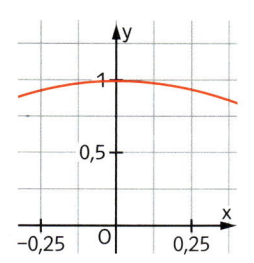

$f_1(x) = 0{,}1x^3 - x^2 + 1$
$f_2(x) = 0{,}1x^3 + x^2 + 1$
$f_3(x) = 0{,}1x^3 - x^2 + x + 1$
$f_4(x) = (x + 1)(1 - x)$
$f_5(x) = 0{,}001x^4 - x^2 + 1$
$f_6(x) = 5x^3 - x^2 + 1$

18 Vorgegeben sind die Funktionen f, g, h und k mit $f(x) = x^3 - x$; $g(x) = x^2 + 2$; $h(x) = x^4 - 3x^2$ und $k(x) = x^5 + 4x$. Erzeugen Sie aus diesen Funktionen jeweils zwei neue Funktionen mit folgenden Eigenschaften:
a) Die Summe ist eine gerade Funktion.
b) Die Differenz aus einer geraden und einer anderen Funktion ist gerade.
c) Das Produkt ist eine ungerade Funktion.
d) Der Quotient ist eine ungerade Funktion.

19 Ordnen Sie den vier Schaubildern A bis D jeweils einen Funktionsterm zu. Begründen Sie.

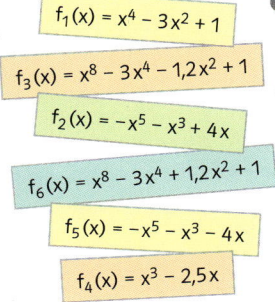

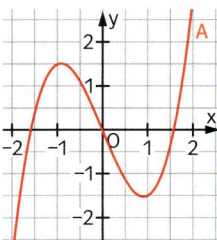

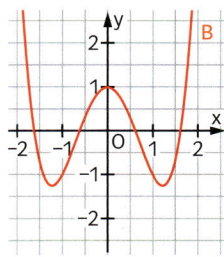

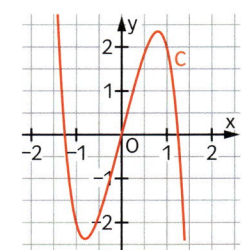

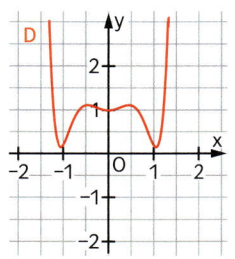

$f_1(x) = x^4 - 3x^2 + 1$
$f_3(x) = x^8 - 3x^4 - 1{,}2x^2 + 1$
$f_2(x) = -x^5 - x^3 + 4x$
$f_6(x) = x^8 - 3x^4 + 1{,}2x^2 + 1$
$f_5(x) = -x^5 - x^3 - 4x$
$f_4(x) = x^3 - 2{,}5x$

WV   NT   GS

7 Nullstellen und Produktdarstellung

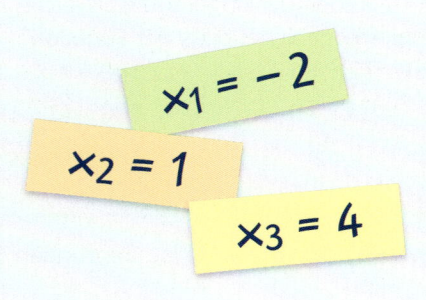

$x_1 = -2$
$x_2 = 1$
$x_3 = 4$

Eine Polynomfunktion hat diese Nullstellen.
→ Zeichnen Sie ein Koordinatensystem in Ihr Heft. Skizzieren Sie mögliche Schaubilder, wenn
a) das Schaubild der Funktion von links oben kommt und nach rechts unten geht,
b) das Schaubild von links oben kommt und nach rechts oben geht,
c) die Funktion noch die weitere Nullstelle $x_4 = 6$ hat.

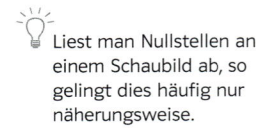

> Liest man Nullstellen an einem Schaubild ab, so gelingt dies häufig nur näherungsweise.

Nullstellen einer Funktion sind für das Zeichnen eines Schaubilds oder das Bearbeiten einer Anwendungsaufgabe nützlich. Man kann sie auch am Schaubild ablesen.

Für die Funktion f mit
$f(x) = x^3 - 2x^2 - 2x + 1$ entnimmt man
$x_1 = -1$, $x_2 \approx 0{,}4$ und $x_3 \approx 2{,}6$.
Den Wert für x_1 kann man durch Einsetzen bestätigen. Um die Nullstellen einer Funktion f zu berechnen, ist die Gleichung $f(x) = 0$ zu lösen.

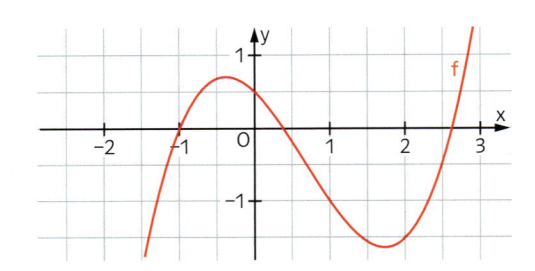

Bei einer Polynomfunktion **ersten Grades** wie z. B. $f(x) = 2x + 6$ ist also die Gleichung $2x + 6 = 0$ zu lösen. Hier erhält man die Nullstelle $x = -3$.
Bei einer Polynomfunktion **zweiten Grades** hat man eine quadratische Gleichung zu lösen, z. B. ergibt sich für die Funktion $f(x) = x^2 + x - 6$ die Gleichung $x^2 + x - 6 = 0$.
Man erhält die Lösungen und damit die Nullstellen $x_1 = -3$ und $x_2 = 2$.

Die Nullstellen von Funktionen **höheren Grades** kann man in der Regel nicht mit einer Formel lösen, ähnlich wie es sie für quadratische Gleichungen gibt. In vier Fällen kann man das „schwierige" Problem durch Umformen in ein „leichteres" Problem überführen:

Fall 1: Kommt im Funktionsterm nur eine einzige Potenz von x vor, so lassen sich die Nullstellen durch Wurzelziehen berechnen. Z. B. für die Funktion f mit $f(x) = 8x^4 - 50$ erhält man die Gleichung $8x^4 - 50 = 0$. Nach x umgestellt ergibt dies $x^4 = 6{,}25$.
Die Lösungen $x_1 = -\sqrt[4]{6{,}25}$ und $x_2 = \sqrt[4]{6{,}25}$ sind die Nullstellen der Funktion f.

> Man spricht von einer **Linearfaktorzerlegung**, wenn man den Term einer Polynomfunktion als Produkt seiner Linearfaktoren schreiben kann.

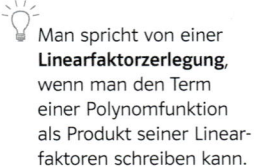

Fall 2: Enthält der Funktionsterm Linearfaktoren wie z. B. bei $f(x) = 3(x + 3)(x - 2)(x - 4)$, so kann man Nullstellen aus diesem Term ablesen.
Die Gleichung ist $3(x + 3)(x - 2)(x - 4) = 0$.
Nach dem Satz vom Nullprodukt ist ein Produkt genau dann gleich 0, wenn mindestens einer der Faktoren gleich 0 ist. $(x + 3) = 0$ oder $(x - 2) = 0$ oder $(x - 4) = 0$.
Die Lösungen dieser Gleichungen sind $x_1 = -3$; $x_2 = 2$ und $x_3 = 4$, dies sind die Nullstellen der Funktion f.

> **Lässt sich eine Polynomfunktion f als Produkt zweier Polynomfunktionen g und h schreiben, so spricht man von einer Produktdarstellung der Funktion f.**

Das teilweise Zerlegen in Linearfaktoren kann auch bei Funktionen wie $f(x) = 3(x+3)(x-1)(x^2+4)$ hilfreich sein. Die ersten beiden Klammern liefern die Nullstellen $x_1 = -3$ und $x_2 = 1$. Die rechte Klammer führt auf die quadratische Gleichung $x^2 + 4 = 0$. Sie hat keine Lösungen. Insgesamt hat die Funktion f also die zwei Nullstellen -3 und 1.

Fall 3: Enthält ein Funktionsterm kein Absolutglied, so kann man eine Potenz von x ausklammern.

Für die Funktion f mit $\quad f(x) = x^4 - 3x^3 - 10x^2$
erhält man die Gleichung $\quad x^4 - 3x^3 - 10x^2 = 0$.
Ausklammern von x^2 ergibt $\quad x^2(x^2 - 3x - 10) = 0$.

Nach dem Satz vom Nullprodukt kann man nun die beiden „einfacheren" Gleichungen lösen: $x^2 = 0$ und $x^2 - 3x - 10 = 0$. Die Lösungen sind $x_1 = 0$; $x_2 = -2$ und $x_3 = 5$. Die Nullstellen von f sind -2; 0 und 5.

Fall 4: Eine weitere Methode ist die Nullstellenbestimmung durch Substitution.

Für die Funktion f mit $\quad f(x) = x^4 - 7x^2 + 12$
erhält man die Gleichung $\quad x^4 - 7x^2 + 12 = 0$.

> **Eine Gleichung der Form $ax^4 + bx^2 + c = 0$ heißt biquadratische Gleichung.**

Da $x^4 = (x^2)^2$ ist, ersetzt man x^2 durch z, d.h. man substituiert x^2 durch z. Dies führt von der Gleichung 4. Grades zu zwei einfacheren Gleichungen 2. Grades.
Durch die Substitution $\quad z = x^2$
erhält man die quadratische Gleichung $\quad z^2 - 7z + 12 = 0$.
Deren Lösungen erhält man mit der pq-Formel, sie sind $z = 3$ oder $z = 4$.

> **Rücksubstitution bedeutet, dass man die Substitution zurück durchführt. Man sagt auch Resubstitution.**

Die Rücksubstitution $x^2 = z$ führt auf $x^2 = 3$ oder $x^2 = 4$.
Als Lösungen ergeben sich $x_1 = -\sqrt{3}$; $x_2 = \sqrt{3}$; $x_3 = -2$; $x_4 = 2$.
Die Nullstellen von f sind damit $-\sqrt{3}$; $\sqrt{3}$; -2; 2.

Eine lineare Funktion, d.h. eine Polynomfunktion **1. Grades**, hat **null** oder **eine Nullstelle**.
Eine Polynomfunktion **2. Grades** hat null, eine oder **höchstens zwei Nullstellen**.
Eine Polynomfunktion **3. Grades** hat null, eine, zwei oder **höchstens drei Nullstellen**.
Entsprechend gilt:
Eine Polynomfunktion **vom Grad n** hat **höchstens n Nullstellen**.

Nicht jede Polynomfunktion n-ten Grads hat n Nullstellen. So hat z.B. die Funktion f mit $f(x) = x(x-2)(x^2+1)$ den Grad 4, aber nur die Nullstellen $x = 0$ und $x = 2$. Der Term $(x^2 + 1) = 0$ hat keine Lösung.
Die Funktion f mit $f(x) = (x^2 + 1)(x^4 + 3)$ vom Grad 6 hat keine Nullstellen, da der Term $(x^2 + 1)$ nicht 0 werden kann und auch der Term $(x^4 + 3)$ nicht 0 werden kann.

Merke

> Eine Polynomfunktion vom Grad n hat höchstens n Nullstellen. Nullstellen von Polynomfunktionen kann man, je nach Form des Funktionsterms bestimmen:
> Fall 1: durch Wurzelziehen $\qquad$ z.B. $f(x) = x^4 - 16$
> Fall 2: durch Ablesen der Nullstellen aus den
> $\qquad$ Linearfaktoren $\qquad$ z.B. $f(x) = (-7)(x + \frac{2}{3})(x-4)x$
> Fall 3: durch Ausklammern von Potenzen von x $\quad$ z.B. $f(x) = x^5 - 5x^2 = x^2(x^3 - 5)$
> Fall 4: durch Substitution und Rücksubstitution $\quad$ z.B. $f(x) = x^4 - 3x^2 + 2$
> $\qquad\qquad\qquad\qquad\qquad\qquad\qquad\qquad\qquad\qquad = z^2 - 3z + 2$ mit $z = x^2$

II Polynomfunktionen

Beispiel

1 Nullstellen bestimmen durch Wurzelziehen
Bestimmen Sie die Nullstellen der Funktion.
a) $f(x) = 2x^4 - 12$ b) $f(x) = (-2)x^3 - 54$ c) $f(x) = x^4 + 2n$

Lösung:

a) $2x^4 - 12 = 0$ $| -12$ $|:2$ Die Nullstellen von f mit
          $x^4 = 6$ $f(x) = 2x^4 - 12$ sind $-\sqrt[4]{6}$ und $\sqrt[4]{6}$.
          $x_1 = -\sqrt[4]{6}$ und $x_2 = \sqrt[4]{6}$

b) $(-2)x^3 - 54 = 0$ $| + 54$ $|:(-2)$ Die Nullstelle der Funktion f mit
          $x^3 = -27$ $f(x) = (-2)x^3 - 54$ ist -3.
          $x = -3$, da $(-3)^3 = -27$.

c) $x^4 + 2 = 0$ $| -2$ Die Gleichung ist nicht lösbar. Die Funktion f
          $x^4 = -2$ mit $f(x) = x^4 + 2$ hat keine Nullstelle.

2 Nullstellen bestimmen, darstellen einer Funktion in Linearfaktoren
Bestimmen Sie die Nullstellen der Funktion f mit $f(x) = (x - 5)(x^2 - 2x - 63)$

Lösung:
Ablesen der Nullstelle aus dem linken Linearfaktor $(x - 5) = 0$.
Die Lösung der 1. Klammer ist $x = 5$.
2. Klammer untersuchen $x^2 - 2x - 63 = 0$

quadratische Gleichung lösen $x_1 = \frac{2}{2} + \sqrt{\left(\frac{2}{2}\right)^2 - (-63)} = 1 + 8 = 9;$

                                          $x_2 = \frac{2}{2} - \sqrt{\left(\frac{2}{2}\right)^2 - (-63)} = 1 - 8 = -7$

Lösungen der 2. Klammer sind $x_1 = 9$ und $x_2 = -7$.
Die Nullstellen der Funktion f sind 9; 5 und -7.
Die Linearfaktorzerlegung der Funktion $f(x) = (x - 5)(x^2 - 2x - 63)$ ist
$f(x) = (x - 5)(x - 9)(x + 7)$.

3 Nullstellen bestimmen durch Ausklammern und Substituieren
Bestimmen Sie die Nullstellen der Funktion f mit $f(x) = x^5 - 4x^3 - 5x$.

Lösung:
Gleichung aufstellen $x^5 - 4x^3 - 5x = 0$
x ausklammern $x(x^4 - 4x^2 - 5) = 0$
Also gilt: $x = 0$ oder $x^4 - 4x^2 - 5 = 0$
Eine Nullstelle ist somit $x_1 = 0$.
Term in der Klammer 0 setzen $x^4 - 4x^2 - 5 = 0$
Substitution $z = x^2$
Einfachere Gleichung $z^2 - 4z - 5 = 0$
Mit der pq-Formel lösen ergibt $z = 5$ oder $z = -1$.
Nach der Rücksubstitution sind
die Gleichungen $x^2 = 5$ und $x^2 = -1$ zu lösen.
                                          $x^2 = 5$ hat die Lösungen $x_2 = -\sqrt{5}$; $x_3 = \sqrt{5}$.
                                          $x^2 = -1$ hat keine Lösung.
Die Nullstellen der Funktion f sind $x_1 = 0$; $x_2 = -\sqrt{5}$; $x_3 = \sqrt{5}$.

II Polynomfunktionen

Aufgaben

1 Prüfen Sie, ob x_1 eine Nullstelle der Funktion f ist.
a) $f(x) = 3x^3 - 6x^2 + 9$; $x_1 = -1$
b) $f(x) = x^2(x^2 - 6) + 8$; $x_1 = 2$
c) $f(x) = 2x^3 - 4x^2 + x + 34$; $x_1 = -2$
d) $f(x) = -0{,}5x^5 - 1{,}5x^3 + x - 1{,}7$; $x_1 = -\frac{2}{3}$

2 Geben Sie die Nullstellen der Funktion f an.
a) $f(x) = 3(x + 4)(x - 2)(x - 5)$
b) $f(x) = -x(x + 1{,}5)(x - 1{,}5)(x + 5)$
c) $f(x) = x(x^2 + 3)$
d) $f(x) = (x^2 + 1)(x^2 + 2)(x^2 + 5)$

3 Geben Sie auch hier die Nullstellen der Funktion f an.

a)
x	f(x)
−3	1,75
−2,5	0
−2	0
−1,5	−0,5
−1	−2,25
−0,5	−4,5
0	−5
0,5	0
1	15,75

b) [Graph K_f] c) [Graph K_f]

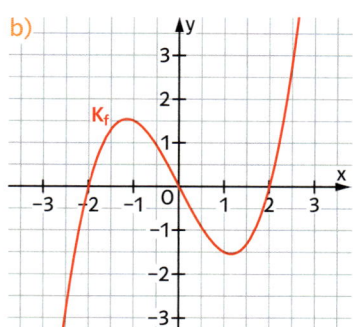

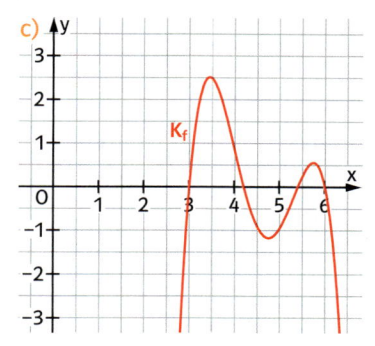

> Die **Nullstellen** und den **y-Achsenabschnitt** bezeichnet man auch als die **Achsenschnittpunkte des Schaubilds**.

4 Ermitteln Sie die Nullstellen durch Umformen und Wurzelziehen und bestimmen Sie den y-Achsenabschnitt des Schaubilds.
a) $f(x) = x^4 - 81$
b) $f(x) = 2x^3 - 18$
c) $g(x) = -1{,}5x^3 + 12$
d) $f(x) = -5x^4 - 100$
e) $h(x) = 50 - 2x^4$
f) $f(x) = x^6 + 64$

5 Berechnen Sie die Nullstellen der Funktion durch Ausklammern.
a) $f(x) = x^3 - 16x$
b) $f(x) = -2x^4 + 18x^2$
c) $f(x) = x^3 + 2x$
d) $f(x) = 3x^3 + 3x^2 - 18x$
e) $f(x) = x^5 - 10x^4 + 25x^3$
f) $f(x) = -4x^3 + 32x^2 - 36x$

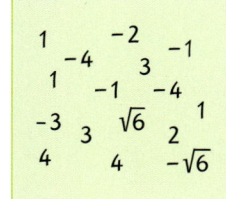

> Lösungen zu Aufgabe 6:
>
> 1   −2   −1
> −4   3
> 1   −1   −4
> −3   3   √6   1
> 4   4   2   −√6

6 Lösen Sie die Gleichungen mithilfe von Substitution und Rücksubstitution.
a) $x^4 - 20x^2 + 64 = 0$
b) $2x^4 - 8x^2 - 90 = 0$
c) $3x^4 + 9x^2 - 162 = 0$
d) $x^4 + \frac{4}{9}x^2 - \frac{13}{9} = 0$
e) $x^4 + 16 - 17x^2 = 0$
f) $x^6 - 10x^3 + 9 = 0$

7 Geben Sie die Funktionsgleichung einer Polynomfunktion an, die die Nullstellen
a) −2; 3 und 5,
b) −7; −4; 4 und 7,
c) 0; 3 und 9,
d) −8; 0 und 8 hat.

Geben Sie die Funktionsgleichungen von zwei Polynomfunktionen an, die
e) den Grad 3 und die Nullstellen 0 und 2 haben.
f) den Grad 3 und die einzige Nullstelle 4 haben.

Haltepunkt

8 Berechnen Sie die Nullstellen der Funktion f.
a) $f(x) = 2x^4 - 12$
b) $f(x) = x(x + 2)(x^2 - 3)$
c) $f(x) = 5(x - 1)(x + 3)(x - 4)$
d) $f(x) = -7x(x^2 + 6x + 9)$
e) $f(x) = x^4 - 41x^2 + 180$
f) $f(x) = (x^4 - 1)(x^2 + 4)$

9 Geben Sie die Funktionsgleichung von zwei Polynomfunktionen vom Grad 3 an, die
a) die Nullstellen 0; 2 und 5 haben.
b) die Nullstellen 0; $-\sqrt{3}$ und $\sqrt{3}$ haben.
c) die einzige Nullstelle 2 haben.
d) die Nullstellen 0 und 1 haben.

> Die Lösungen finden Sie auf Seite L12.

10 Ordnen Sie den Funktionsgleichungen auf dem Rand die Schaubilder zu. Begründen Sie Ihre Entscheidung.

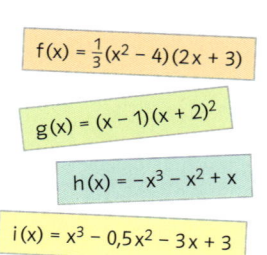

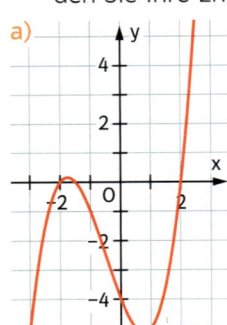

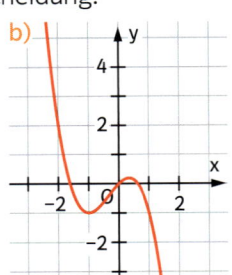

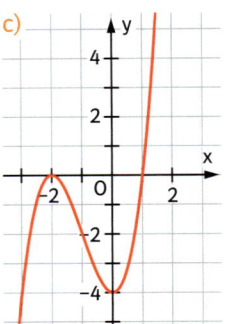

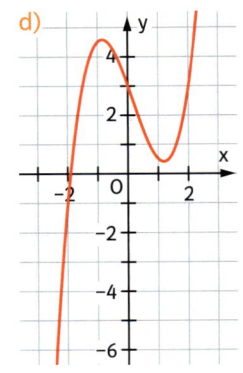

$f(x) = \frac{1}{3}(x^2 - 4)(2x + 3)$

$g(x) = (x - 1)(x + 2)^2$

$h(x) = -x^3 - x^2 + x$

$i(x) = x^3 - 0{,}5x^2 - 3x + 3$

a) b) c) d)

11 Beurteilen Sie, ob die folgenden Aussagen „immer zutreffen", „nie zutreffen" oder „unter bestimmten Bedingungen" zutreffen. Falls es welche gibt, geben Sie die „Bedingungen" an.
a) Eine Polynomfunktion, die ungerade ist, hat mindestens eine Nullstelle.
b) Eine gerade Funktion hat eine gerade Anzahl von Nullstellen.
c) Eine Polynomfunktion fünften Grades hat genau 5 Nullstellen.
d) Wenn eine gerade Funktion die Nullstelle 2 besitzt, dann besitzt sie auch die Nullstelle −2.

12 Wählen Sie bei der Funktion f mit $f(x) = a(x - b)(x - c)$ die Parameter a, b und c so, dass die Funktion f diese Eigenschaften hat:
a) Nullstellen sind −1 und 3, das Schaubild schneidet die y-Achse im Punkt $P(0|1)$.
b) Die Nullstellen sind $\frac{1}{2}$ und $-\sqrt{2}$ und es gilt $f(0) > 0$.
c) Eine Nullstelle ist −2, das Schaubild ist achsensymmetrisch zur y-Achse und verläuft durch den Punkt $P(1|-6)$.

13 Was passiert mit der Nullstelle der Funktion, wenn
a) der Funktionsterm von f mit 2 multipliziert wird?
b) zum Funktionsterm von f die Zahl 2 addiert wird?

14 Eine Polynomfunktion hat mindestens die Nullstellen $x_1 = -3$ und $x_2 = 2$. Skizzieren Sie ein mögliches Schaubild, wenn
a) die Funktion gerade ist.
b) das Schaubild der Funktion punktsymmetrisch zum Ursprung ist.

Information

Das CAS ist ein mögliches digitales Mathematikwerkzeug.

Computer-Algebra-System, kurz CAS → Aufgaben 15–17

Mit einem Computer-Algebra-System (CAS) kann man Schaubilder von Funktionen zeichnen und viele Rechnungen durchführen, Gleichungen lösen, Klammern ausmultiplizieren, Ausdrücke in Faktoren zerlegen oder untersuchen, ob Terme gleich sind. Insbesondere kann man damit die Ergebnisse der Aufgaben, die von Hand gerechnet wurden, überprüfen oder neue Aufgaben konstruieren.

II Polynomfunktionen

> Beim Bearbeiten dieser Aufgaben hilft ein Computer-Algebra-System, kurz CAS.

15 Ermitteln Sie die Nullstellen der Funktion mithilfe von Linearfaktoren.
   a) $f(x) = x^3 - 1$
   b) $f(x) = x^4 - x^2 - 12$
   c) $f(x) = x^3 - 5x^2 - 29x + 105$

16 Ermitteln Sie den Funktionsterm in ausmultiplizierter Form.
   a) $f(x) = 2(x+1)(x-3)(x-5)$
   b) $f(x) = x(x-2)(x^2-3)$
   c) $f(x) = \frac{2}{3}(x-3)(x+1)^2$

17 Bestimmen Sie das Absolutglied. Finden Sie den Zusammenhang zwischen den Nullstellen der Funktion und dem Absolutglied.
   a) $f(x) = (x+2)(x+3)(x+4)$
   b) $f(x) = (x-2)(x+6)(x-7)$
   c) $f(x) = (x-3)(x+2)^2$
   d) $f(x) = 2(x+4)(x-3)(x-7)$
   e) $f(x) = (x-2)(x^2+3)$
   f) $f(x) = -5(x-1)(x+2)^2$

18 Verwenden Sie, wenn möglich, die Faktoren auf den Kärtchen um die Funktionsgleichung einer Funktion zu erzeugen, für die gilt:
   a) Die Funktion hat den Grad 3 und genau drei Nullstellen.
   b) Die Funktion hat den Grad 3 und genau zwei Nullstellen.
   c) Die Funktion hat den Grad 3 und genau eine Nullstelle.
   d) Die Funktion hat den Grad 3 und keine Nullstelle.

$(x+2)$ $(x-3)$ $(x-4)$ (x^2+1)

Die Schaubilder zweier Funktionen können keinen, einen oder mehrere Schnittpunkte haben.

> Hat man kein Schaubild zum Ablesen der Schnittpunkte, so kann man die Nullstellen der Funktion $h(x) = f(x) - g(x)$ bestimmen.

Die Figur rechts zeigt die Schaubilder der Funktionen f mit $f(x) = x^3 - x$ und g mit $g(x) = \frac{1}{2}x^2 - \frac{1}{2}$. $S_1(-1|0)$ ist ein Schnittpunkt der beiden Schaubilder. Hier stimmen die Funktionswerte von f und g überein, d.h. $f(-1) = g(-1) = 0$; $x_1 = -1$. Gesucht sind alle x-Werte für die gilt $f(x) = g(x)$, also $x^3 - x = \frac{1}{2}x^2 - \frac{1}{2}$.
Weitere gemeinsame Schnittpunkte liegen an den Stellen $x_2 = \frac{1}{2}$ und $x_3 = 1$.

$x_2 = \frac{1}{2}$ einsetzen in f: $f\left(\frac{1}{2}\right) = \left(\frac{1}{2}\right)^3 - \frac{1}{2} = \frac{1}{8} - \frac{1}{2} = -\frac{3}{2}$

$x_2 = \frac{1}{2}$ einsetzen in g: $g\left(\frac{1}{2}\right) = \frac{1}{2} \cdot \left(\frac{1}{2}\right)^2 - \frac{1}{2} = -\frac{3}{2}$.

$x_3 = 1$ einsetzen in f: $f(1) = 1^3 - 1 = 0$.

$x_3 = 1$ einsetzen in g: $g(1) = \frac{1}{2} \cdot 1^2 - \frac{1}{2} = \frac{1}{2} - \frac{1}{2} = 0$.

Die Schnittpunkte der Funktionen f und g sind demnach $S_1(-1|0)$; $S_2\left(\frac{1}{2}\Big|-\frac{3}{2}\right)$; $S_3(1|0)$.

Merke
> Die **Schnittpunkte** der Schaubilder zweier Funktionen f und g werden durch die Gleichung $f(x) = g(x)$ bestimmt.
> Die x-Werte der Schnittpunkte sind die Nullstellen der Funktion h mit $h(x) = f(x) - g(x)$. Die y-Werte der Schnittpunkte erhält man durch Einsetzen der x-Werte in die Funktion f oder in die Funktion g.

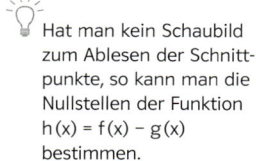

II Polynomfunktionen

Bemerkung Sollen umgekehrt die Nullstellen einer Funktion h, z.B. $h(x) = x^4 - x - 5$ bestimmt werden, so kann man die Gleichung $x^4 - x - 5 = 0$ auch so lösen: Man schreibt die Gleichung in der Form $x^4 = x + 5$ und bestimmt die Schnittstellen der Schaubilder der Funktionen f mit $f(x) = x^4$ und g mit $g(x) = x + 5$. Siehe dazu auch Beispiel 5.

Beispiel

4 Rechnerische Bestimmung von Schnittpunkten
Berechnen Sie die Schnittpunkte der Schaubilder von f mit $f(x) = \frac{1}{10}x^3 + 2$ und g mit $g(x) = -x^2 + 2$.

💡 Hat eine quadratische Gleichung nur eine Nullstelle, so nennt man diese eine **doppelte Nullstelle**.

Lösung: $f(x) = g(x)$, d.h. $\frac{1}{10}x^3 + 2 = -x^2 + 2$, also $\frac{1}{10}x^3 + x^2 = 0$.
Ausklammern ergibt: $x^2 \cdot \left(\frac{1}{10}x + 1\right) = 0$, also $x^2 = 0$; d.h. $x_1 = 0$ ist Nullstelle.
$\frac{1}{10}x + 1 = 0$, daraus folgt $\frac{1}{10}x = -1$ und daraus $x = -10$.
Damit erhält man die „doppelte" Nullstelle $x_1 = 0$ und die „einfache" Nullstelle $x_2 = -10$. Da $g(0) = 2$ und $g(-10) = -98$ ist, schneiden sich die Schaubilder der Funktionen f und g in $S_1(0|2)$ und $S_2(-10|-98)$.

5 Zeichnerisches Lösen von Gleichungen
Lösen Sie die Gleichung $0{,}2x^3 - 0{,}6x + 0{,}4 = 0$ zeichnerisch.
Lösung:
Die Gleichung kann man umschreiben in $0{,}2x^3 = 0{,}6x - 0{,}4$. Gesucht sind die x-Werte der Schnittpunkte der Schaubilder von f mit $f(x) = 0{,}2x^3$ und von g mit $g(x) = 0{,}6x - 0{,}4$. Man zeichnet die Schaubilder von f und g und liest die Schnittstellen ab: $x_1 = -2$ und $x_2 = 1$. Damit ist die Lösungsmenge der Gleichung $L = \{-2; 1\}$.
Probe: 1 einsetzen in g: $0{,}2 - 0{,}6 + 0{,}4 = 0$. -2 in g: $0{,}2 \cdot (-2)^3 - 0{,}6 \cdot (-2) + 0{,}4 = 0$.

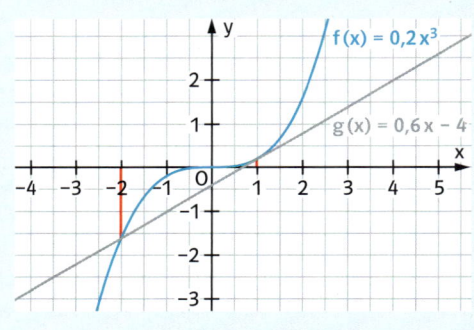

Aufgaben

💡 Probe nicht vergessen.

19 Bestimmen Sie die Schnittpunkte der Schaubilder von f und g.
a) $f(x) = x^2$; $g(x) = 3x - 2$
b) $f(x) = 2x^3$; $g(x) = 7x^2 - x - 10$
c) $f(x) = 2x^3 - 3x$; $g(x) = 3x^2 - 2$
d) $f(x) = 20x^2 - 2x$; $g(x) = 47$

20 Lösen Sie die Gleichung zeichnerisch, indem Sie die Schnittstellen zweier Schaubilder bestimmen. Kontrollieren Sie Ihre Ergebnisse mit dem Taschenrechner.
a) $x^2 - x - 1 = 0$
b) $x^2 - x + 1 = 0$
c) $x^2 - 2x + 1 = 0$
d) $x^3 - x - 1 = 0$
e) $x^3 - 2x + 0{,}5 = 0$
f) $x^4 - 2x + 1 = 0$
g) $x^4 + x + 1 = 0$
h) $x^5 - 3 = 0$

21 Der Benzinverbrauch zweier Autos wird abhängig vom Tempo zwischen 40 km/h und 200 km/h im 4. Gang durch f und g modelliert: $f(x) = 0{,}0005x^2 - 0{,}06x + 8$; $g(x) = 0{,}0012x^2 - 0{,}18x + 12$; x in km/h; f(x) und g(x) in l/100 km.
a) Bei welchem Tempo verbrauchen beide Autos die gleiche Menge Kraftstoff?
b) Bei welchem Tempo verbraucht ein Auto 1 l mehr als das andere?

8 Mehrfache Nullstellen

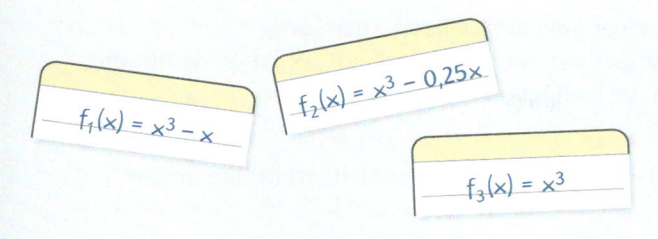

$f_1(x) = x^3 - x$
$f_2(x) = x^3 - 0{,}25x$
$f_3(x) = x^3$

Bestimmen Sie die Anzahl der Nullstellen der Funktionen.
→ Wie gehen Sie dabei vor?
→ Was fällt Ihnen auf?

Liegt der Funktionsterm einer Polynomfunktion in **Produktdarstellung** vor, kann man Aussagen über das Verhalten der Funktion in der Umgebung der Nullstellen machen. Von besonderem Interesse sind hierbei mehrfach auftretende Faktoren.

Das typische Verhalten der Schaubilder an solchen Stellen zeigen die Beispiele.

$f(x) = 1{,}5(x - 0{,}5)(x - 2)$ $g(x) = 1{,}5(x - 0{,}5)(x - 2)^2$ 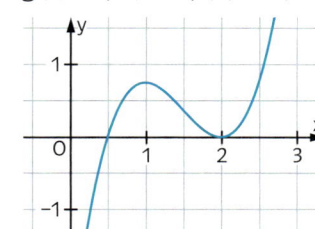 $h(x) = 1{,}5(x - 0{,}5)(x - 2)^3$

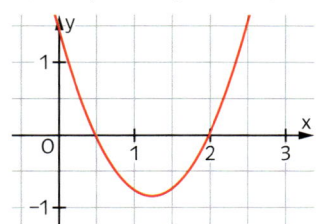

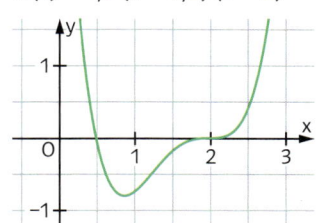

In Produktdarstellung tritt der Faktor $(x - 2)$ bei der Funktion f einmal, bei der Funktion g zweimal und bei der Funktion h dreimal auf.

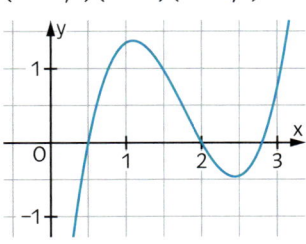

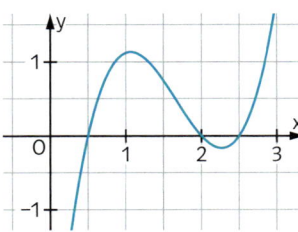

Vergleicht man die Schaubilder K_f, K_g und K_h der Funktionen f, g und h, so stellt man fest: Jedes Schaubild schneidet die x-Achse an der Stelle $x = 0{,}5$ fast wie eine Gerade. An der Stelle $x = 2$ schneidet K_f die x-Achse wie eine Gerade, berührt K_g die x-Achse wie eine Parabel und durchdringt K_h die x-Achse wie das Schaubild der Funktion i mit $i(x) = x^3$ an der Stelle $x = 0$.

Das Verhalten der Funktion in der Umgebung der Nullstelle $x = 2$ wird also von der **Vielfachheit des Faktors** $(x - 2)$ in der Produktdarstellung bestimmt. Dieses Verhalten für die Funktion g lässt sich auf folgende Weise veranschaulichen.

$g_1(x) =$ $g_2(x) =$ $g_3(x) =$
$(x - 0{,}5)(x - 2)(x - 2{,}8)$ $(x - 0{,}5)(x - 2)(x - 2{,}5)$ $(x - 0{,}5)(x - 2)(x - 2{,}2)$

Die beiden Nullstellen rücken immer weiter zusammen:

$(x - 0{,}5)(x - 2)(x - 2{,}8)$
$(x - 0{,}5)(x - 2)(x - 2{,}5)$
$(x - 0{,}5)(x - 2)(x - 2{,}1)$
⋮
$(x - 0{,}5)(x - 2)(x - 2{,}01)$
⋮
$(x - 0{,}5)(x - 2)(x - 2{,}001)$
⋮
$(x - 0{,}5)(x - 2)(x - 2)$

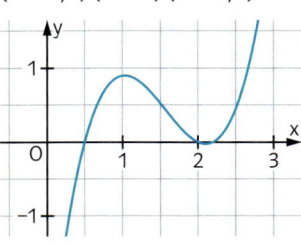

Die Funktionen g_1, g_2 und g_3 haben mit der Funktion $g(x) = (x - 0{,}5)(x - 2)^2$ die Nullstellen $x_1 = 0{,}5$ und $x_2 = 2$ gemeinsam. Die 3. Nullstelle x_3 bewegt sich von 2,8 aus auf die Zahl 2 zu. Dabei wird der rechts von der 2 liegende, unter der x-Achse verlaufende Teil des Schaubilds immer kleiner. Wird der letzte Faktor im Funktionsterm $(x - 2)$, d.h. wird $x_3 = 2$, so fallen die beiden Nullstellen zusammen. Somit berührt das Schaubild die x-Achse an der Stelle $x = 2$. In diesem Fall nennt man $x = 2$ eine **zweifache** (oder auch **doppelte**) **Nullstelle**. Die Nullstelle 0,5 ist eine einfache Nullstelle.

II Polynomfunktionen

Merke Enthält die Produktdarstellung einer Polynomfunktion f der Form
$f(x) = (x - x_1)^k \cdot g(x)$ den Faktor $(x - x_1)$ wie hier k-mal, d.h. $(x - x_1)^k$, so hat die Nullstelle der Polynomfunktion die Vielfachheit k.

Bemerkung Die Polynomfunktion f mit $f(x) = (x - 4)^3$ hat eine dreifache Nullstelle an der Stelle $x = 4$.

Beispiel

1 Aufstellen einer Funktionsgleichung
Geben Sie drei Beispiele von Funktionen verschiedener Grade an, die nur die Nullstellen -2 und 3 haben. Skizzieren Sie jeweils das Schaubild.
Lösung:
Man verwendet die Darstellung des Funktionsterms mithilfe von Linearfaktoren.

$f(x) = (x + 2)(x - 3)$
hat den Grad 2.

$g(x) = (x + 2)(x - 3)^2$
hat den Grad 3.

$h(x) = (x + 2)(x - 3)(x^2 + 1)$
hat den Grad 4.
Der Faktor $(x^2 + 1)$ liefert keine weiteren Nullstellen.

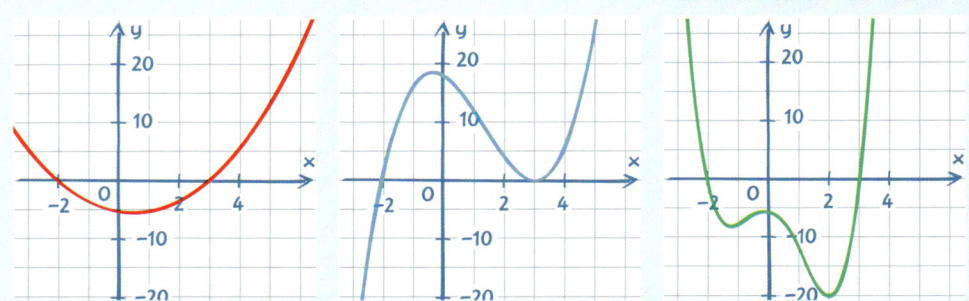

2 Vom Funktionsterm zum Schaubild
Gegeben ist die Funktion f mit $f(x) = 0{,}5x(x - 3)^2$.
a) Geben Sie den Grad von f an.
b) Beschreiben Sie das Verhalten der Funktion f im „Großen".
c) Beschreiben Sie das Verhalten von f in der Umgebung ihrer Nullstellen.
d) Skizzieren Sie das Schaubild von f.
Lösung:
a) Die Funktion f hat den Grad 3.
b) Ausmultiplizieren ergibt:
   $f(x) = 0{,}5x^3 - 3x^2 + 4{,}5x$.
   Das Schaubild von f kommt wie das Schaubild von $0{,}5x^3$ von links unten und geht nach rechts oben.
c) Die Funktion hat die einfache Nullstelle 0 und die zweifache Nullstelle 3.
   Bei der einfachen Nullstelle 0 schneidet das Schaubild von f die x-Achse wie eine Gerade. Bei der doppelten Nullstelle berührt das Schaubild von f die x-Achse wie eine Parabel.

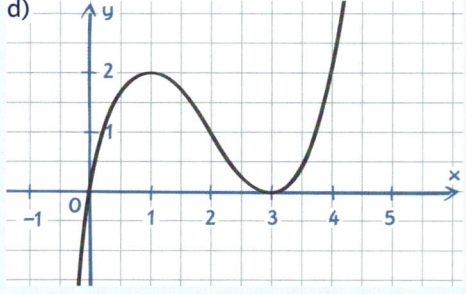

II Polynomfunktionen

3 Vom Schaubild zum Funktionsterm

Das Schaubild zeigt eine Polynomfunktion. Es schneidet die y-Achse an der Stelle −0,5. Ermitteln Sie hierfür einen Funktionsterm von möglichst niedrigem Grad.

Lösung:
Die Funktion f hat die einfache Nullstelle −2 und die dreifache Nullstelle 1. Der Funktionsterm ist bis auf einen Streckfaktor a eindeutig festgelegt.
Ansatz: $f(x) = a \cdot (x+2)(x-1)^3$
Punktprobe mit P(0|−0,5) ergibt
$-0,5 = a \cdot (2)(-1)^3$, d.h. $a = 0,25$.
Also ist $f(x) = 0,25(x+2)(x-1)^3$.

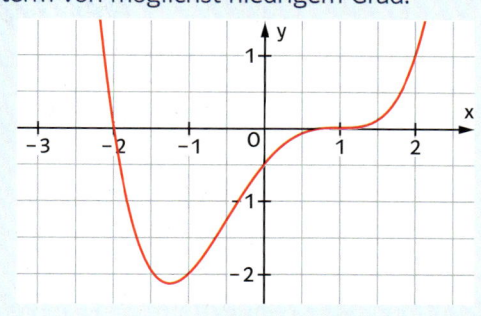

Aufgaben

1 Geben Sie den Grad der Funktion sowie ihre Nullstellen und deren Vielfachheit an.
a) $f(x) = x^2(x-3)$
b) $f(x) = (x+4)^2 x^2$
c) $f(x) = (x+3)^3(x-3)$
d) $f(x) = 1,5(x+3)^2 x(x-3)$
e) $f(x) = (x-1)(x^2+2)$
f) $f(x) = (x+4)^3(x^2+4)$

2 Nennen Sie viele Eigenschaften der Funktion und des Schaubilds; skizzieren Sie es.

zu Aufgabe 2:
a) $f(x) = \frac{1}{6}(x+2)(x-3)^2$
b) $f(x) = 2x(x-2)^2$
c) $f(x) = \frac{1}{27}(x+1)(x-3)^4$
d) $f(x) = (x+1)x(x-3)$
e) $f(x) = 1,5(x+1)x^2(x-3)$
f) $f(x) = -2(x+1)x^3(x-3)$

3 Geben Sie zwei zu den Vorgaben passende Funktionen an.
a) f hat die beiden einfachen Nullstellen 3 und 5.
b) f hat die einfache Nullstelle 2 und die doppelten Nullstellen 3 und −6.
c) f hat den Grad 3 und nur die beiden Nullstellen 2 und 4.
d) f hat mindestens den Grad 3 und Nullstellen −2 und 2, jede mit der Vielfachheit 1.
e) f hat den Grad 4, das Schaubild von f berührt die x-Achse an der Stelle 3.

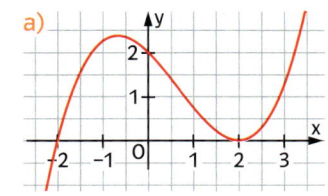

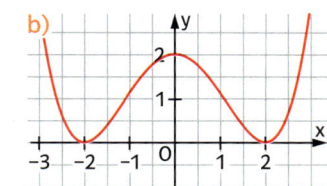

4 Das Schaubild gehört zu einer Polynomfunktion. Ermitteln Sie einen Funktionsterm.

Verwenden Sie die Produktdarstellung und die Punktprobe.

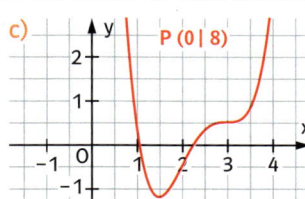

Haltepunkt

5 Geben Sie den Grad der Funktion an. Skizzieren Sie das Schaubild.
a) $f(x) = -\frac{1}{2}x(x-2)(x-4)$
b) $f(x) = 3(x+1)(x-1)^2$
c) $f(x) = \frac{2}{3}(x-1)(x-3)^3$

6 Rechts sehen Sie die Schaubilder von zwei Polynomfunktionen. Ermitteln Sie jeweils einen Funktionsterm.

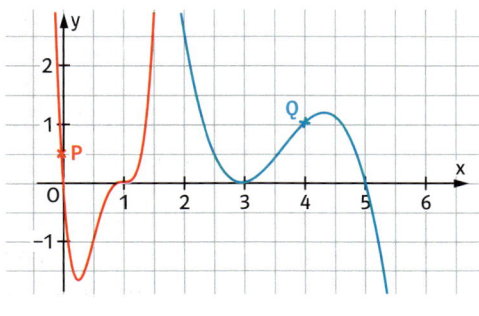

Die Lösungen finden Sie auf Seite L12.

Rückblick

Normalparabel, Streckung, Scheitelpunkt
Das Schaubild der Funktion f mit $f(x) = x^2$ heißt **Normalparabel**.

Die Funktion $g(x) = ax^2$ mit $a \neq 0$ hat als Schaubild eine Parabel, die aus der Normalparabel durch **Streckung mit dem Faktor a in y-Richtung** hervorgeht.
Für $a > 0$ ist die Parabel nach oben geöffnet. Der **Scheitelpunkt S** ist der tiefste Punkt der Parabel.
Für $a < 0$ ist die Parabel nach unten geöffnet. Der Scheitelpunkt S ist der höchste Punkt der Parabel.

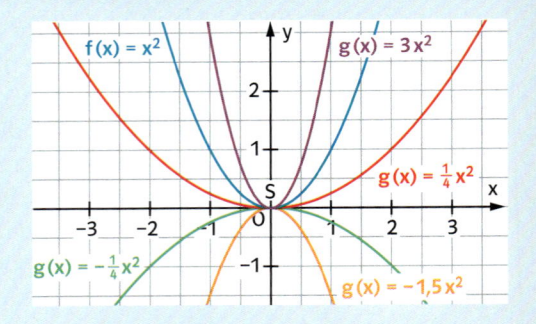

Hauptform, Scheitelpunktform, Umwandlung
Der Funktionsterm $f(x) = a(x - x_S)^2 + y_S$ heißt **Scheitelpunktform der Parabelgleichung**, an ihr lässt sich der Scheitelpunkt $S(x_S | y_S)$ ablesen.

Die Gleichung der Funktion f mit $f(x) = ax^2 + bx + c$ heißt **Hauptform der Polynomfunktion zweiten Grades**.
Hauptform und Scheitelpunktform beschreiben beide Polynomfunktionen 2. Grades. Eine Form lässt sich in die andere umwandeln:
Von der Scheitelpunktform kommt man zur Hauptform durch Ausmultiplizieren.

Von der Hauptform kommt man zur Scheitelpunktform mithilfe quadratischer Ergänzung.

Ist $f(x) = 4(x - 1)^2 + 0{,}5$ Scheitelpunktform von f, so ist der Scheitelpunkt $S(1 | 0{,}5)$.

Ausmultiplizieren führt zur Hauptform:
$f(x) = 4(x - 1)^2 + 0{,}5$ | 2. binom. Formel
$f(x) = 4(x^2 - 2x + 1) + 0{,}5$ | ausklammern
$f(x) = 4x^2 - 8x + 4{,}5$ ist Hauptform von f.

$g(x) = -0{,}5x^2 + 2x - 3$ ist Hauptform von g.
$g(x) = -0{,}5x^2 + 2x - 3$ | Streckfaktor ausklammern
$g(x) = -0{,}5(x^2 - 4x + 6)$ | **quadratische Ergänzung**
$g(x) = -0{,}5(x^2 - 4x + \mathbf{4} + 6 - \mathbf{4})$ | zus. fassen
$g(x) = -0{,}5(x^2 - 4x + 4) - 0{,}5 \cdot 2$ | 2. binom. Formel
$g(x) = -0{,}5(x - 2)^2 - 1$ ist Scheitelpunktform von g, Scheitelpunkt ist $S(2 | -1)$.

pq-Formel und abc-Formel, Diskriminante, Produktform
Für die Gleichungen
$$x^2 + px + q = 0 \quad \text{bzw.} \quad ax^2 + bx + c = 0$$
gilt die **pq-Formel** bzw. **abc-Formel**,
die Lösung ist $x_{1;2} = -\frac{p}{2} \pm \sqrt{\left(\frac{p}{2}\right)^2 - q}$ bzw. $x_{1;2} = \frac{-b \pm \sqrt{b^2 - 4ac}}{2a}$.

Ob es zwei, eine oder keine Lösungen gibt, hängt vom Term unter der Wurzel ab. Man nennt ihn **Diskriminante D**.

Die Gleichung $x^2 - 18x + 17 = 0$ besitzt die Koeffizienten $p = -18$ und $q = +17$. Sie werden in die pq-Formel eingesetzt.
$x_{1;2} = -\frac{(-18)}{2} \pm \sqrt{\left(\frac{-18}{2}\right)^2 - 17}$
$x_{1;2} = +9 \pm \sqrt{81 - 17}$
$x_{1;2} = +9 \pm 8$
$x_1 = 17$ und $x_2 = 1$

Die Diskriminante lautet: bei der pq-Formel $D = \left(\frac{p}{2}\right)^2 - q$
bzw. bei der abc-Formel $D = b^2 - 4ac$.
Ist D positiv, so gibt es zwei Lösungen.
Ist D null, so gibt es eine Lösung.
Ist D negativ, so gibt es keine Lösung.

Die Gleichung $3x^2 = 42 - 39x$ wird mit der abc-Formel gelöst:
$3x^2 = 42 - 39x$
$3x^2 + 39x - 42 = 0$, d.h. $a = 3$; $b = 39$; $c = -42$
$x_1 = \frac{-39 + \sqrt{(-39)^2 + 4 \cdot 3 \cdot 42}}{6} = \frac{-39 + 45}{6} = 1$ und
$x_2 = \frac{-39 - 45}{6} = -14$

Hat eine quadratische Funktion die beiden Nullstellen x_1 und x_2, so kann man den Funktionsterm in der **Produktform**
$f(x) = a(x - x_1)(x - x_2)$ schreiben.
Fallen beiden Nullstellen zusammen, d.h. $x_1 = x_2$, spricht man von einer **doppelten Nullstelle**. Dann berührt die Parabel die x-Achse, der Funktionsterm ist $f(x) = a(x - x_1)^2$.

$f(x) = 3 \cdot (x - 1)(x - (-14))$
$f(x) = 3 \cdot (x - 1)(x + 14)$

$f(x) = \frac{1}{2}(x - 4)(x - 4) = \frac{1}{2} \cdot (x - 4)^2$

Sekante, Tangente, Passante
Eine Gerade, die mit einer Parabel
- zwei **Schnittpunkte** hat, heißt **Sekante**.
- einen **Berührpunkt** hat, heißt **Tangente**.
- keinen gemeinsamen Punkt hat, heißt **Passante**.

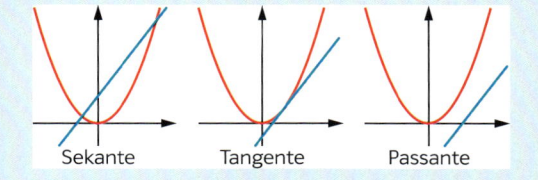

Potenzfunktionen
Funktionen mit Funktionsgleichungen der Form $f(x) = a \cdot x^n$ mit $a \in \mathbb{R}^*$ und $n \in \mathbb{N}^*$ nennt man **Potenzfunktionen vom Grad n**.
Das Schaubild der Potenzfunktion verläuft für $a > 0$ und
- n gerade von links oben nach rechts oben.
- n ungerade von links unten nach rechts oben.

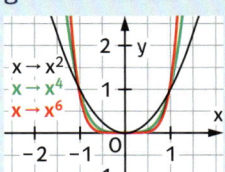

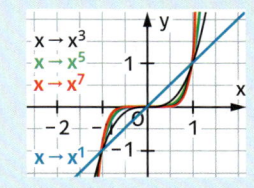

Polynomfunktionen vom Grad n
Eine Funktion f mit $f(x) = a_n x^n + a_{n-1} x^{n-1} + \ldots + a_1 x + a_0$ heißt **Polynomfunktion vom Grad n** oder **ganzrationale Funktion vom Grad n**.
Dabei sind $a_0; a_1; \ldots; a_n \in \mathbb{R} (a_n \neq 0)$ die **Koeffizienten** und $n \in \mathbb{N}$.
Verhalten für $x \to +\infty$ und für $x \to -\infty$
Für $x \to +\infty$ und $x \to -\infty$ wird das Verhalten einer Polynomfunktion f mit $f(x) = a_n x^n + a_{n-1} x^{n-1} + \ldots + a_1 x + a_0$ vom Summanden mit der größten Hochzahl bestimmt. Für sehr große und sehr kleine Zahlen dominiert die höchste Potenz. Das Schaubild verhält sich wie das Schaubild der Potenzfunktion g mit $g(x) = a_n x^n$, wobei n der Grad von f ist.

$f(x) = 7x^3 - 4x + 5$
Der Grad der Funktion f ist 3. Die Koeffizienten sind $a_3 = 7$; $a_2 = 0$; $a_1 = -4$; $a_0 = 5$.

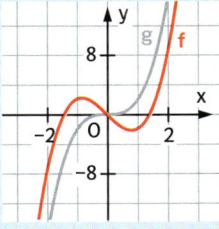

$f(x) = 2x^3 - 4x$
f ungerade;
$x \to +\infty$ wie
$g(x) = 2x^3$
$x \to -\infty$ wie
$g(x) = 2x^3$

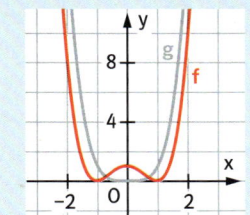

$f(x) = x^4 - 2x^2 + 1$
f gerade;
$x \to +\infty$ wie
$g(x) = x^4$
$x \to -\infty$ wie
$g(x) = x^4$

Rückblick

Achsen- und Punktsymmetrie
Das Schaubild einer Funktion f mit der Definitionsmenge D ist genau dann
- **achsensymmetrisch zur y-Achse**, wenn für alle $x \in D$ gilt: $f(-x) = f(x)$.
- **punktsymmetrisch zum Ursprung O(0|0)**, wenn für alle $x \in D$ gilt: $f(-x) = -f(x)$.

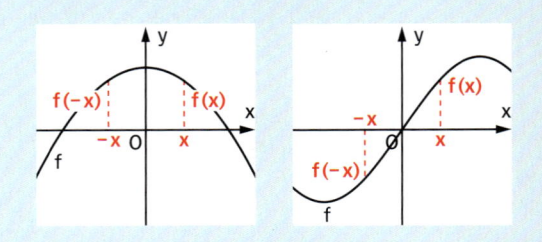

Nullstellen bestimmen bei Polynomfunktionen
Die Nullstellen der Funktion sind die Lösungen der Gleichung $f(x) = 0$. Eine Polynomfunktion vom Grad n hat höchstens n Nullstellen.
Nullstellen von Polynomfunktionen kann man ermitteln durch:
(1) **Wurzelziehen**
(2) Ablesen aus **Linearfaktoren**
(3) **Substitution** und **Rücksubstitution**
(4) **Ausklammern** von Potenzen

(1) durch **Wurzelziehen**:
$f(x) = x^4 - 16 \quad | \sqrt[4]{}$ d.h. $x_1 = 2$; $x_2 = -1$
(2) durch Ablesen aus **Linearfaktoren**:
$f(x) = 2x(x-1)(x-4)$
d.h. $x_1 = 0$; $x_2 = 1$; $x_3 = 4$
(3) durch **Ausklammern** von Potenzen
von x: $f(x) = x^5 - 5x^2 = x^2(x^3 - 5)$
Nullstellen von x^2 und $x^3 - 5$ sind die Nullstellen von f(x), also $x_1 = 0$ und $x_2 = \sqrt[3]{5}$.
(4) durch **Substitution**
$f(x) = x^4 - 3x^2 + 2 \mid x^2$ ersetzen durch z
$f(x) = z^2 - 3z + 2$
Nullstellen: $z_1 = 1$ und $z_2 = -3$
Rücksubstitution
$z_1 = 1$ ergibt $x^2 = 1$, die Lösungen sind $x_1 = 1$ und $x_2 = -1$.
Die Gleichung $z_2 = -3$ ergibt $x^2 = -3$, diese Gleichung hat keine Lösung.

Ist x_1 eine Nullstelle der Polynomfunktion f, lässt sich die Funktion als $f(x) = (x - x_1)^k \cdot g(x)$ schreiben. Ist k maximal, so sagt man: die Nullstelle x_1 der Polynomfunktion f hat die **Vielfachheit k**.

$f(x) = (x-2)^3 \cdot g(x)$
hat die dreifache Nullstelle 2.

Schnittpunkte zweier Schaubilder
Die Schnittpunkte der Schaubilder der Funktionen f und g werden durch die Gleichung $f(x) = g(x)$ bestimmt.
Die x-Werte der Schnittpunkte sind die Nullstellen der Funktion h mit $h(x) = f(x) - g(x)$.
Die y-Werte der Schnittpunkte erhält man durch Einsetzen der x-Werte in die Funktion f oder in die Funktion g.

$f(x) = x^3 - 4x$; $g(x) = -3x$
$f(x) = g(x)$
$x^3 - 4x = -3x \quad | +3x$
$h(x) = x^3 - x = 0$;
Produktdarstellung $x(x+1)(x-1) = 0$
$x_1 = 0$; $x_2 = -1$; $x_3 = 1$
$g(0) = 0$; $g(-1) = 3$; $g(1) = -3$
Schnittpunkte der Funktionen f und g sind $S_1(0|0)$; $S_2(-1|3)$; $S_3(1|-3)$.

Sammelpunkt

II Polynomfunktionen

🌐 Standpunkt/Kap. II
u3q8ew

Wo stehe ich?

Das kann ich ...	gut	etwas	nicht gut	Lerntipp
1 das Schaubild einer Potenzfunktion verschieben und strecken.	☐	☐	☐	Kapitel 2, Seite 35, 49
2 das Verhalten einer Polynomfunktion in Produktdarstellung untersuchen und das Schaubild skizzieren.	☐	☐	☐	Kapitel 2, Seite 52
3 die Nullstellen einer Polynomfunktion berechnen.	☐	☐	☐	Kapitel 2, Seite 41, 43
4 den Funktionsterm bestimmen, der zum Schaubild einer Polynomfunktion gehört.	☐	☐	☐	Kapitel 2, Seite 56, 66
5 Schnittpunkte der Schaubilder von Polynomfunktionen zeichnerisch und rechnerisch bestimmen.	☐	☐	☐	Kapitel 2, Seite 63
6 reale Vorgänge mithilfe von Polynomfunktionen mathematisch beschreiben.	☐	☐	☐	Kapitel 2, Seite 66

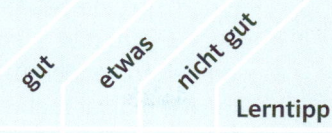

Aufgaben

1 Die Schaubilder der Funktionen f mit $f(x) = x^2$ und g mit $g(x) = 0{,}25x^3$ werden
a) an der x-Achse gespiegelt und um 2 in y-Richtung verschoben.
b) mit dem Faktor 4 in y-Richtung gestreckt und um −1,5 in x-Richtung verschoben.
Geben Sie jeweils den neuen Funktionsterm an.

2 Untersuchen Sie das Verhalten der Funktion f für $x \to +\infty$ und $x \to -\infty$. Bestimmen Sie die Nullstellen von f, skizzieren Sie ihr Schaubild.
a) $f(x) = -1{,}5(x-2)^2$ b) $f(x) = \frac{1}{4}(x+1)^2(x-2{,}5)$ c) $f(x) = -x(x+4)^3$

3 Berechnen Sie die Nullstellen der Funktion f.   a) $f(x) = x^3 - 8$
b) $f(x) = 3x^4 - 4{,}5x^3$ c) $f(x) = 0{,}5x(x+1{,}5)^2$ d) $f(x) = 2x^4 + 2x^2 - 12$

4 Das Schaubild gehört zu einer Polynomfunktion. Ermitteln Sie einen Funktionsterm.

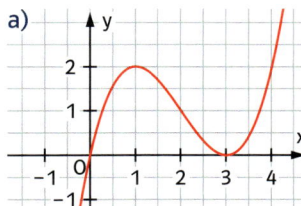

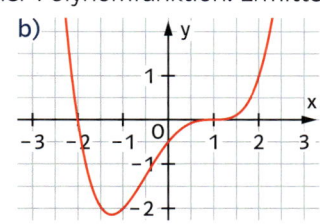

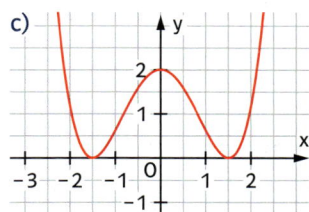

5 Zeichnen Sie die Schaubilder der Funktionen f und g. Bestimmen Sie deren Schnittpunkte mithilfe des Schaubilds. Überprüfen Sie Ihr Ergebnis durch eine Rechnung.
a) $f(x) = x^2 + x - 3$; $g(x) = 3x - 4$ b) $f(x) = x^4 - 6x^3 + 9x^2$; $g(x) = -x^3 + 3x^2$

6 Bei einem Freistoß fliegt ein Fussball – horizontal gemessen – 50 m weit. Der höchste Punkt seiner Flugbahn liegt 5 m hoch.
a) Beschreiben Sie die Flugbahn durch eine Polynomfunktion 2. Grades.
b) Kann ein Spieler in 45 m Entfernung einen Kopfball spielen?

🔑 Die Lösungen finden Sie auf Seite L13.

II Polynomfunktionen

Anwenden – Vertiefen – Vernetzen

> Bei den Teilaufgaben b) bis d) hilft eine Skizze des beschriebenen Schaubilds.

1 Finden Sie eine passende Funktionsgleichung zu den Schaubildern rechts und den folgenden Beschreibungen.
b) Eine Normalparabel wird an der x-Achse gespiegelt, um drei Einheiten nach rechts und um zwei Einheiten nach oben verschoben.
c) Eine Normalparabel wird um eine Einheit nach unten, um zwei Einheiten nach links verschoben und dann an der x-Achse gespiegelt.
d) Die Normalparabel wird mit dem Faktor 1,5 gestreckt und dann um 3 Einheiten nach rechts und nach oben verschoben.

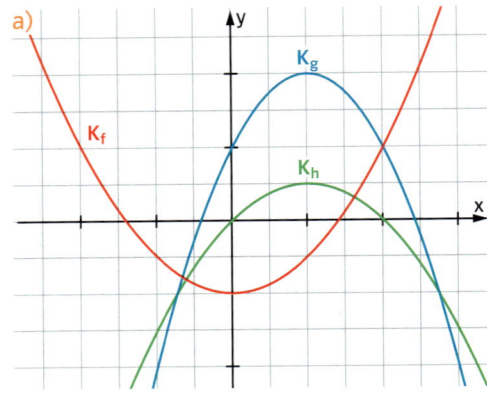

2 Zeigen Sie, dass das Schaubild der Funktion g eine Tangente an dem Schaubild der Funktion f ist. Bestimmen Sie die Koordinaten des Berührpunkts und zeichnen Sie das Schaubild.
a) $f(x) = \frac{1}{2}x^2 - 2x$ und $g(x) = 2x - 8$
b) $f(x) = \frac{1}{2}x^2 - 3x - 1$ und $g(x) = 3x - 19$
c) $f(x) = \frac{1}{10}x^2 - \frac{1}{2}x$ und $g(x) = -\frac{9}{10}x - \frac{2}{5}$
d) $f(x) = -\frac{1}{3}x^2 + x - 2$ und $g(x) = -x + 1$

3 Das Schaubild einer quadratischen Funktion geht durch die gegebenen Punkte. Bestimmen Sie den Funktionsterm und geben Sie diesen in der Hauptform an.
a) $A(0|2)$; $B(-2|-6)$; $C(1|3)$
b) Scheitelpunkt $S(3|2)$; $A(4|1,5)$
c) $A(2|0)$; $B(6|0)$; $C(0|3)$

4 Fritz behauptet: „An der Scheitelpunktform einer quadratischen Funktion kann man leichter als an der Hauptform erkennen, wie viele Nullstellen die Funktion hat." Erörtern Sie, ob Fritz Recht hat, und begründen Sie Ihre Meinung.

Information

Satz von Vieta → Aufgabe 5

Francois Vieta (1540–1603)

Will man den Funktionsterm einer quadratischen Funktion von der Hauptform in die Produktform umschreiben, muss man die Nullstellen mit der Lösungsformel bestimmen. In manchen Fällen lässt sich das Umschreiben mit dem Satz von Vieta direkt lösen:
Sind x_1 und x_2 Nullstellen der quadratischen Funktion f mit $f(x) = a(x^2 + px + q)$, so ist $p = -(x_1 + x_2)$ die negative Summe und $q = x_1 \cdot x_2$ das Produkt der beiden Nullstellen.

Z.B. $f(x) = 2x^2 - 10x + 12$.
Zuerst wird der Streckfaktor ausgeklammert:
$f(x) = 2(x^2 - 5x + 6)$. Die Zahl 6 soll als Produkt von zwei Zahlen geschrieben werden, deren Summe 5 ist. Man erkennt $2 \cdot 3 = 6$ und $2 + 3 = 5$, d.h. 2 und 3 sind die Nullstellen von f. So kann die Funktion in der Produktform $f(x) = 2(x - 2)(x - 3)$ geschrieben werden.

II Polynomfunktionen

5 Benutzen Sie den Satz von Vieta um den Funktionsterm in Produktform zu schreiben. An welchen Punkten schneidet das Schaubild dieser Funktion die x-Achse?
a) $f(x) = x^2 - 7x + 12$
b) $f(x) = -x^2 + 7x - 6$
c) $f(x) = \frac{1}{2}x^2 + x - 4$
d) $f(x) = -\frac{1}{2}x^2 - 3{,}5x - 6$
e) $f(x) = -x^2 + 16x - 55$
f) $f(x) = \frac{1}{2}x^2 + 2x - 16$

Formvariablen finden Sie im Basiswissen auf der Seite B 10.

6 Für welche Werte der Formvariablen k hat das Schaubild von f keine Schnittstellen mit der x-Achse? Berechnen Sie dazu die Diskriminante. Betrachten Sie die Diskriminante als Funktion in Abhängigkeit von k und skizzieren Sie das Schaubild.
a) $f(x) = x^2 - 4x + 2k$
b) $f(x) = -x^2 + kx - 4$
c) $f(x) = -2x^2 - 2kx - 18$

Information

Polypol → Aufgaben 7 und 8

Im Marktmodell mit vollständiger Konkurrenz (**Polypol**) ist der Preis p konstant. Damit lässt sich die **Erlösfunktion** $E(x) = p \cdot x$ berechnen. Die Gesamtkosten eines Betriebs beschreibt die **Kostenfunktion** $K(x)$. An der Grafik erkennt man, dass ein Betrieb Gewinn erzielt, wenn das Schaubild der Erlösfunktion oberhalb des Schaubilds der Kostenfunktion verläuft. Die Schnittstellen der beiden Schaubilder werden als **Nutzenschwelle** und **Nutzengrenze**, der Bereich dazwischen als **Gewinnzone** bezeichnet.

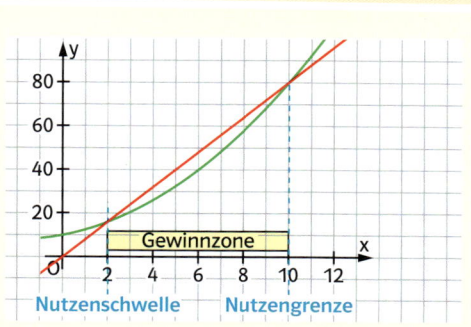

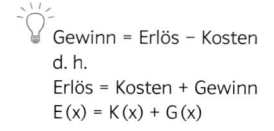

*Gewinn = Erlös − Kosten d. h.
Erlös = Kosten + Gewinn
$E(x) = K(x) + G(x)$*

7 Bestimmen Sie die Erlösfunktion, berechnen Sie die Nutzenschwelle und die Nutzengrenze. Geben Sie die Gewinnzone an. Berechnen Sie die Gewinnfunktion.
a) $K(x) = \frac{2}{3}x^2 + \frac{40}{3}$ und $p = 8$.
b) $K(x) = \frac{1}{16}x^2 + x + 5$ und $p = 2{,}5$.

8 Berechnen Sie Erlösfunktion und Gewinnfunktion. Zeichnen Sie die Schaubilder der Kosten-, der Erlös- und der Gewinnfunktion in ein gemeinsames Koordinatensystem. Berechnen Sie die Gewinnzone und den maximalen Gewinn.
a) $K(x) = \frac{1}{9}(25x^2 + 10x + 1000)$; $p = 40$
b) $K(x) = \frac{5}{8}x^2 + 4x + 12{,}50$; $p = 11{,}50$

9 Begründen Sie mithilfe einer Prüfbedingung, dass das Schaubild von f achsensymmetrisch zur y-Achse bzw. punktsymmetrisch zum Ursprung O(0|0) ist.
a) $f(x) = 7x^3$
b) $f(x) = 0{,}5x^4 - 3x^2 + 2$
c) $f(x) = -2x^3 + 4x$
d) $f(x) = \frac{3}{x^4}$
e) $f(x) = (x^3 + x)(x^4 + 5)$
f) $f(x) = \frac{2x^4}{x^2 + 4}$

10 Geben Sie je zwei Beispiele für eine Polynomfunktion mit diesen Eigenschaften an.
a) Das Schaubild ist punktsymmetrisch zum Ursprung und verläuft durch P(1|2).
b) Das Schaubild ist achsensymmetrisch zur y-Achse und verläuft durch Q(2|1).
c) Die Funktion hat genau eine einfache, eine zweifache und eine dreifache Nullstelle.
d) Die Funktion hat den Grad 4 und hat genau eine zweifache Nullstelle.

II Polynomfunktionen

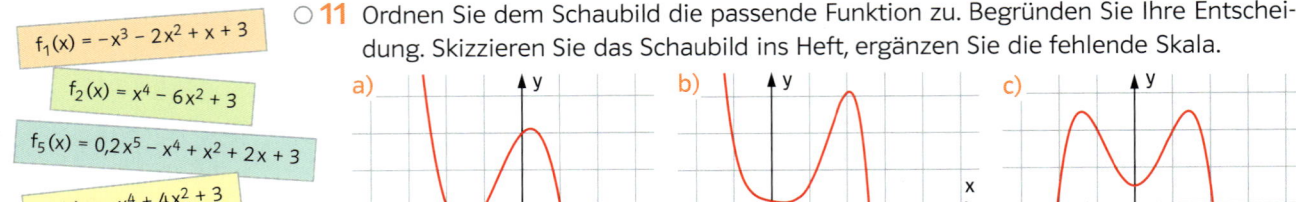

$f_1(x) = -x^3 - 2x^2 + x + 3$

$f_2(x) = x^4 - 6x^2 + 3$

$f_5(x) = 0{,}2x^5 - x^4 + x^2 + 2x + 3$

$f_3(x) = -x^4 + 4x^2 + 3$

$f_4(x) = 3 - 2x + x^2 + x^4 - 0{,}2x^5$

11 Ordnen Sie dem Schaubild die passende Funktion zu. Begründen Sie Ihre Entscheidung. Skizzieren Sie das Schaubild ins Heft, ergänzen Sie die fehlende Skala.

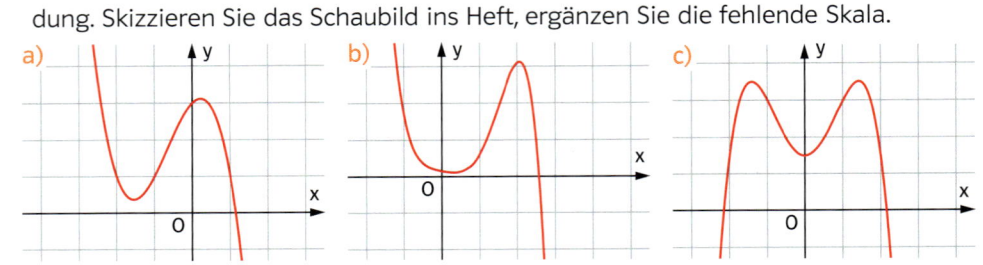

a) b) c)

12 Zeichnen Sie die Schaubilder von f mit $f(x) = x$ und g mit $g(x) = x^2$ in ein gemeinsames Koordinatensystem.
  a) Erläutern Sie mithilfe der Schaubilder, dass für $x > 1$ gilt: $x < x^2$.
  b) Lösen Sie mithilfe der Schaubilder die Ungleichung $x^2 < x$.
  c) Ermitteln Sie mithilfe der Schaubilder, für welche $x > 0$ gilt $x^5 < x^3$.

> Im Basiswissen auf Seite B 13 finden Sie Weiteres zu Ungleichungen.

13 Beschreiben Sie, wie das Schaubild von g aus dem Schaubild von f entsteht.
  a) $g(x) = 2x^3$; $f(x) = x^3$
  b) $g(x) = -3x^4 - 2$; $f(x) = x^4$

> zu Aufgaben 14 und 15: t ist eine Formvariable, siehe Basiswissen Seite B 10.

14 Bestimmen Sie diejenigen Werte von t, für die das Schaubild von f achsensymmetrisch zur y-Achse oder punktsymmetrisch zum Ursprung ist.
  a) $f(x) = x^3 + 2tx^2 + tx$
  b) $f(x) = (x - t)(x + 2)$
  c) $f(x) = (x + t)^2 - 4x$

15 Bestimmen Sie alle Werte von t so, dass
  a) die Funktion f mit $f(x) = 7(x - t)^2(x - 2)$ eine dreifache Nullstelle hat.
  b) die Funktion f mit $f(x) = (x + 2)(x - t)(x - 3)(x - 4)$ eine doppelte Nullstelle hat.
  c) das Schaubild der Funktion f mit $f(x) = 5(x - 2)(x - 4)(x - t)$ die x-Achse berührt.

16 Wahr oder falsch? Begründen Sie oder geben Sie ein Gegenbeispiel an.
  a) Es gibt Funktionen vom Grad 4 mit 0, 1, 2, 3 oder 4 Nullstellen.
  b) Wenn vier verschiedene Nullstellen einer Funktion 4. Grades symmetrisch zum Ursprung liegen, dann ist die Funktion gerade.
  c) Wenn alle Nullstellen einer Funktion 4. Grades symmetrisch zu $x = 0$ liegen, dann ist die Funktion gerade.

17 Bestimmen Sie die Koordinaten der Schnittpunkte der Schaubilder von f und g.
  a) $f(x) = x^3$; $g(x) = 2x^2 + 3x$
  b) $f(x) = x^4 - 7x^2 + 10$; $g(x) = 7x^2 - 8$

18 Untersuchen Sie, wie viele Schnittpunkte das Schaubild einer Funktion 2. Grades mit dem Schaubild einer Funktion 3. Grades haben kann. Geben Sie Beispiele an.

19 a) Das Volumen einer Kugel vom Radius r beträgt $V = \frac{4}{3}\pi r^3$, der Inhalt der Oberfläche beträgt $A = 4\pi r^2$. Ermitteln Sie den Term der Funktion, mit der man zu gegebenem Volumen V einer Kugel den Inhalt A ihrer Oberfläche berechnen kann. Zeichnen Sie das Schaubild dieser Funktion für $0 \leq V \leq 20$.
  b) Begründen Sie: Wird das Volumen verfünffacht, so wird der Inhalt der Kugeloberfläche ungefähr verdreifacht.

Test

1 Das Schaubild der Funktion f mit $f(x) = 3x^4$ wird um 3,5 in x-Richtung und um $-1,5$ in y-Richtung verschoben. Danach wird es mit dem Faktor 2 in y-Richtung gestreckt und zuletzt an der x-Achse gespiegelt. Geben Sie den neuen Funktionsterm an.

2 Gegeben ist die Funktion f. Ihr Schaubild ist K_f. Bestimmen Sie die Schnittpunkte von K_f mit den Koordinatenachsen.
a) $f(x) = \frac{5}{4}\left(x - \frac{2}{5}\right)^2 - \frac{1}{5}$
b) $f(x) = (x^2 + 2)(x - 2)^2$
c) $f(x) = -\frac{1}{9}x^4 + \frac{2}{3}x^2 - 1$

3 Überprüfen Sie die gegenseitige Lage der zu f und g gehörenden Schaubilder.
a) $f(x) = -2x^2 - 3x + 5$; $g(x) = -\frac{3}{4}x + 9$
b) $f(x) = \frac{1}{8}x^4 - x^3 + \frac{9}{4}x^2$; $g(x) = \frac{1}{4}x^2$

4 Untersuchen Sie das Schaubild der Funktion f auf Symmetrie.
a) $f(x) = x^3 - 6x$
b) $f(x) = 3x^4 - 6x^2 - 2$
c) $f(x) = 4x^5 + 2x^3 - x^2$
d) $f(x) = (x^2 + 1)(x^4 - 2)$

5 Entnehmen Sie dem Funktionsterm Informationen und skizzieren Sie das Schaubild.
a) $f(x) = \frac{1}{4}(x + 2)(x - 2)(x - 4)$
b) $f(x) = -(x + 1)^2(x - 2)$
c) $f(x) = 0,25(x^2 - 4)^2$

6 Ordnen Sie den Schaubildern einen Funktionsterm zu, wählen Sie eine passende Skalierung der Achsen. Ein Schaubild bleibt übrig, bestimmen Sie einen Funktionsterm.

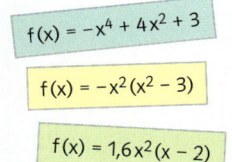

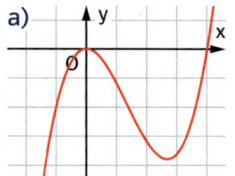

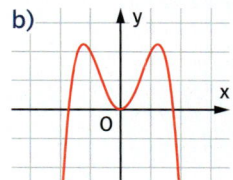

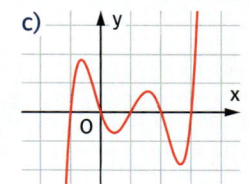

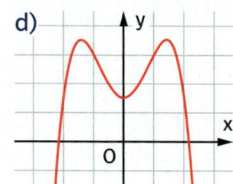

$f(x) = -x^4 + 4x^2 + 3$

$f(x) = -x^2(x^2 - 3)$

$f(x) = 1,6x^2(x - 2)$

7 Geben Sie zwei Funktionsterme für die gesuchte Polynomfunktion an, wenn möglich.
a) Die Polynomfunktion vom Grad 3 hat die einfachen Nullstellen -2; 3 und 5. Ihr Schaubild schneidet die y-Achse im Punkt $P(0|10)$.
b) Die Funktion vom Grad 4 hat die doppelte Nullstelle $x = 3$. Ihr Schaubild ist achsensymmetrisch zur y-Achse.

8 Ist die Aussage richtig oder falsch? Begründen Sie Ihre Antwort.
a) Eine Funktion mit ungeradem Grad hat auch eine ungerade Anzahl von Nullstellen.
b) Es gibt Funktionen vom Grad 4 mit 0, 1, 2, 3 oder 4 Nullstellen.
c) Das Schaubild einer Funktion f ist punktsymmetrisch zum Ursprung, wenn gilt $f(-x) + f(x) = 0$ für alle $x \in D_f$.
d) Gilt $f(-4) = f(4)$, so ist das Schaubild der Funktion f achsensymmetrisch zur y-Achse.

9 Ein Eisenbahntunnel hat die Form einer Parabel mit 8 m Breite und 6 m Höhe.
a) Bestimmen Sie eine quadratische Funktion f, deren Schaubild die Tunneleinfahrt beschreibt. Zeichnen Sie die Tunneleinfahrt im Maßstab 1:100.
b) Ein Zugwaggon ist 3,2 m breit und 3,5 m hoch. Wie weit muss die Schienenmitte vom rechten Tunnelrand?

Die Lösungen finden Sie auf Seite L15.

Standpunkt

Wo stehe ich?

Das kann ich ...	gut	etwas	nicht gut	Lerntipp
1 die Potenzgesetze auf Potenzen mit natürlichen Hochzahlen anwenden.	☐	☐	☐	Basiswissen, Seite B 7
2 mit Wurzeln rechnen.	☐	☐	☐	Basiswissen, Seite B 4
3 am Funktionsterm erkennen, durch welche Streckungen, Verschiebungen und Spiegelungen das Schaubild einer Funktion aus dem Schaubild einer Grundfunktion hervorgeht.	☐	☐	☐	Kapitel 2, Seite 35
4 einen Funktionsterm so verändern, dass dessen Schaubild in x- oder in y-Richtung verschoben, in y-Richtung gestreckt bzw. an der x-Achse gespiegelt wird.	☐	☐	☐	Kapitel 2, Seite 35

Überprüfen Sie Ihre Einschätzung.

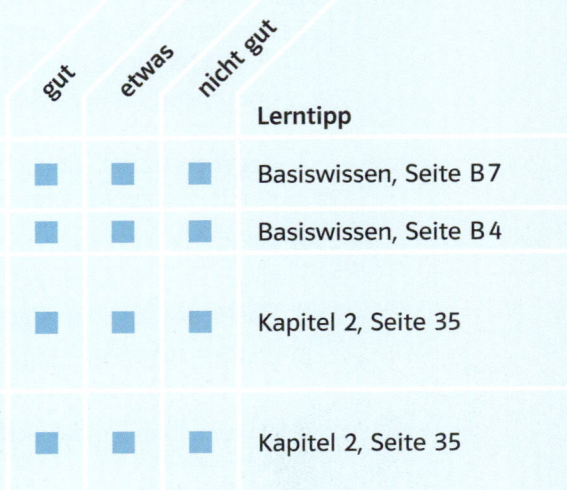

1 Vereinfachen Sie.

a) $x^3 \cdot x^5$ b) $\dfrac{a^7}{a^4}$ c) $\dfrac{p^8}{p^3}$ d) $(z^3)^7$

e) $(2r)^3$ f) $\dfrac{2^9 \cdot 3^9}{6^7}$ g) $(u^2v)^3 \cdot (uv^3)^2$ h) $\dfrac{(a^2b)^7}{(ab^2)^3}$

2 a) Berechnen Sie.

① $\sqrt{36}$ ② $\sqrt{\dfrac{4}{9}}$ ③ $\sqrt{6{,}25}$ ④ $\sqrt[3]{64}$ ⑤ $\sqrt[4]{81}$ ⑥ $\sqrt[5]{32}$ ⑦ $\sqrt[3]{0{,}001}$

b) Richtig oder falsch? Prüfen Sie mit einem Zahlenbeispiel. Die Variablen sind positiv.

① $\sqrt{x \cdot y} = \sqrt{x} \cdot \sqrt{y}$ ② $\sqrt{a^2 + b^2} = a + b$ ③ $\sqrt{q^6} = q^3$ ④ $\sqrt{a^2 b} = a \cdot \sqrt{b}$

c) Vereinfachen Sie. Die Variablen sind positiv.

① $\sqrt{a^4 b^6}$ ② $\sqrt{x} + \sqrt{9x}$ ③ $\sqrt[3]{p^3 q^6}$ ④ $\sqrt{12a} + \sqrt{3a}$

Achten Sie genau darauf, ob Sie in x-Richtung oder in y-Richtung verschieben und ob Sie in y-Richtung strecken.

3 Durch welche Streckungen, Verschiebungen und Spiegelungen geht das Schaubild von g aus dem Schaubild von f hervor?

a) $g(x) = x^2 - 5$, $f(x) = x^2$ b) $g(x) = 3x^4$, $f(x) = x^4$

c) $g(x) = (x + 2)^2$, $f(x) = x^2$ d) $g(x) = -x^3$, $f(x) = x^3$

4 a) Wie heißt der Funktionsterm? Das Schaubild K_f der Funktion f mit $f(x) = x^3$ wird

① um 2 in y-Richtung verschoben.   ② um –3 in x-Richtung verschoben.

③ mit Faktor 0,5 in y-Richtung gestreckt.   ④ an der x-Achse gespiegelt.

b) Das Schaubild K_f der Funktion f mit $f(x) = x^2$ wird mit dem Faktor 1,5 in y-Richtung gestreckt, um 5 in x-Richtung und um −1 in y-Richtung verschoben.

c) Das Schaubild K_g der Funktion g geht durch Streckung, Verschiebung und Spiegelung aus dem Schaubild K_f der Funktion f mit $f(x) = x^4$ hervor.

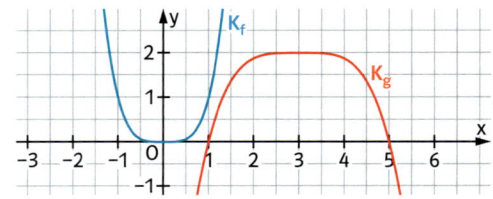

🔑 *Die Lösungen finden Sie auf Seite L 18.*

III Exponentialfunktionen

Viele Vorgänge lassen sich mathematisch beschreiben. So verdoppelt sich die Anzahl der Bakterien in einer Petrischale ② in festen Abständen. Entlädt man einen Kondensator über einen Widerstand und misst dabei die Spannung mit einem Spannungsmesser ①, so stellt man fest, dass sie nicht sofort 0 ist, sondern dass sich die Spannung in festen Abständen halbiert.

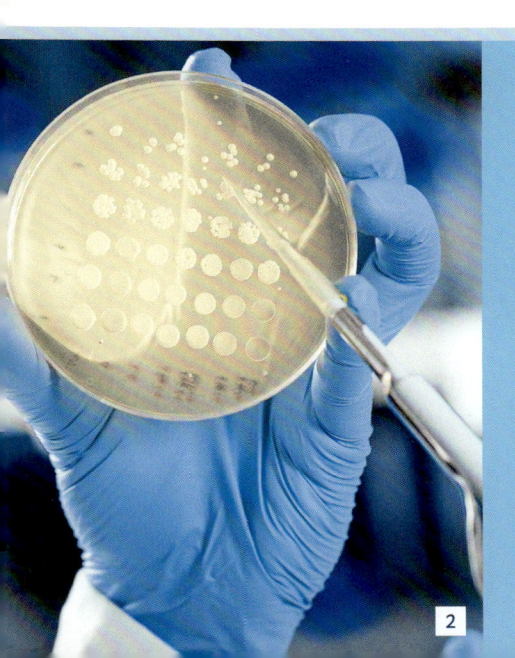

In diesem Kapitel

- werden allgemeine Potenzen mit reellen Hochzahlen eingeführt.
- werden unterschiedliche Wachstumsprozesse betrachtet.
- wird exponentielles Wachstum durch Exponentialfunktionen beschrieben.
- werden Exponentialfunktionen untersucht.
- wird die natürliche Exponentialfunktion eingeführt.
- werden Exponentialgleichungen mithilfe von Logarithmen gelöst.

III Exponentialfunktionen

1 Rechnen mit Potenzen

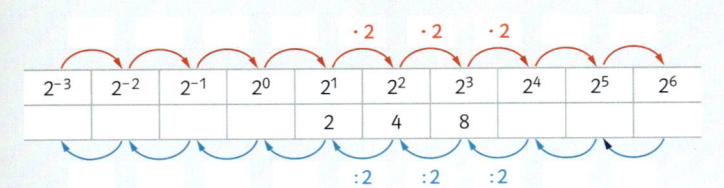

2^{-3}	2^{-2}	2^{-1}	2^0	2^1	2^2	2^3	2^4	2^5	2^6
				2	4	8			

→ Übertragen Sie die Tabelle ins Heft und ergänzen Sie diese in sinnvoller Weise.

Potenzgesetze:
$a^n \cdot a^m = a^{n+m}$
$a^n : a^m = a^{n-m}$
$(a^n)^m = a^{n \cdot m}$
Siehe Basiswissen Seite B7.

Bisher wurden Potenzen nur mit positiven Hochzahlen betrachtet, denn nur dann macht z. B. die Beschreibung „Die Zahl 2 wird 5-mal mit sich selbst multipliziert." für die Potenz 2^5 einen Sinn. Man kann aber auch **Potenzen mit negativen Hochzahlen** oder der Hochzahl Null mathematisch sinnvoll definieren. Die bekannten Potenzgesetze sollen dabei weiterhin gelten.
Betrachtet man insbesondere das Potenzgesetz $\quad a^n : a^m = a^{n-m}$
und wählt dabei z. B. n = 3 und m = 5, so ergibt sich $\quad a^3 : a^5 = a^{3-5} = a^{-2}$.
Nach den Regeln des Bruchrechnens ist $a^3 : a^5 = \frac{a^3}{a^5} = \frac{a \cdot a \cdot a}{a \cdot a \cdot a \cdot a \cdot a} = \frac{1}{a \cdot a} = \frac{1}{a^2}$.

Was bedeutet „Die Zahl a wird (−2)-mal mit sich selbst multipliziert."?

Es liegt deshalb nahe, die bisher unbekannte Potenz a^{-2} als Bruch $\frac{1}{a^2}$ zu interpretieren.
Dieses Potenzgesetz ergibt für n = m die Potenz mit Hochzahl Null: $a^0 = a^{n-n} = \frac{a^n}{a^n} = 1$.

Merke Für eine positive natürliche Zahl n und eine Basis a ≠ 0 definiert man
$a^{-n} = \frac{1}{a^n}$ und $a^0 = 1$.

Bemerkung Es gilt $\frac{1}{a^{-n}} = a^n$, denn $\frac{1}{a^{-n}} = \frac{1}{\frac{1}{a^n}} = 1 \cdot \frac{a^n}{1} = a^n$.
Potenziert man einen **Bruch** mit −1, so erhält man den Kehrwert: $\left(\frac{p}{q}\right)^{-1} = \frac{1}{\frac{p}{q}} = 1 \cdot \frac{q}{p} = \frac{q}{p}$.

Beispiel

Bei einem Minus in der Hochzahl „wandert" die Potenz auf die andere Seite des Bruchstrichs.

$0,2 = \frac{2}{10} = \frac{1}{5}$

1 Rechnen mit negativen Hochzahlen
Berechnen bzw. vereinfachen Sie, überprüfen Sie ggf. mit dem Taschenrechner.
a) $2^{-5} \cdot 4^2$ b) $0,2^{-4}$ c) $x \cdot (x^3)^{-2}$ d) $\frac{a^3}{a^{-2}} \cdot a^{-6}$

Lösung:
a) $2^{-5} \cdot 4^2 = 2^{-5} \cdot (2^2)^2 = 2^{-5} \cdot 2^4 = 2^{-1} = \frac{1}{2}$ b) $0,2^{-4} = \frac{1}{0,2^4} = \frac{1}{\left(\frac{1}{5}\right)^4} = \frac{1}{\frac{1}{5^4}} = 5^4 = 625$
c) $x \cdot (x^3)^{-2} = x \cdot x^{3 \cdot (-2)} = x^1 \cdot x^{-6} = x^{1-6} = x^{-5} = \frac{1}{x^5}$
d) $\frac{a^3}{a^{-2}} \cdot a^{-6} = a^{3-(-2)+(-6)} = a^{3+2-6} = a^{-1} = \frac{1}{a}$

Aufgaben

○ **1** Schreiben Sie als Bruch und berechnen Sie ohne Taschenrechner.
a) 2^{-1} b) 5^{-2} c) 10^{-3} d) $0,5^{-4}$ e) $0,2^{-3}$ f) $2,5^{-1}$ g) $0,1^{-6}$ h) $0,01^{-2}$

● **2** Berechnen Sie ohne Taschenrechner. Kürzen nicht vergessen.
a) $8^{-2} \cdot 2^4$ b) $5^5 \cdot 10^{-3}$ c) $(-4)^2 \cdot 2^{-4}$ d) $(-6)^3 \cdot 3^{-6}$ e) $2^3 : 3^{-2}$
f) $6^{-3} : 3^{-5}$ g) $2^5 : (0,5)^{-3}$ h) $(2^{-3})^2$ i) $(3^{-2})^{-3}$ j) $(4^{-1})^3 : (2^3)^{-2}$
k) $a^2 \cdot a^{-3}$ l) $x^{-5} \cdot y^3$ m) $q^{-4} \cdot q^{-1}$ n) $u^2 : u^{-5}$ o) $r^3 + r^2$

WV NT GS

III Exponentialfunktionen

Information

Große Zahlen:
Kilo (k):	10^3
Mega (M):	10^6
Giga (G):	10^9
Tera (T):	10^{12}
Peta (P):	10^{15}

z.B. 8 Gigabyte
= 8 GB = $8 \cdot 10^9$ Byte

Kleine Zahlen:
Dezi (d):	10^{-1}
Zenti (c):	10^{-2}
Milli (m):	10^{-3}
Mikro (μ):	10^{-6}
Nano (n):	10^{-9}
Piko (p):	10^{-12}

z.B. 2 Mikrogramm
= 2 μg = $2 \cdot 10^{-6}$ Gramm

Zehnerpotenzen

→ Aufgaben 3–5

Die Lichtgeschwindigkeit beträgt ungefähr c = 300 000 000 $\frac{m}{s}$, der Atomradius von Wasserstoff r = 0,000 000 000 032 m. Um diese sehr großen bzw. sehr kleinen Zahlen übersichtlicher zu schreiben, zerlegt man sie in das Produkt einer Zahl zwischen 1 und 10 und einer Zehnerpotenz. Man nennt dies die **wissenschaftliche Schreibweise**: 300 000 000 = 3 · 100 000 000 = $3 \cdot 10^8$.

Die Lichtgeschwindigkeit beträgt c = $3 \cdot 10^8 \frac{m}{s}$.

0,000 000 000 032 = 3,2 · 0,000 000 000 01 = $\frac{3,2}{100\,000\,000\,000} = \frac{3,2}{10^{11}} = 3,2 \cdot 10^{-11}$

Der Atomradius von Wasserstoff beträgt r = $3,2 \cdot 10^{-11}$ m.
Die Hochzahl der Zehnerpotenz zeigt an, um wie viele Stellen das Komma nach rechts (positive Hochzahl) bzw. nach links (negative Hochzahl) verschoben wird.
Oft verwendet man für Zehnerpotenzen auch Abkürzungen, z.B.
Wellenlänge von UV-B-Strahlung λ ≈ $3 \cdot 10^{-7}$ m = $300 \cdot 10^{-9}$ m = 300 nm (Nanometer),
Leistung des Pumpspeicherkraftwerks in Forbach im Schwarzwald
P ≈ $4,6 \cdot 10^7$ W = $46 \cdot 10^6$ W = 46 MW (Megawatt).

○ **3** a) Geben Sie in Dezimalschreibweise an: $3,8 \cdot 10^5$; $7,9 \cdot 10^{-12}$; 10^{-4}.
b) Geben Sie in wissenschaftlicher Schreibweise an: 12 340; 0,000 000 000 62; 0,000 01.
c) Geben Sie in der vorgegebenen Einheit an: 13,7 μm (m); 2,1 GW (W); 613 g (mg).

◐ **4** Schreiben Sie in der vorgegebenen Einheit und in wissenschaftlicher Schreibweise.
a) 28 Tage (s)   b) 1347 km (mm)   c) 35,4 Tonnen (g)   d) 53,7 km² (m²)

● **5** a) Die Erde bewegt sich in einem Jahr (365,26 Tage) einmal auf nahezu kreisförmiger Bahn mit Radius $1,496 \cdot 10^8$ km um die Sonne. Wie groß ist die Bahngeschwindigkeit der Erde in $\frac{m}{s}$?
b) Ein menschliches Haar wächst ca. 1 cm in einem Monat. Wie groß ist diese Wachstumsgeschwindigkeit in $\frac{m}{s}$?

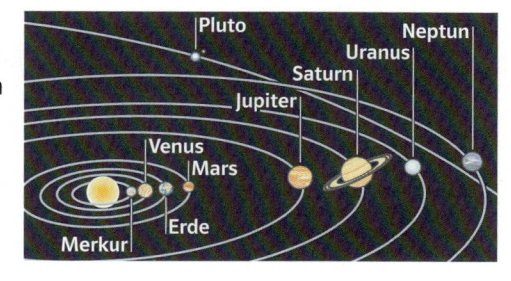

Man kann auch **Potenzen mit gebrochenen Hochzahlen**, z.B. $3^{\frac{1}{2}}$, so definieren, dass die Potenzgesetze weiter gelten. Hierzu benötigt man das Potenzgesetz $(a^n)^m = a^{n \cdot m}$, um aus der gebrochenen Hochzahl $\frac{1}{2}$ die Hochzahl 1 zu machen.

Was ist $3^{\frac{1}{2}}$?
$x = 3^{\frac{1}{2}}$ | quadrieren
$x^2 = \left(3^{\frac{1}{2}}\right)^2 = 3^{\frac{1}{2} \cdot 2} = 3^1 = 3$
$x^2 = 3$, d.h. $x = \sqrt{3}$
$3^{\frac{1}{2}} = \sqrt{3}$

💡 $x = -\sqrt{3}$ macht für $x = 3^{\frac{1}{2}}$ keinen Sinn.

💡 Für n = 2 schreibt man $\sqrt[2]{a} = \sqrt{a}$.

Wie bei $3^{\frac{1}{2}} = \sqrt{3}$ kann man auch $a^{\frac{1}{2}}$ als eine andere Schreibweise für $\sqrt{a}$ interpretieren. Ebenso ist $a^{\frac{1}{3}} = \sqrt[3]{a}$ oder allgemein $a^{\frac{1}{n}} = \sqrt[n]{a}$ für $a \in \mathbb{R}_+$ und $n \in \mathbb{N}^*$.
Damit lassen sich auch **Potenzen mit beliebiger rationaler Hochzahl** $\frac{p}{q}$ definieren.
$a^{\frac{p}{q}} = a^{p \cdot \frac{1}{q}} = (a^p)^{\frac{1}{q}} = \sqrt[q]{a^p}$ oder $a^{\frac{p}{q}} = a^{\frac{1}{q} \cdot p} = \left(a^{\frac{1}{q}}\right)^p = \left(\sqrt[q]{a}\right)^p$.

WV 3, 4   NT 3–5   GS 3–5

III Exponentialfunktionen

Merke

Für eine positive Basis a und eine rationale Hochzahl $\frac{p}{q}$, $p \in \mathbb{Z}$, $q \in \mathbb{N}^*$, definiert man $a^{\frac{p}{q}} = \sqrt[q]{a^p} = \left(\sqrt[q]{a}\right)^p$. Insbesondere ist $a^{\frac{1}{n}} = \sqrt[n]{a}$ für $n \in \mathbb{N}^*$.

Bemerkung

$(-4)^{\frac{1}{2}} = \sqrt{-4}$ ist nicht definiert!

Bei gleichzeitiger Verwendung einer negativen Basis und einer gebrochenen Hochzahl kann es zu Widersprüchen und undefinierten Rechenausdrücken kommen. Um dies zu vermeiden, lässt man bei allgemeinen Hochzahlen nur positive Basen zu. Neben den gebrochenen Hochzahlen ist es auch möglich Potenzen mit reellen Hochzahlen zu verwenden, z.B. $3^{\sqrt{2}}$. Diese Potenz wird mit dem Taschenrechner berechnet.

Beispiel

2 Rechnen mit rationalen Hochzahlen
Berechnen bzw. vereinfachen Sie.

a) $81^{\frac{1}{4}}$ b) $0{,}04^{\frac{1}{2}}$ c) $\sqrt[15]{p^5} \cdot \sqrt[8]{p^6}$ d) $\frac{\sqrt[10]{a^5}}{\sqrt[6]{a^2}}$

Lösung:

a) $81^{\frac{1}{4}} = \sqrt[4]{81} = 3$, da $3^4 = 81$ b) $0{,}04^{\frac{1}{2}} = \sqrt{0{,}04} = 0{,}2$, da $0{,}2^2 = 0{,}04$

Hier muss man Bruchrechnen können, siehe Basiswissen, Seite B 6.

c) $\sqrt[15]{p^5} \cdot \sqrt[8]{p^6} = p^{\frac{5}{15}} \cdot p^{\frac{6}{8}} = p^{\frac{1}{3} + \frac{3}{4}} = p^{\frac{13}{12}} = \sqrt[12]{p^{13}}$ d) $\frac{\sqrt[10]{a^5}}{\sqrt[6]{a^2}} = \frac{a^{\frac{5}{10}}}{a^{\frac{2}{6}}} = a^{\frac{1}{2} - \frac{1}{3}} = a^{\frac{1}{6}} = \sqrt[6]{a}$

3 Rationale Hochzahlen in der Geometrie
Das Volumen eines Würfels mit der Kantenlänge a berechnet sich mit der Formel $V = a^3$, seine Oberfläche mit $O = 6a^2$.
a) Mit welcher Formel lässt sich aus dem Volumen eines Würfels seine Oberfläche berechnen?
b) Wie groß ist die Oberfläche eines Würfels mit dem Volumen $V = 27$ cm³, mit $V = 125$ m³ und mit $V = 50$ dm³?

Lösung:

Man sagt auch: der **Oberflächeninhalt** des Würfels beträgt 54 cm³.

a) Aus $V = a^3$ folgt $a = \sqrt[3]{V}$; Einsetzen von a in $O = 6a^2 = 6 \cdot \left(\sqrt[3]{V}\right)^2 = 6 \cdot V^{\frac{2}{3}}$.
b) $O = 6 \cdot 27^{\frac{2}{3}} = 6 \cdot (\sqrt[3]{27})^2 = 6 \cdot 3^2 = 54$; die Oberfläche des Würfels beträgt 54 cm².
Für $V = 125$ m³ ist $O = 6 \cdot 125^{\frac{2}{3}} = 6 \cdot (\sqrt[3]{125})^2 = 6 \cdot 5^2 = 150$; die Oberfläche des Würfels beträgt 150 m².
Für $V = 50$ dm³ ist $O = 6 \cdot 50^{\frac{2}{3}} \approx 81{,}4$. Damit beträgt die Oberfläche ca. 81,4 dm².

Aufgaben

Quadratzahlen:
$1^2 = 1$ $2^2 = 4$
$3^2 = 9$ $4^2 = 16$
$5^2 = 25$ $6^2 = 36$
$7^2 = 49$ $8^2 = 64$
$9^2 = 81$ $10^2 = 100$
$11^2 = 121$ $12^2 = 144$
$13^2 = 169$ $14^2 = 196$
$15^2 = 225$ $16^2 = 256$

Kubikzahlen:
$1^3 = 1$ $2^3 = 8$
$3^3 = 27$ $4^3 = 64$
$5^3 = 125$ $6^3 = 216$
$7^3 = 343$ $8^3 = 512$
$9^3 = 729$ $10^3 = 1000$

6 Schreiben Sie als Wurzel und berechnen Sie ohne Taschenrechner.

a) $27^{\frac{1}{3}}$ b) $0{,}0001^{\frac{1}{4}}$ c) $1{,}44^{\frac{1}{2}}$ d) $64^{\frac{1}{3}} \cdot 81^{\frac{1}{4}}$ e) $16^{\frac{5}{4}}$

f) $0{,}25^{\frac{3}{2}}$ g) $8^{\frac{4}{3}} \cdot 243^{\frac{2}{5}}$ h) $\left(9^{\frac{3}{4}}\right)^2$ i) $(28)^{\frac{3}{4}}$ j) $\left(2{,}25^{\frac{1}{6}}\right)^9$

7 Ist der Wert der Potenz größer oder kleiner als 1? Überprüfen Sie Ihr Ergebnis mit dem Taschenrechner.

a) 8^{-3} b) $5^{\frac{1}{3}}$ c) $0{,}3^{-5}$ d) $0{,}9^{\frac{1}{2}}$ e) $1{,}3^{0{,}7}$ f) $4^{-0{,}5}$ g) $0{,}8^{1{,}5}$

8 Vereinfachen Sie.

a) $a^2 b^5 (ab)^{-3}$ b) $x^{-6}(x^{-3}y^2)^{-2}$ c) $\frac{u^2 v^{-3} w^4}{u^{-3} v^4 w^{-2}}$ d) $\frac{(p^2 q)^{-3} \cdot p^8}{q^2 \cdot (p \cdot q^{-2})^3}$

e) $\sqrt[3]{uv^2} \cdot \sqrt{u^3 v}$ f) $p^{\frac{2}{3}} : p^{\frac{3}{2}}$ g) $\sqrt{x^{-3} y^{\frac{1}{3}}} \cdot (x^4 y)^{\frac{1}{3}}$ h) $\sqrt[3]{(a \cdot b^2)^2 \cdot (a^2 b)^5}$

80   WV   NT   GS

Haltepunkt

9 Schreiben Sie als Potenz ohne Bruch und Wurzel. Berechnen oder überschlagen Sie.
a) $\frac{1}{3^2}$ b) $\frac{1}{0{,}5^3}$ c) $\frac{1}{0{,}2^4}$ d) $\sqrt[3]{10}$ e) $\sqrt[6]{2^4}$ f) $\frac{1}{\sqrt[3]{9^2}}$ g) $\sqrt[3]{\frac{1}{4^6}}$

10 Berechnen Sie. Schreiben Sie zunächst als Wurzel.
a) $9^{\frac{1}{2}}$ b) $1024^{0{,}2}$ c) $81^{-\frac{1}{4}}$ d) $16^{\frac{5}{4}}$ e) $27^{-\frac{4}{3}}$

11 Schreiben Sie x als Potenz. Ermitteln Sie einen Näherungswert mit Taschenrechner.
a) $x^3 = 9$ b) $x^{11} = 0{,}9$ c) $x^{100} = 8$ d) $x^7 = -0{,}09$

Die Lösungen finden Sie auf Seite L18.

12 Aus der Physik weiß man, dass sich die Fallzeit t (in s) eines Körpers aus der Höhe h (in m) näherungsweise nach der Formel $t = \left(\frac{h}{5}\right)^{\frac{1}{2}}$ berechnet.
a) Wie lange fällt ein Körper aus der Höhe 1 m; aus 2 m und aus 5 m?
b) Aus welcher Höhe fiel ein Körper, dessen Fallzeit 1 s; 0,5 s oder 0,7 s betrug?
c) Nach welcher Formel kann man die Höhe h aus der Fallzeit berechnen?

hPa = Hektopascal
K = Kelvin

13 Helium hat unter Normbedingungen, d.h. 1013,25 hPa und 273,15 K, also ca. 0 °C, eine Dichte von $0{,}1785\,\frac{kg}{m^3}$. In 22,4 l Heliumgas befinden sich $6{,}022 \cdot 10^{23}$ Heliumatome (AVOGADRO-Konstante). Wie groß ist die Masse eines einzelnen Heliumatoms?

14 Das Volumen einer Kugel mit dem Radius r berechnet man mit der Formel $V = \frac{4}{3}\pi r^3$ und ihre Oberfläche mit $O = 4\pi r^2$.
a) Wie groß ist das Volumen einer Kugel mit der Oberfläche O = 40 cm² (500 cm²; 16 dm²)? Mit welcher Formel lässt sich aus der Oberfläche einer Kugel ihr Volumen berechnen?
b) Wie groß ist die Oberfläche einer Kugel mit dem Volumen V = 100 cm³ (800 cm³; 20 dm³)? Mit welcher Formel lässt sich aus dem Volumen einer Kugel ihre Oberfläche berechnen?

Lebenswoche	Körpergewicht (in kg)
0. (Geburt)	1,35
1.	2,69
2.	4,22
3.	5,85
4.	7,72

15 Der Liegeplatzbedarf von Saugferkeln in Seitenlage lässt sich nach PETHERICK und BEXTER (1982) mit der folgenden Formel bestimmen (L = Liegefläche in m², G = Körpergewicht in kg): $L = 0{,}033 \cdot G^{0{,}67}$.
a) Bestimmen Sie mit dieser Formel und der Tabelle links jeweils den Liegeplatzbedarf eines Ferkels bis zur 4. Lebenswoche.
b) Wie lange hat ein Wurf von 13 Ferkeln in einem Ferkelnest von 1,2 m² genügend Platz?

wind chill (englisch): Windkühle

16 Der Windchill beschreibt den Unterschied zwischen der gemessenen Lufttemperatur und der gefühlten Temperatur in Abhängigkeit von der Windgeschwindigkeit. Er ist ein Maß für die windbedingte Abkühlung eines menschlichen Gesichts. Die Formel zur Berechnung lautet: $WCT = 13{,}12 + 0{,}6125 \cdot T - 11{,}37 \cdot v^{0{,}16} + 0{,}3965 \cdot T \cdot v^{0{,}16}$ (WCT: Windchill-Temperatur in °C, T: Lufttemperatur in °C, v: Windgeschwindigkeit in $\frac{km}{h}$). Berechnen Sie den Windchill und die gefühlte Temperatur (WCT) für eine Lufttemperatur von 10 °C und Windgeschwindigkeiten von $10\,\frac{km}{h}$; $15\,\frac{km}{h}$ und $20\,\frac{km}{h}$.

III Exponentialfunktionen

2 Wachstumsvorgänge

Alter in Wochen	Möhre (♂) Gewicht (in g)	Rübe (♀) Gewicht (in g)
0	80	78
1	115	110
2	155	145
3	200	180
4	240	218

Carlottas Meerschweinchen hat zwei Junge bekommen. Jede Woche bestimmt Carlotta das Gewicht der Jungtiere.
→ Geben Sie für jede Woche und für jedes Tier an, wie viel Gramm es gegenüber der Vorwoche zugenommen hat. Geben Sie die Zunahme auch in Prozent des Gewichts der Vorwoche an.
→ Um welchen Faktor hat das Gewicht der Tiere in den 4 Wochen zugenommen?
→ Stellen Sie jeweils die Funktion, die dem Alter das Gewicht zuordnet, im Koordinatensystem dar.

Ein **Wachstumsvorgang** beschreibt häufig die Entwicklung einer Größe im zeitlichen Verlauf. Diese lässt sich darstellen als Funktion f, die jedem Zeitpunkt t den Wert der Größe zuordnet. Ihren Wert zum Zeitpunkt $t = 0$ nennt man **Anfangswert** $f(0)$.

Aufrufe eines Videoclips

t	0	1
Aufrufe	1200	3600

absolute Änderung:
$3600 - 1200 = 2400$

Wachstumsfaktor:
$\frac{3600}{1200} = 3$

relative Änderung:
$\frac{2400}{1200} = 2 = 200\%$

Zur Beschreibung der Entwicklung der Größe betrachtet man auch deren Veränderung innerhalb einer Zeiteinheit. Betrachtet man z. B. die Anzahl der Aufrufe eines Videoclips im Internet, die innerhalb einer Woche von 1200 auf 3600 angestiegen ist, so nennt man die in dieser Zeiteinheit hinzugekommenen 2400 Aufrufe die **(absolute) Änderung**. Man sagt auch, die Anzahl der Aufrufe hat sich innerhalb einer Woche verdreifacht. Diesen Faktor 3 bezeichnet man als **Wachstumsfaktor**. Gibt man die absolute Änderung im Verhältnis zur anfänglichen Zahl an, so spricht man von einem Zuwachs um 200 % und nennt dies die **relative** oder **prozentuale Änderung**.

Zwei Formen des Wachstums lassen sich mathematisch einfach beschreiben:

Beim **linearen Wachstum** ist die absolute Änderung d in einer Zeiteinheit konstant.

Beim **exponentiellen Wachstum** ist der Wachstumsfaktor q in einer Zeiteinheit konstant.

z. B.: Anfangswert $f(0) = 3$, $d = 6$

x	0	1	2	3	4	5
f(x)	3	9	15	21	27	33

+6 +6 +6 +6 +6

z. B.: Anfangswert $f(0) = 3$, $q = 2$

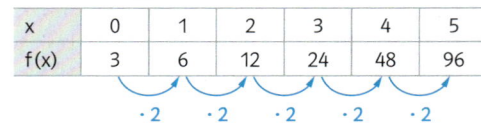

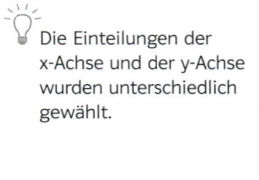

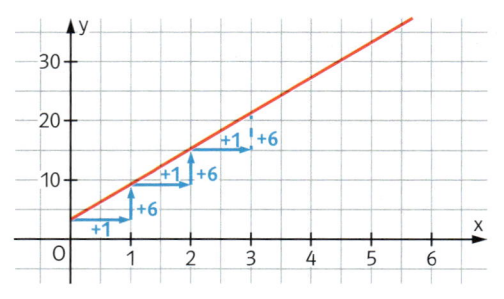

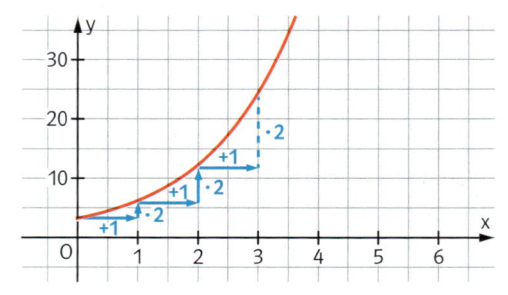

x	0	1	2	3	4	5
f(x)	3	6	12	24	48	96

·2 ·2 ·2 ·2 ·2

💡 Die Einteilungen der x-Achse und der y-Achse wurden unterschiedlich gewählt.

III Exponentialfunktionen

Merke

y + d   y · q

Lineares Wachstum:	**Exponentielles Wachstum:**
Nimmt die Größe x um 1 zu, so wächst die Größe y jeweils um die **feste absolute Änderung d.**	Nimmt die Größe x um 1 zu, so wächst die Größe y jeweils mit dem **festen Wachstumsfaktor q.**

💡 Bei der Verzinsung eines Kapitals mit p = 3% beträgt der Wachstumsfaktor q = 1 + $\frac{3}{100}$ = 1,03.

Ist ein exponentielles Wachstum durch die prozentuale Änderung p gegeben (z.B. bei Verzinsung von Kapital), berechnet man den Wachstumsfaktor q durch q = 1 + p.

Nimmt der Wert von y mit zunehmendem x ab, so spricht man von **Abnahme**, von **Zerfall** bzw. von **negativem Wachstum**. Die absolute Änderung d und die prozentuale Änderung p sind dann negativ, während der Wachstumsfaktor q weiterhin positiv, aber kleiner als 1 ist, d.h. 0 < q < 1.

Ändert sich die Größe y nicht, ist also q = 1 und damit p = 0 bzw. d = 0, so spricht man von einem „**Nullwachstum**".

Beispiel

1 Wachstumsformen

Beschreiben Sie die Form des Wachstums. Zeichnen Sie das Schaubild der Funktion.
a) Bei 0 °C ist die Quecksilbersäule eines Thermometers 5 mm hoch. Sie „steigt" bei einer Temperaturerhöhung um 1 Grad jeweils um 0,5 mm.
b) Eine 1,2 m lange Alge vergrößert täglich ihre Länge um 30 %.
c) Ein Motor enthält 4000 cm³ Öl. Er verbraucht 200 cm³ Öl auf 1000 km.
d) Ein 35 000 € teurer Pkw verliert jährlich 25 % seines Zeitwerts.

Lösung:

💡 30 % = $\frac{30}{100}$ = 0,3

a) Lineares Wachstum (Zunahme):
   Absolute Änderung: 0,5 mm (je Grad)
   Anfangswert: 5 mm

b) Exponentielles Wachstum (Zunahme):
   Wachstumsfaktor: 1 + $\frac{30}{100}$ = 1,3
   Anfangswert: 1,2 m

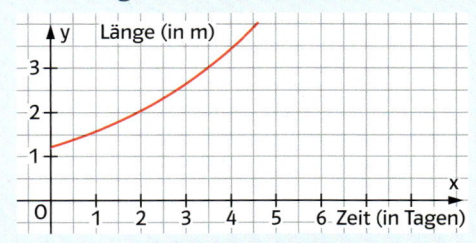

Zu c)
Die Zunahme um 1000 km kann als Zunahme um eine Einheit interpretiert werden.

c) Lineares Wachstum (Abnahme):
   Abs. Änderung: −200 cm³ auf 1000 km
   Anfangswert: 4000 cm³

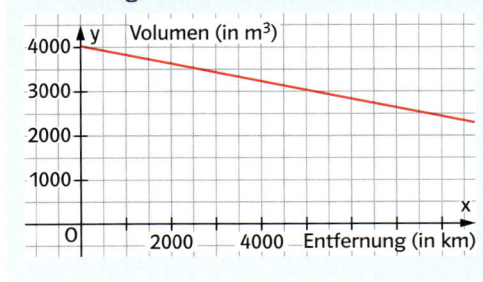

d) Exponentielles Wachstum (Abnahme):
   Wachstumsfaktor: 1 − $\frac{25}{100}$ = 0,75
   Anfangswert: 35 000 €

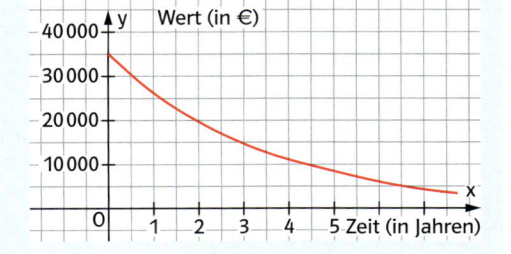

WV   NT   GS   83

Beispiel

2 Untersuchung auf Form des Wachstums
Prüfen Sie, ob die Tabellen zu einem linearen oder einem exponentiellen Wachstum gehören.

a)
x	0	1	2	3
y	2	7	12	17

b)
x	0	1	2	3
y	3	9	27	81

c)
x	0	1	2	3
y	8,3	6,7	5,1	3,5

d)
x	0	1	2	3
y	108	72	48	32

e)
x	0	1	2	3
y	75	60	36	18

f)
x	0	1	2	3
y	1	2	5	10

Lösung:

a) Lineare Zunahme: Absolute Änderung: 5, denn $2 \xrightarrow{+5} 7 \xrightarrow{+5} 12 \xrightarrow{+5} 17$

b) Exponentielle Zunahme: Wachstumsfaktor: 3, denn $3 \xrightarrow{\cdot 3} 9 \xrightarrow{\cdot 3} 27 \xrightarrow{\cdot 3} 81$

c) Lineare Abnahme: Absolute Änderung: –1,6, denn
$8,3 \xrightarrow{-1,6} 6,7 \xrightarrow{-1,6} 5,1 \xrightarrow{-1,6} 3,5$

d) Exponentielle Abnahme: Wachstumsfaktor: $\frac{2}{3}$, denn $108 \xrightarrow{\cdot \frac{2}{3}} 72 \xrightarrow{\cdot \frac{2}{3}} 48 \xrightarrow{\cdot \frac{2}{3}} 32$

e) Keine lineare Abnahme, da $75 \xrightarrow{-15} 60 \xrightarrow{-24} 36 \xrightarrow{-18} 18$
Keine exponentielle Abnahme, da $75 \xrightarrow{0,8} 60 \xrightarrow{0,6} 36 \xrightarrow{0,5} 18$

f) Keine lineare Zunahme, da $1 \xrightarrow{+1} 2 \xrightarrow{+3} 5$
Keine exponentielle Zunahme, da $1 \xrightarrow{\cdot 2} 2 \xrightarrow{\cdot 2,5} 5$

Aufgaben

1 Prüfen Sie: Gehört die Wertetabelle zu einem linearen oder einem exponentiellen Wachstum?

a)
x	0	1	2	3
y	8	12	18	27

b)
x	0	1	2	3
y	11	9	7	5

c)
x	0	1	2	3
y	32	16	8	4

d)
x	0	1	3	6
y	10	18	34	58

2 Ergänzen Sie im Heft die fehlenden Werte so, dass ein exponentielles Wachstum vorliegt.

a)
x	0	1	2	3	4	5
y	20	15	☐	☐	☐	☐

b)
x	0	1	2	3	4	5
y	☐	☐	2,5	3,5	☐	☐

3 Beschreiben Sie die Form des Wachstums. Stellen Sie für die zugehörige Funktion eine Wertetabelle auf. Zeichnen Sie das Schaubild.

a) Ein Schüler bekommt monatlich 20 € Taschengeld. Jedes Jahr soll es um 5 € erhöht werden.

b) Eine Aushilfe verdient in einem Supermarkt 10 € in der Stunde. Jedes Jahr soll der Stundenlohn um 5 % steigen.

c) Eine 12 cm hohe Kerze wird angezündet. Jede Minute brennt sie um 2 mm herunter.

d) Ein Computer kostet 400 €. Jedes Jahr verliert er die Hälfte seines Werts.

e) Eine Hefekultur mit 5 g Hefe verdreifacht stündlich ihre Masse.

f) Ein Öltank enthält noch 800 l Öl. In den Tank werden je Minute 200 l Öl gepumpt.

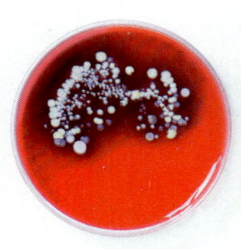

4 Die Tabelle zeigt die Entwicklung der Weltbevölkerung von 1800 bis 2050 in Milliarden Menschen. Der Wert für das Jahr 2050 stammt aus einer Schätzung der UN aus dem Jahr 2013.

Jahr	1800	1850	1900	1950	2000	2050
Weltbevölkerung (Mrd.)	0,91	1,26	1,65	2,52	6,01	9,6

a) Berechnen Sie jeweils für die Zeiteinheit von 50 Jahren die absolute Änderung d, den Wachstumsfaktor q sowie die prozentuale Änderung p. Handelt es sich um ein exponentielles Wachstum?

b) Geht die UN bei ihrer Schätzung für den Zeitraum von 2000 bis 2050 von einem stärkeren oder einem schwächeren Wachstum gegenüber dem Zeitraum von 1950 bis 2000 aus?

Die Fichte nennt man auch Rottanne.

5 Bei einer Fichte bilden sich in der Regel jährlich an jedem Zweigende vier neue Triebe. Ein junger Fichtenast hat drei Zweigenden.

a) Mit wie vielen Enden kann man nach einem, nach zwei bzw. nach drei Jahren rechnen?

b) Nach wie vielen Jahren hat der Ast voraussichtlich mehr als 250 Enden?

6 Ein Kapital von 8000 € wird jährlich mit 2,5 % verzinst. Auf welchen Betrag wächst es in 12 Jahren an, wenn die anfallenden Zinsen weiter verzinst bzw. in einen Sparstrumpf gesteckt werden? Um welche Art von Wachstum handelt es sich jeweils?

Haltepunkt

7 Untersuchen Sie, ob lineares oder exponentielles Wachstum vorliegt. Berechnen Sie den Funktionswert an der Stelle 9, also f(9).

a)
x	0	1	2	3	4
f(x)	33,00	29,70	26,73	24,06	21,65

b)
x	0	1	2	3	4
f(x)	5,03	4,88	4,73	4,58	4,43

8 Martinas Uhr geht gegenüber einer Funkuhr in einer Woche um 5 s vor. Im Moment geht sie bereits 15 s vor. Nach wie vielen Wochen beträgt die Abweichung 1 min?

9 Eine Wohnung kostet 120 000 €. Stellen Sie die Wertentwicklung für die nächsten sechs Jahre dar und berechnen Sie den Wert in 20 Jahren unter der Annahme, dass der Wert

a) jährlich um 2400 € sinkt.

b) jährlich um 1,5 % steigt.

Die Lösungen finden Sie auf Seite L 18.

WV 4, 6, 8, 9 NT 5, 8 GS 4, 5, 8

III Exponentialfunktionen

10 Der hängende Tropfstein in der Höhle wächst jährlich um durchschnittlich 3 mm.
  a) Der Tropfstein ist 1,062 m lang. Wie viele Jahre ist er vermutlich alt?
  b) In wie vielen Jahren wird der Stein voraussichtlich 1,5 m lang sein?

💡 Prozent: 1 % = $\frac{1}{100}$
Promille: 1 ‰ = $\frac{1}{1000}$

11 Nach dem Besuch eines Weinfests hat Herr Riesling um Mitternacht einen Blutalkoholspiegel von 1,5 ‰. Jede Stunde wird der Alkoholgehalt im Blut um 0,15 ‰ abgebaut. Morgens um 7 Uhr will er mit dem Auto zur Arbeit fahren. Droht ihm bei einem Unfall Führerscheinentzug, weil mehr als 0,3 ‰ Alkohol im Blut nachgewiesen werden können?

12 a) Ordnen Sie den Situationen jeweils ein Schaubild zu. Übertragen Sie die Schaubilder in Ihr Heft und skalieren Sie die Achsen.
  ① Eine Wertpapieranlage von 20 000 € erzielt jährlich eine Rendite von 7 %.
  ② Ein Fallschirmspringer verliert bei geöffnetem Schirm pro Minute 300 Meter an Höhe. Der Sprung dauert nach dem Öffnen des Schirms noch 8 Minuten.
  ③ Nach einer Grippewelle halbiert sich die Zahl der 2400 Erkrankten jeweils nach drei Tagen.
  b) Erfinden Sie eine Situation zum übrigbleibenden Schaubild.

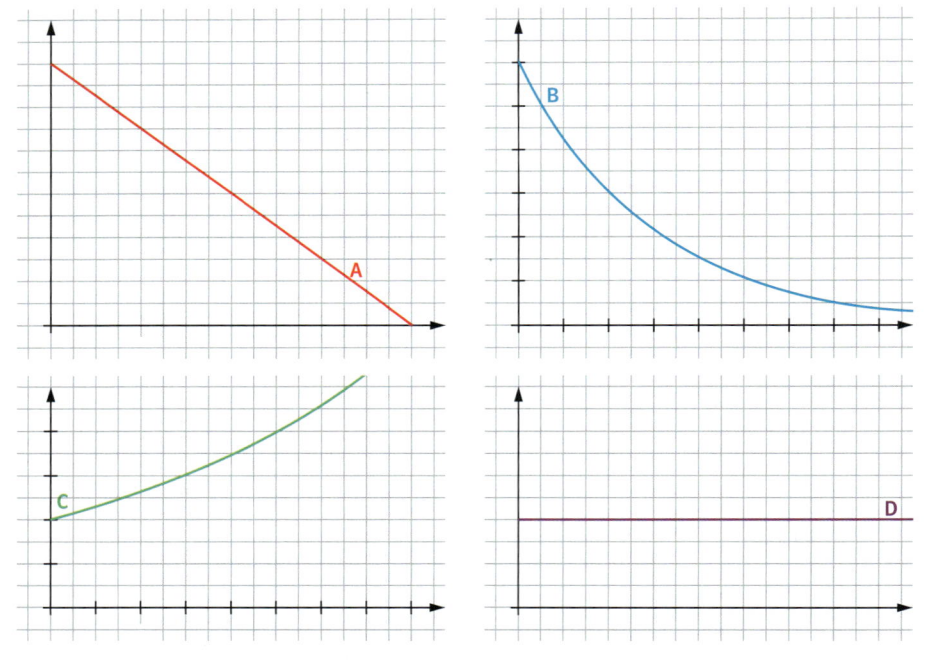

Zu Aufgabe 13:

Höhe über NN (in km)	Luftdruck (in hPa)
0	1013
1	899
2	795
3	701
4	616
5	540
6	472
7	411
8	356

13 a) Der Luftdruck nimmt exponentiell mit der Höhe über dem Meeresspiegel ab. Überprüfen Sie dies anhand der Tabelle. NN bedeutet Normal-Null = Meereshöhe, hPa bedeutet Hektopascal.
  b) Um wie viel Prozent nimmt der Luftdruck pro km Höhe ungefähr ab?

3 Exponentialfunktionen

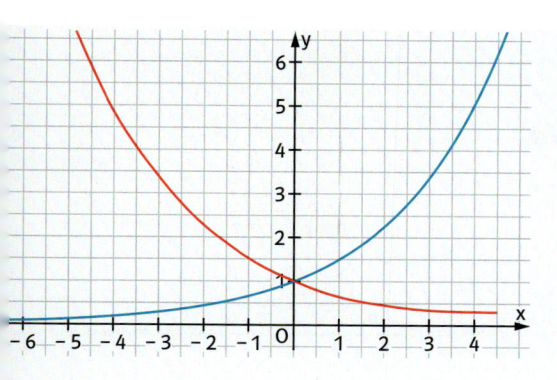

Die beiden dargestellten Funktionen beschreiben exponentielle Wachstumsvorgänge.
→ Bestimmen Sie jeweils den Anfangswert und den Wachstumsfaktor.
→ Wie kann man am Wachstumsfaktor erkennen, ob die zugehörige Funktion monoton wächst bzw. monoton fällt?
→ Geben Sie jeweils eine Formel zur Berechnung des Werts der Größe y nach x Zeiteinheiten an.

Wachstumsvorgänge wurden bisher mithilfe von Änderungen beschrieben. Für das exponentielle Wachstum lässt sich aufgrund des konstanten Wachstumsfaktors ein Funktionsterm f(x) angeben, sodass die Größe y direkt aus x berechnet werden kann.

In der Tabelle rechts ist ein exponentielles Wachstum mit dem Wachstumsfaktor q und dem Anfangswert 1 dargestellt. Man erkennt, dass für natürliche Zahlen x die Funktion f mit $f(x) = q^x$ dieses Wachstum beschreibt.

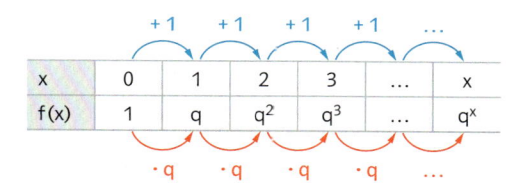

x	0	1	2	3	...	x
f(x)	1	q	q^2	q^3	...	q^x

Bei kontinuierlichen exponentiellen Wachstumsprozessen, z. B. Pflanzen- oder Bakterienwachstum, ist man nicht nur an ganzzahligen Zeitschritten interessiert, sondern möchte den Vorgang auch für beliebige Zwischenwerte beschreiben. Dies ist möglich, indem man in den Funktionsterm der zugehörigen Exponentialfunktion beliebige reelle Hochzahlen einsetzt. Dabei gilt auch für beliebig große Zeitschritte, dass die Funktionswerte in gleichen Zeitschritten mit demselben Faktor multipliziert werden.

Merke

Eine Funktion f mit $f(x) = q^x$ für q > 0 heißt **Exponentialfunktion**. Ihre Definitionsmenge ist $D = \mathbb{R}$.

💡 Die Euler'sche Zahl e hat unendlich viele Dezimalstellen. Sie ist nicht periodisch, sondern wie die Zahl π eine irrationale Zahl.
Mehr zur Euler'schen Zahl e finden Sie im Infokasten auf Seite 94.

In der Differentialrechnung ist eine Exponentialfunktion mit einer besonderen Basis sehr hilfreich. Diese Basis ist die sogenannte **Euler'sche Zahl**. Sie wird mit e bezeichnet und hat den Wert e = 2,718 2818... In der Technik hat diese Zahl große Bedeutung, z. B. wird das Auf- und Entladen eines Kondensators mithilfe der Basis e beschrieben.

Merke

Die **Euler'sche Zahl e** hat den Wert e = 2,718 2818...
Die zu dieser Basis e gehörige Exponentialfunktion f mit $f(x) = e^x$, $x \in \mathbb{R}$, nennt man **natürliche Exponentialfunktion** oder kurz **e-Funktion**.

Eigenschaften der Exponentialfunktionen

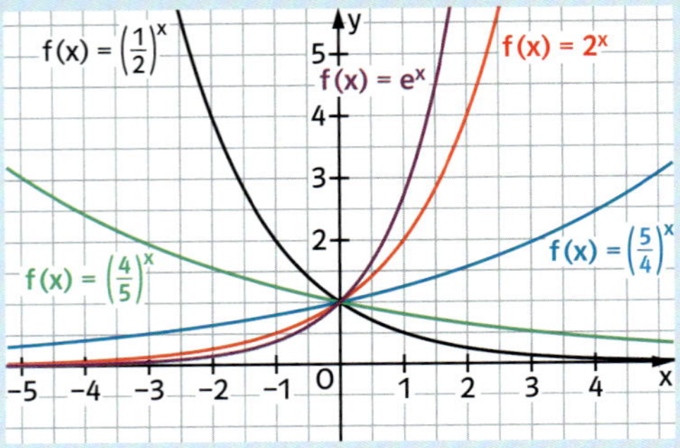

1. Die Schaubilder von Exponentialfunktionen f mit $f(x) = q^x$ verlaufen oberhalb der x-Achse und gehen durch die Punkte $S_y(0|1)$ und $P(1|q)$.
2. Das Schaubild der Funktion f mit $f(x) = q^x$ steigt für $q > 1$ und fällt für $0 < q < 1$.
3. Das Schaubild der Funktion f mit $f(x) = q^x$ ($q \neq 1$) nähert sich für $q > 1$ dem negativen Teil der x-Achse an und für $0 < q < 1$ dem positiven Teil der x-Achse. Das Schaubild kommt der x-Achse beliebig nahe, berührt diese aber nie. Man sagt: Die x-Achse ist **Asymptote** des Schaubilds von f.
4. Schaubilder der Exponentialfunktionen f mit $f(x) = q^x$ und g mit $g(x) = \left(\frac{1}{q}\right)^x$ liegen zueinander symmetrisch bezüglich der y-Achse, denn
$f(-x) = q^{-x} = \frac{1}{q^x} = \frac{1^x}{q^x} = \left(\frac{1}{q}\right)^x = g(x)$.

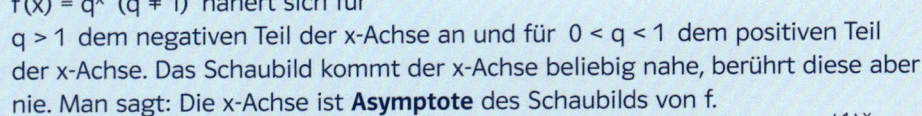

Beispiel

1 Schaubilder von Exponentialfunktionen

Geben Sie zu den Schaubildern jeweils einen Funktionsterm der Form $f(x) = q^x$ an.

Lösung:

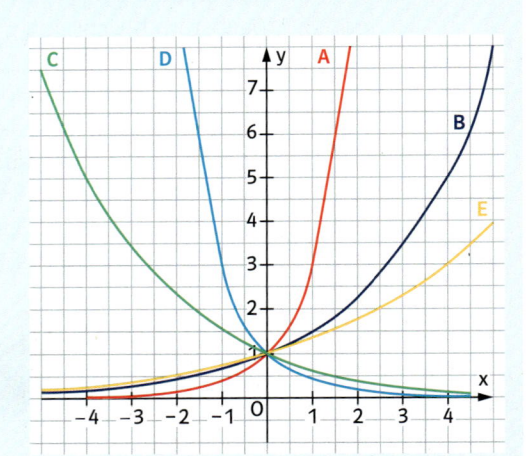

Das Schaubild A verläuft durch den Punkt $P(1|3)$ und hat den Funktionsterm $f(x) = 3^x$.

Das Schaubild B verläuft durch den Punkt $P(1|1,5)$ und hat den Funktionsterm $f(x) = 1,5^x$.

Das Schaubild C liegt symmetrisch zu B bezüglich der y-Achse und hat damit den Funktionsterm C: $f(x) = \left(\frac{2}{3}\right)^x$.

Das Schaubild D liegt symmetrisch zu A bezüglich der y-Achse und hat damit den Funktionsterm
D: $f(x) = \left(\frac{1}{3}\right)^x$.

Beim Schaubild E lässt sich z.B. der Kurvenpunkt $P(4|3)$ ablesen, d.h. es gilt $q^4 = 3$ und damit $q = \sqrt[4]{3} \approx 1,316$. Der zugehörige Funktionsterm lautet also $f(x) = 1,316^x$.

Aufgaben

1 Zeichnen Sie die Schaubilder der Funktionen. Welche liegen spiegelbildlich zueinander?

$f(x) = 5^x \qquad g(x) = 1,25^x \qquad h(x) = 0,8^x \qquad i(x) = 0,2^x$

III Exponentialfunktionen

○ **2** a) Geben sie zu den Schaubildern rechts jeweils einen Funktionsterm der Form $f(x) = q^x$ an.
b) Übertragen Sie die Schaubilder in Ihr Heft und spiegeln Sie die Schaubilder an der y-Achse, geben Sie den zugehörigen Funktionsterm an.

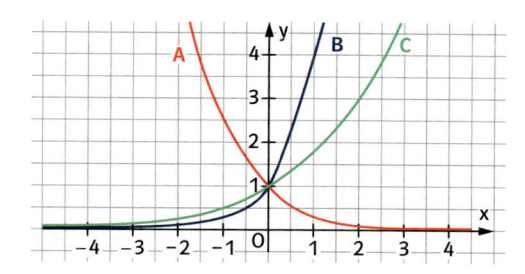

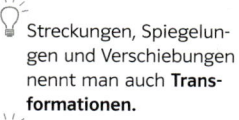

💡 Streckungen, Spiegelungen und Verschiebungen nennt man auch **Transformationen**.

💡 Zu Fig. 1:
Bei einer Streckung mit dem Faktor a läuft man auf der y-Achse von der **Asymptote** zu S_y genau um a.

Strecken, Spiegeln und Verschieben von Schaubildern

Ausgehend von der Exponentialfunktion f mit $f(x) = 2^x$ wird deren Schaubild in x-Richtung und in y-Richtung gestreckt, gespiegelt und verschoben.

1. $g(x) = a \cdot 2^x$
(Fig. 1, a = 1,5 und a = –1,5)
Streckung in y-Richtung mit Faktor a. Der Schnittpunkt mit der y-Achse liegt nun bei $S_y(0|a)$. Ist a < 0, wird das Schaubild zusätzlich **an der x-Achse gespiegelt**.

2. $g(x) = 2^x + d$
(Fig. 2, d = –3)
Verschiebung in y-Richtung um d. Die Asymptote wird mit verschoben und hat nun die Gleichung y = d.

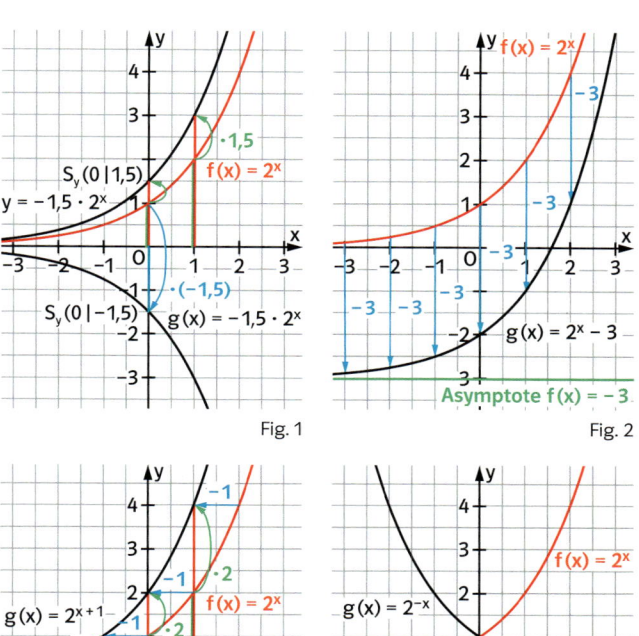

3. $g(x) = 2^{x+c}$ (Fig. 3, c = 1)
Verschiebung in x-Richtung um –c. Die Verschiebung in x-Richtung kann auch als Streckung in y-Richtung gedeutet werden, da $g(x) = 2^{x+c} = 2^c \cdot 2^x$ ist. Streckfaktor in y-Richtung ist 2^c.

💡 Clara sagt: „In x-Richtung ist alles umgekehrt: x + c ergibt eine Verschiebung um –c und b · x ergibt eine Streckung mit Faktor $\frac{1}{b}$."

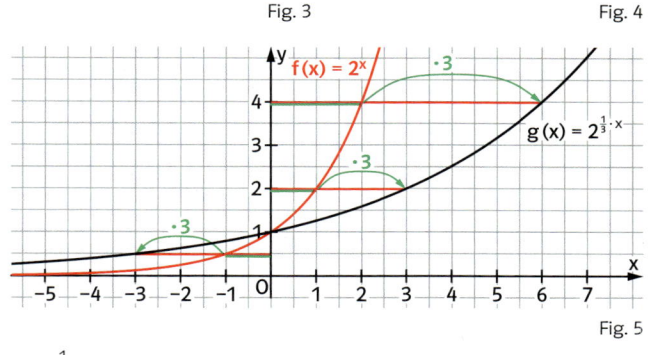

4. $g(x) = 2^{-x}$ (Fig. 4)
Spiegelung an der y-Achse.
Die Asymptote bleibt erhalten, das Schaubild nähert sich nun dem positiven Teil der x-Achse an, also rechts.

💡 Man braucht bei $y = 2^{\frac{1}{3}x}$ das dreifache x, um dasselbe y zu bekommen wie bei $y = 2^x$.

5. $g(x) = 2^{bx}$ (Fig. 5, b = $\frac{1}{3}$)
Streckung in x-Richtung mit Faktor $\frac{1}{b}$. Die Asymptote und der Schnittpunkt mit der y-Achse bleiben erhalten.

Fig. 1

Fig. 2

Fig. 3

Fig. 4

Fig. 5

WV   NT   GS

Beispiel

2 Schaubilder durch vorgegebene Punkte
a) Bestimmen Sie die Exponentialfunktion f mit $f(x) = q^x$, deren Schaubild durch den Punkt $P(3|125)$ geht.
b) Bestimmen Sie die Exponentialfunktion g mit $g(x) = a \cdot q^x$, deren Schaubild durch die Punkte $P(-1|6)$ und $Q\left(2\left|\frac{3}{4}\right.\right)$ geht.

Lösung:
a) Aus $f(3) = 125$, d.h. $q^3 = 125$ folgt $q = 5$, also $f(x) = 5^x$.
b) Aus $g(-1) = 6$ und $g(2) = \frac{3}{4}$ folgt (I) $a \cdot q^{-1} = 6$ und (II) $a \cdot q^2 = \frac{3}{4}$.
Aus (I) folgt $a = 6q$. Dies in (II) eingesetzt ergibt $6q \cdot q^2 = \frac{3}{4}$ oder $q^3 = \frac{1}{8}$.
Folglich ist $q = \frac{1}{2}$ und $a = 3$. Ergebnis: Die Exponentialfunktion ist $g(x) = 3 \cdot \left(\frac{1}{2}\right)^x$.

3 Strecken, Verschieben und Spiegeln von Schaubildern
a) Zeichnen Sie das Schaubild der Funktion g mit $g(x) = -2 \cdot 3^x + 6$ mithilfe einer Wertetabelle in ein Koordinatensystem.
b) Durch welche Streckungen, Verschiebungen und Spiegelungen geht das Schaubild von g aus dem Schaubild der Funktion f mit $f(x) = 3^x$ hervor?

Lösung:
a) Schaubild siehe rechts.
b) $a = -2$: Streckung in y-Richtung mit Faktor 2 und Spiegelung an der x-Achse (entspricht einer Streckung in y-Richtung mit Faktor -2).
$d = 6$: Verschiebung in y-Richtung um 6. (Die Asymptote ist $y = 6$.)

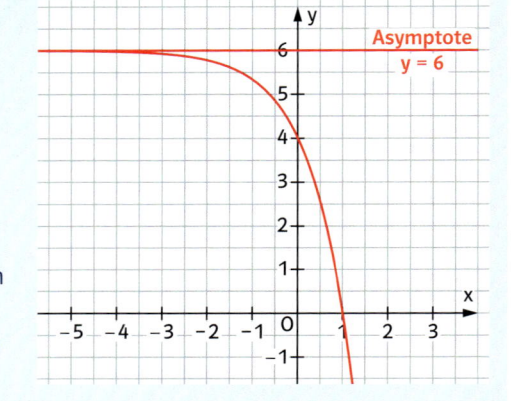

4 Vom Schaubild zum Funktionsterm
Im Koordinatensystem sind die Schaubilder zweier Exponentialfunktionen vom Typ $g(x) = a \cdot e^{\pm x} + d$ dargestellt. Geben Sie jeweils einen zugehörigen Funktionsterm an.

Lösung:
Rote Kurve: Asymptote $y = -5$, also $d = -5$; auf der y-Achse von der Asymptote zu S_y: $a = +3$; das Schaubild nähert sich links der Asymptote an, d.h. keine Spiegelung an der y-Achse. Damit lautet der Funktionsterm: $g(x) = 3 \cdot e^x - 5$.
Blaue Kurve: Asymptote $y = 6$, also $d = 6$; auf der y-Achse von der Asymptote zu S_y: $a = -5$; das Schaubild nähert sich rechts der Asymptote an, d.h. Spiegelung an der y-Achse. Damit lautet der Funktionsterm: $h(x) = -5 \cdot e^{-x} + 6$.

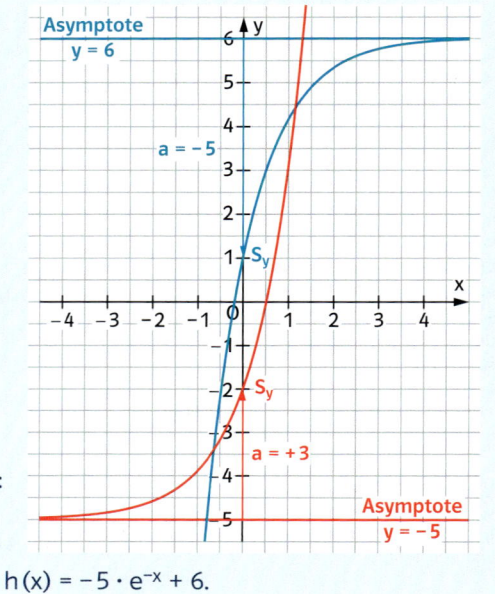

5 Vorausschau und Rückblick

Ein Guthaben von 5000 € wird langfristig zu einem festen jährlichen Zinssatz von 3 % angelegt.
a) Wie groß ist das Guthaben nach 20 Jahren?
b) Nach wie vielen Jahren hat sich das Kapital verdoppelt?
c) Welchen Betrag hätte man 12 Jahre zuvor zu diesem Zinssatz anlegen müssen, um jetzt die 5000 € auf dem Konto zu haben?
d) Tatsächlich wurde vor 12 Jahren ein Betrag von 3000 € angelegt. Wie hoch war in diesen 12 Jahren der jährliche Zinssatz, wenn man von einer festen Verzinsung ausgeht?

Lösung:
Die Kapitalentwicklung lässt sich durch die Funktion f mit $f(x) = 5000 \cdot 1{,}03^x$, $x \in \mathbb{Z}$, beschreiben.
a) $f(20) = 5000 \cdot 1{,}03^{20} \approx 9030{,}56$. Das Guthaben nach 20 Jahren beträgt rund 9031 €.
b) Mithilfe einer Wertetabelle erhält man $f(23) \approx 9867{,}93$ und $f(24) \approx 10163{,}97$. Das Kapital verdoppelt sich also nach 24 Jahren.
c) $f(-12) \approx 3506{,}90$. Man hätte rund 3507 € anlegen müssen.
d) $g(-12) = 5000 \cdot q^{-12} = 3000 \Rightarrow \frac{5}{3} = q^{12} \Rightarrow q = \left(\frac{5}{3}\right)^{\frac{1}{12}} \approx 1{,}0435$
Der effektive Jahreszins in den letzten 12 Jahren betrug also ca. 4,35 %.

> Die Wertetabelle kann auch mithilfe des Taschenrechners erstellt werden.
>
> Dieser „durchschnittliche" Zinssatz heißt **Effektivzins** und dient dem Vergleich der Konditionen bei Geldanlagen und Krediten.

Aufgaben

3 Zeichnen Sie die Schaubilder der Funktionen f, g, h und i in dasselbe Koordinatensystem.
a) $f(x) = 1{,}5^x$; $\quad g(x) = 3^x$; $\quad h(x) = \left(\frac{2}{3}\right)^x$; $\quad i(x) = \left(\frac{1}{3}\right)^x$
b) $f(x) = e^x$; $\quad g(x) = 2 \cdot e^x$; $\quad h(x) = -e^x$; $\quad i(x) = e^{-x}$

4 Zeichnen Sie die Schaubilder der Funktionen f, g, h und i in dasselbe Koordinatensystem. Beschreiben Sie jeweils durch welche Streckungen, Verschiebungen und Spiegelungen das Schaubild aus dem vorherigen Schaubild hervorgeht.
a) $f(x) = 1{,}2^x$; $\quad g(x) = 3 \cdot 1{,}2^x$; $\quad h(x) = -3 \cdot 1{,}2^x$; $\quad i(x) = -3 \cdot 1{,}2^x + 5$
b) $f(x) = e^x$; $\quad g(x) = e^{-x}$; $\quad h(x) = 2 \cdot e^{-x}$; $\quad i(x) = 2 \cdot e^{-x} - 3$

5 Beschreiben Sie durch welche Streckungen, Verschiebungen und Spiegelungen das Schaubild von g aus dem der Funktion f mit $f(x) = 2^x$ hervorgeht. Skizzieren Sie die Schaubilder.
a) $g(x) = 2^x - 5$ $\quad$ b) $g(x) = 2{,}5 \cdot 2^x$ $\quad$ c) $g(x) = -3 \cdot 2^x + 4$ $\quad$ d) $g(x) = 2^{-x} + 3$
e) $g(x) = 1{,}5 \cdot 2^{-x}$ $\quad$ f) $g(x) = 3 \cdot 2^{-x} - 1$ $\quad$ g) $g(x) = -0{,}5 \cdot 2^{-x} - 3$ $\quad$ h) $g(x) = 5 - 2^{-x}$

> In einer Skizze sollen die wesentlichen Eigenschaften des Schaubilds einer Exponentialfunktion erkennbar sein, hier also die Asymptote und der Schnittpunkt mit der y-Achse.

6 Bestimmen Sie die Exponentialfunktion f der Form $f(x) = a \cdot q^x$, deren Schaubild durch die Punkte P und Q verläuft.
a) $P(0|1{,}2)$; $Q(1|6)$ $\qquad$ b) $P(0|-4)$; $Q(3|-62{,}5)$
c) $P(1|6)$; $Q(-1|0{,}375)$ $\qquad$ d) $P(2|4)$; $Q(-3|30{,}375)$

III Exponentialfunktionen

7 Die Schaubilder links gehören zu Exponentialfunktionen der Form $g(x) = a \cdot 3^{\pm x} + d$, die Schaubilder rechts zu $h(x) = a \cdot e^{\pm x} + d$. Bestimmen Sie jeweils a und d sowie das Vorzeichen + oder – vor x.

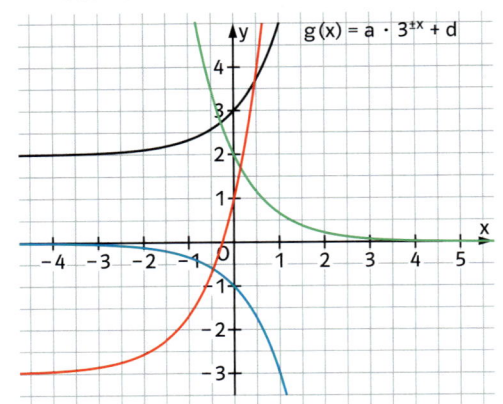

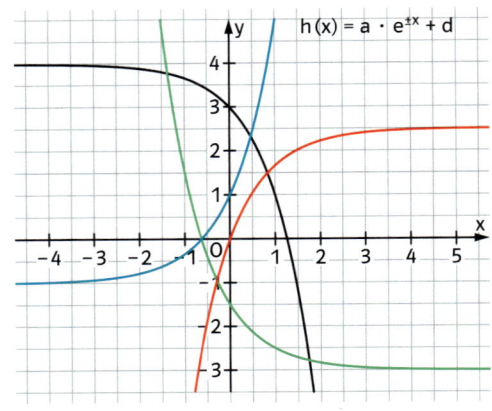

8 Welches Monotonieverhalten erwarten Sie? Überprüfen Sie mithilfe der Wertetabelle des Taschenrechners.
a) $f(x) = 1{,}2^x$ b) $f(x) = 0{,}5^x$ c) $f(x) = 2 \cdot 0{,}3^x$ d) $f(x) = -3 \cdot e^x$

Wählen Sie verschiedene Werte für a und überlegen Sie, wie sich die Funktion $f(x) = a \cdot q^x$ verhält.

9 Das Monotonieverhalten der Funktion f mit $f(x) = a \cdot q^x$ hängt von a und q ab. Erstellen Sie eine Übersicht. Geben Sie Beispiele an.

10 Am 1. Januar 2005 wurde ein Betrag von 100,00 € auf ein Bankkonto eingezahlt. Dabei wurde ein langjähriger Festzinssatz von 5 % pro Jahr vereinbart.
a) Welchen Betrag weist das Konto am 1. Januar 2020 auf, wenn der Zins jährlich auf dem Konto gutgeschrieben wird und keine weiteren Ein- und Auszahlungen erfolgt sind bzw. erfolgen?
b) Welchen Kontostand weist das Konto am 1. April 2015 auf?

Haltepunkt

11 Beschreiben Sie, wie das Schaubild von g aus dem Schaubild der natürlichen Exponentialfunktion f mit $f(x) = e^x$ hervorgeht. Skizzieren Sie die Schaubilder von f und g.
a) $g(x) = e^x - 1$ b) $g(x) = -2 \cdot e^x$
c) $g(x) = e^{-x} + 2$ d) $g(x) = 1{,}5 \cdot e^{-x} - 4$

12 Die Schaubilder rechts gehören zu Exponentialfunktionen der Form $g(x) = a \cdot 2^{\pm x} + d$. Bestimmen Sie jeweils a und d sowie das Vorzeichen vor x.

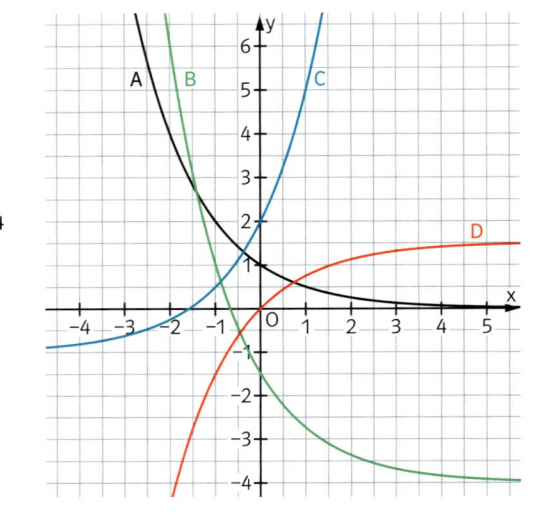

13 Bestimmen Sie die Exponentialfunktion f der Form $f(x) = a \cdot q^x$, deren Schaubild durch die Punkte P und Q verläuft.
a) P(0|1,5); Q(2|6)
b) P(−2|50); Q(3|0,512)

14 Ein Erbe erhält aus einem Nachlass seiner Tante von der Bank 20 716,83 € überwiesen. Die Tante hatte vor zwölfeinhalb Jahren bei der Bank Geld zu 6% angelegt.
a) Welchen Betrag hatte die Tante damals angelegt?
b) Welchen Betrag würde der Neffe bei Wiederanlage zum selben Prozentsatz nach weiteren 10 Jahren erhalten?

Die Lösungen finden Sie auf Seite L19.

15 Wie ändert sich bei der Funktion f mit $f(x) = q^x$ der Funktionswert f(x), wenn man
a) x um 1 vergrößert,
b) x um 2 verkleinert,
c) x verdoppelt,
d) x halbiert,
e) x mit 3 multipliziert,
f) x durch 3 dividiert?

16 Entscheiden Sie, ob für die Funktion f mit $f(x) = a \cdot e^x$, $a \in \mathbb{R}$ die folgenden Aussagen richtig oder falsch sind oder, ob sie nicht entscheidbar sind. Geben Sie jeweils eine Begründung an.
a) Ist $a > 0$, so gilt stets $f(x) > 0$.
b) Ist $g(x) = a \cdot q^x$ mit $q > e$, so gilt stets $g(x) > f(x)$.
c) Für den Funktionswert $f(x + 2)$ gilt immer: $f(x + 2) = e^2 \cdot f(x)$.
d) Für den Funktionswert $f(2x)$ gilt immer: $f(2x) = (f(x))^2$.
e) Zum an der y-Achse gespiegelten Schaubild der Funktion f existiert ebenfalls eine Funktion. Dies ist die Funktion h mit $h(x) = a \cdot (-e)^x$.

17 Eine Erhöhung der CO_2-Konzentration bewirkt weltweit eine Erhöhung der durchschnittlichen Temperatur. Die Weltorganisation für Meteorologie schätzt, dass sich die CO_2-Konzentration der Atmosphäre jährlich um 0,6% erhöht. Um wie viel Prozent ist die CO_2-Konzentration im Jahr 2030 höher als im Jahr 2015, wenn sich der prozentuale Zuwachs nicht ändert?

18 Ein Kapital von 20 000 € wird mit einem Zinssatz von 5% jährlich verzinst.
a) Geben Sie eine Funktion an, welche die zeitliche Entwicklung des Kapitals beschreibt.
b) Bestimmen Sie das Kapital nach 1; 2; 5; 10 und 20 Jahren.
c) Vor wie vielen Jahren betrug das Kapital bei gleichem Zinssatz 15 000 €?
d) In welchem Jahr nimmt das Kapital erstmals um 5000 € zu?

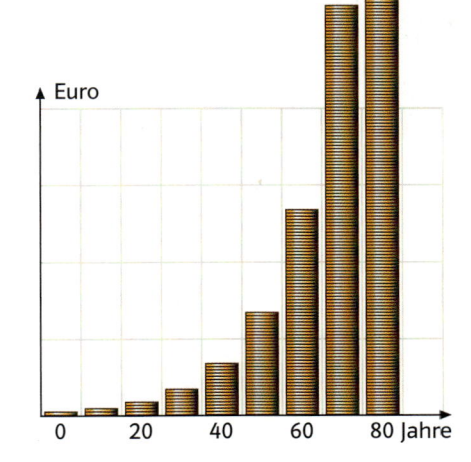

WV 14, 18　　　　NT 17　　　　GS

Information

Stetige Verzinsung, die Euler'sche Zahl e → Aufgaben 19 und 20

Bei vielen Festgeld- bzw. Tagesgeldkonten erhält man die Zinsgutschrift nicht erst nach einem Jahr, sondern bereits anteilig nach 6 Monaten oder nach 3 Monaten, dabei profitiert man vom Zinseszinseffekt. Ein Kapital von 1000 € wächst bei einem jährlichen Zinssatz von z.B. 1,2 % bei einmaliger Zinsgutschrift am Ende des Jahres auf 1012 € an, bei vierteljährlicher Zinszahlung von jeweils 0,3 % geringfügig höher auf $K = 1000 € \cdot \left(1 + \frac{0,3}{100}\right)^4 \approx 1012,05 €$.

Bei höheren Zinssätzen und kürzeren Zinsperioden wirkt sich dieser Effekt noch deutlicher aus. Bei einem fiktiven Zinssatz von 100 % und monatlicher Zinsgutschrift erhöht sich das Kapital nach einem Jahr statt auf 2000 € (bei einmaliger Zinsgutschrift am Ende des Jahres) nun auf $K = 1000 € \cdot \left(1 + \frac{1}{12}\right)^{12} \approx 2613,04 €$ und bei täglicher Zinsgutschrift sogar auf $K = 1000 € \cdot \left(1 + \frac{1}{360}\right)^{360} \approx 2714,52 €$.

Um zu sehen, um welchen Faktor sich ein Kapital bei einem jährlichen Zinssatz von 100 % am Ende des Jahres bei immer kleiner werdenden Zinsperioden erhöht, wählt man als Anfangskapital 1,00 € und betrachtet bei einer ständig wachsenden Anzahl n von Zinsperioden das Endkapital K_n. Allgemein lässt sich dies mit der Zinseszinsformel ausdrücken ($K_0 = 1,00 €$, $p = 100 \%$) durch: $K_n = K_0 \cdot \left(1 + \frac{p}{n}\right)^n = \left(1 + \frac{1}{n}\right)^n$.

Die Tabelle zeigt das Endkapital K_n nach n Zinsperioden im Jahr.

Zinszahlung	jährl.	halbj.	viertelj.	monatl.	tägl.	stündl.	jede Sekunde
Perioden n	1	2	4	12	360	8640	31 104 000
Endkapital K_n (in €)	2,00	2,25	2,4414	2,6130	2,7145	2,718125	2,7182813

Wie die Tabelle vermuten lässt, steigt bei fortgesetzter Erhöhung der Anzahl n der Zinsperioden das Endkapital laufend, jedoch nicht unbegrenzt. Im Grenzfall, d.h. wenn n „unendlich groß" und die Perioden „ganz klein" sind, spricht man von **stetiger Verzinsung.** Der in diesem Grenzfall erzielte Wachstumsfaktor wird als **Limes (Grenzwert)** bezeichnet, und man schreibt dafür $\lim_{n \to \infty} \left(1 + \frac{1}{n}\right)^n$.

Man kann zeigen, dass dieser Grenzwert tatsächlich existiert, worauf hier jedoch verzichtet wird. Dieser Grenzwert heißt **Euler'sche Zahl** und wird mit **e** bezeichnet.

Es ist $e = \lim_{n \to \infty} \left(1 + \frac{1}{n}\right)^n = 2,718\,281\,828\,459\ldots$

Die Euler'sche Zahl e hat unendlich viele Dezimalstellen. Sie ist wie die Zahl π eine irrationale Zahl. Sie ist eine der wichtigsten Zahlen in der Mathematik.

💡 Bei der **deutschen Zinsmethode** hat der Zinsmonat 30 Tage und das Zinsjahr 360 Tage.

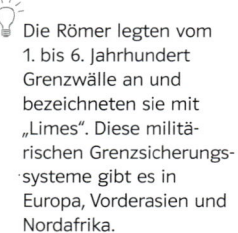

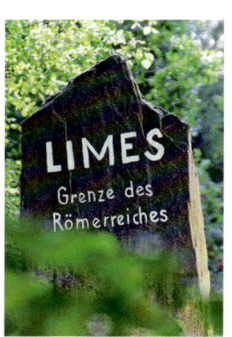

💡 Die Römer legten vom 1. bis 6. Jahrhundert Grenzwälle an und bezeichneten sie mit „Limes". Diese militärischen Grenzsicherungssysteme gibt es in Europa, Vorderasien und Nordafrika.

19 Ein Kapital von 10 000 € verdoppelt sich in 20 Jahren.
 a) Berechnen Sie den Jahreszinssatz (= jährliche durchschnittl. Erhöhung des Kapitals).
 b) Berechnen Sie, auf wie viel Euro das Endkapital bei einem festen jährlichen Zinssatz von 5 % ansteigt.
 c) Berechnen Sie das Endkapital bei einer täglichen Verzinsung mit $\frac{100}{20 \cdot 360}$ %.

20 Ein Kunde möchte sein Kapital in 12 Jahren verdoppeln. Die Bank A bietet 1,51 % Zinssatz je Vierteljahr an, Bank B bietet 3,1 % Zinssatz je Halbjahr an. Verdoppelt sich in beiden Fällen das Kapital nach 12 Jahren? Welche Verzinsung ist attraktiver?

4 Exponentialgleichungen und Logarithmen

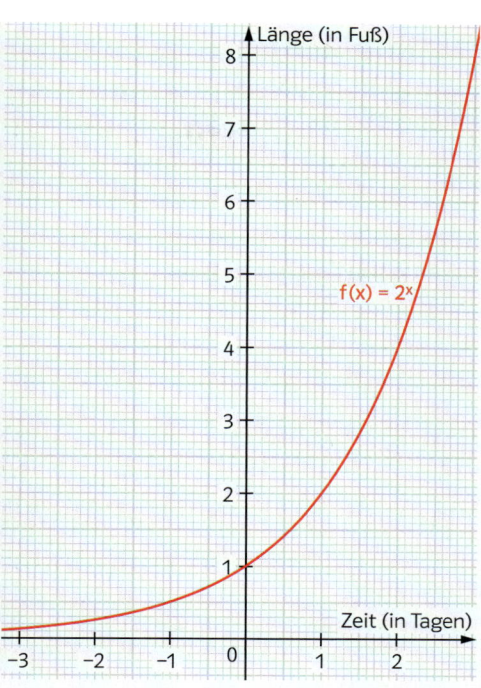

In der Chia Chang Suan Shu (Neun Bücher arithmetischer Technik), einem über 2000 Jahre alten chinesischen Rechenbuch, wird ein Riedgras erwähnt, das täglich seine Länge verdoppelt. Das Riedgras hat zu Beginn der Beobachtung eine Länge von 1 Fuß.

→ Wann ist das Riedgras 4 Fuß bzw. 8 Fuß lang?
→ Wann ist es 5 Fuß lang?
→ Wann war das Riedgras 0,5 Fuß lang? Benutzen Sie dazu das Schaubild.

Gleichungen, bei denen die Unbekannte x in einer Potenz auftaucht, können folgende Form haben: $x^3 = 125$ (x als Basis) oder $2^x = 16$ (x als Hochzahl).

Die Gleichung $x^3 = 125$ heißt **Potenzgleichung** und hat die Lösung $x = \sqrt[3]{125} = 5$. Die Lösung einer solchen Potenzgleichung wird „Wurzel" genannt, hier „3. Wurzel aus 125".

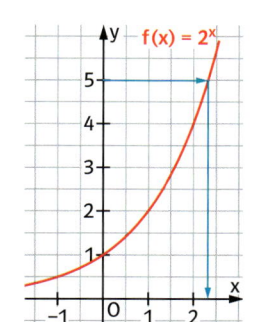

Die Gleichung $2^x = 16$ heißt **Exponentialgleichung** und lässt sich im Kopf lösen, da 16 eine Potenz von 2 ist: $16 = 2^4$, also ist $x = 4$. Die Gleichung $2^x = 5$ ist nicht leicht lösbar, da man keine einfache Darstellung von 5 als Zweierpotenz findet. Am Schaubild der Funktion f mit $f(x) = 2^x$ kann man erkennen, dass 2^x jeden beliebigen positiven Wert annehmen kann, sodass Gleichungen der Form $2^x = c$ mit $c > 0$ immer lösbar sind, also auch die Gleichung $2^x = 5$. Die Lösung lässt sich näherungsweise am Schaubild von f ablesen, dies ergibt $x \approx 2{,}3$.

Die Lösung x einer solchen Exponentialgleichung $2^x = 5$ wird **Logarithmus** genannt, hier „Logarithmus von 5 zur Basis 2", man schreibt kurz $x = \log_2(5)$. Dieser Logarithmus ist also die Hochzahl zur Basis 2, sodass die Potenz den Wert 5 ergibt.
Dies lässt sich auf jede positive Basis a mit $a \neq 1$ übertragen. Zu jeder positiven Zahl b gibt es genau eine Zahl x, sodass $b = a^x$ gilt. Diese Zahl x heißt $\log_a(b)$.

Merke

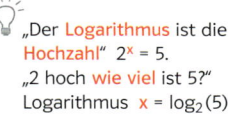

„Der Logarithmus ist die Hochzahl" $2^x = 5$.
„2 hoch wie viel ist 5?"
Logarithmus $x = \log_2(5)$

> Der **Logarithmus von b zur Basis a** ($a > 0$, $a \neq 1$, $b > 0$) ist diejenige **Hochzahl**, mit der man a potenzieren muss, um b zu erhalten. Man schreibt kurz $\log_a(b)$.
> Die **Exponentialgleichung** $a^x = b$ ist gleichwertig mit der Gleichung $x = \log_a(b)$.
> Der Logarithmus zur Basis e heißt **natürlicher Logarithmus** und wird mit ln abgekürzt (logarithmus naturalis): $\log_e(b) = \ln(b)$.

III Exponentialfunktionen

Bemerkung

Logarithmuswerte kann man nur von positiven Zahlen bestimmen, da Potenzen a^x für $a > 0$ stets positiv sind. Die Operationen Potenzieren von a und Logarithmieren zur Basis a sind **Umkehroperationen** und heben sich gegenseitig auf. Setzt man die Gleichungen $a^x = b$ und $x = \log_a(b)$ ineinander ein, so erhält man
$\log_a(a^x) = x$ und $a^{\log_a(b)} = b$ bzw. $\ln(e^x) = x$ und $e^{\ln(b)} = b$.

Beispiel

1 Logarithmus bestimmen ohne Taschenrechner
Bestimmen Sie den Logarithmus. Begründen Sie Ihr Ergebnis.
a) $\log_2(8)$ b) $\log_{10}(100\,000)$ c) $\log_9\left(\frac{1}{81}\right)$ d) $\log_3(\sqrt{27})$

Lösung:
a) $\log_2(8) = 3$, denn $2^3 = 8$ oder $\log_2(8) = \log_2(2^3) = 3$
b) $\log_{10}(100\,000) = 5$, denn $10^5 = 100\,000$ oder $\log_{10}(100\,000) = \log_{10}(10^5) = 5$
c) $\log_9\left(\frac{1}{81}\right) = -2$, denn $9^{-2} = \frac{1}{9^2} = \frac{1}{81}$ oder $\log_9\left(\frac{1}{81}\right) = \log_9(9^{-2}) = -2$
d) $\log_3(\sqrt{27}) = \frac{3}{2}$, denn $3^{\frac{3}{2}} = (3^3)^{\frac{1}{2}} = \sqrt{27}$ oder $\log_3(\sqrt{27}) = \log_3\left(3^{\frac{3}{2}}\right) = \frac{3}{2}$

💡 Den Logarithmus zur Basis a kann man mit dem Taschenrechner bestimmen.
Es gilt aber auch:
$\log_a(b) = \frac{\ln(b)}{\ln(a)}$.
(vgl. Aufgabe 26, Seite 100)

2 Exponentialgleichungen lösen
Lösen Sie die Exponentialgleichung. a) $2^{3x-1} = 32$ b) $1{,}5^{4x} = 9$

Lösung:
a) 32 ist Zweierpotenz, Exponentenvergleich: $2^{3x-1} = 2^5$, also $3x - 1 = 5$ und damit $x = 2$.
b) Logarithmieren mit dem Taschenrechner:
$1{,}5^{4x} = 9 \Leftrightarrow 4x = \log_{1{,}5}(9) \Leftrightarrow x = \frac{1}{4}\log_{1{,}5}(9) \approx 1{,}355$

3 Exponentialgleichungen lösen mit dem Satz vom Nullprodukt
a) $8x - x \cdot 2^x = 0$ b) $3e^x - x \cdot e^x = 0$ c) $5^{2x} - 0{,}2 \cdot 5^x = 0$

💡 zu Beispiel 3c): $0{,}2 = \frac{1}{5}$

Lösung:
a) x ausklammern:
$x \cdot (8 - 2^x) = 0$
Satz vom Nullprodukt:
$x = 0$ oder $2^x = 8$
Logarithmieren:
$x_1 = 0$; $x_2 = \log_2(8) = 3$

b) e^x ausklammern:
$e^x \cdot (3 - x) = 0$
Satz vom Nullprodukt:
$3 - x = 0$ (da $e^x \neq 0$)
Auflösen:
$x = 3$

c) 5^x ausklammern:
$5^x \cdot (5^x - 0{,}2) = 0$
Satz vom Nullprodukt:
$5^x = 0{,}2$; da $5^x \neq 0$
Logarithmieren:
$x = \log_5\left(\frac{1}{5}\right) = -1$

4 Exponentialgleichungen lösen mithilfe der Substitution
Lösen Sie die Exponentialgleichung $3^{2x} + 2 \cdot 3^x - 8 = 0$.

Lösung:
Vereinfachen durch Substituieren: $3^{2x} + 2 \cdot 3^x - 8 = 0$
Anwenden des Potenzgesetzes
$(a^x)^y = a^{x \cdot y}$: $(3^x)^2 + 2 \cdot 3^x - 8 = 0$
Substituieren: $3^x = u$ $u^2 + 2 \cdot u - 8 = 0$
Lösen der quadratischen Gleichung: Lösungen: $u = 2$ oder $u = -4$
Rücksubstituieren: $3^x = 2$ oder $3^x = -4$
(die rechte Gleichung ist unlösbar)
Lösung der ursprünglichen Gleichung: $x = \log_3(2) \approx 0{,}631$

III Exponentialfunktionen

Aufgaben

Beispiel zu Aufgabe 1:
$2^5 = 32$; $5 = \log_2(32)$

1 Schreiben Sie als Logarithmus wie im Beispiel auf dem Rand.
a) $4^3 = 64$
b) $7^2 = 49$
c) $3^{-2} = \frac{1}{9}$
d) $\left(\frac{1}{3}\right)^{-3} = 27$
e) $36^{0,5} = 6$
f) $8^0 = 1$
g) $(\sqrt{10})^{-6} = \frac{1}{1000}$
h) $e^y = z$

Beispiel zu Aufgabe 2:
$\log_4(16) = 2$; $4^2 = 16$

2 Schreiben Sie als Potenzgleichung wie im Beispiel auf dem Rand.
a) $\log_5(125) = 3$
b) $\log_5(0,2) = -1$
c) $\log_5(5) = 1$
d) $\log_5(1) = 0$
e) $\log_{0,5}(8) = -3$
f) $\ln(\sqrt{e}) = 0,5$
g) $\log_{\sqrt{2}}(0,25) = -4$
h) $\ln(a) = c$

3 Bestimmen Sie den Logarithmus ohne Taschenrechner. Begründen Sie Ihr Ergebnis.
a) $\log_2(64)$
b) $\log_{10}(1)$
c) $\log_3(\sqrt{3})$
d) $\log_7(7)$
e) $\log_2\left(\frac{1}{16}\right)$
f) $\log_5\left(\frac{1}{\sqrt{5}}\right)$
g) $\ln(e^3)$
h) $\ln\left(\frac{1}{\sqrt{e}}\right)$

4 Berechnen Sie den Logarithmus ohne Verwendung eines Taschenrechners.
a) $\log_3(9^4)$
b) $\log_{10}(10^{1,5})$
c) $\log_5(125^{-1})$
d) $\log_a(a^3)$
e) $\log_4(2^{200})$
f) $\log_{10}(10^{-120})$
g) $\log_{0,5}(2^5)$
h) $\log_3((\sqrt{27})^{-1})$

Beispiel zu Aufgabe 5:
$\log_3(40)$ liegt zwischen 3 und 4, da $3^3 = 27$, $3^4 = 81$ ist und $27 < 40 < 81$; d.h. $3 < \log_3(40) < 4$.

5 Zwischen welchen beiden aufeinanderfolgenden ganzen Zahlen liegt der Wert des Logarithmus? Kontrollieren Sie mit dem Taschenrechner.
a) $\log_{10}(6)$
b) $\log_{10}(60)$
c) $\log_{10}(600)$
d) $\log_2(50)$
e) $\log_5(20)$
f) $\log_{0,5}(0,1)$
g) $\ln(4)$
h) $\ln(0,5)$

6 Bestimmen Sie.
a) $\log_a(a)$
b) $\log_a(1)$
c) $\log_a\left(\frac{1}{a}\right)$
d) $\log_a(a^n)$
e) $\log_a\left(\frac{1}{a^n}\right)$

Vergleicht man die Schaubilder der e-Funktion und einer beliebigen Exponentialfunktion, so liegt die Vermutung nahe, dass diese durch eine Streckung in x-Richtung auseinander hervorgehen, dass also gilt: $q^x = e^{k \cdot x}$.
Die Gleichung lässt sich nach k auflösen:
$$q^x = e^{kx}$$
Potenzgesetz: $\quad q^x = (e^k)^x$
Vergleich der Basen: $\quad e^k = q$
Logarithmieren: $\quad k = \ln(q)$
Damit gilt $q^x = e^{\ln(q) \cdot x}$.

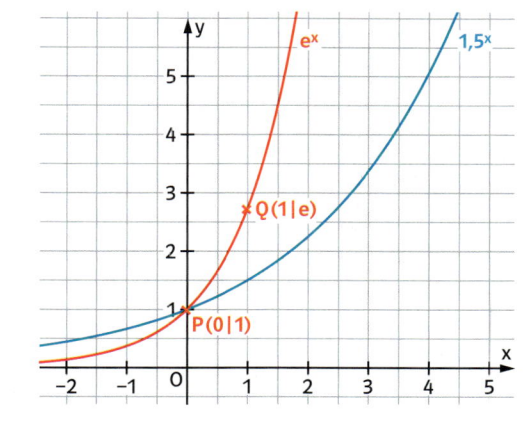

Merke | Jede Exponentialfunktion f der Form $f(x) = q^x$ lässt sich mithilfe der natürlichen Exponentialfunktion darstellen. Es gilt: $f(x) = q^x = e^{k \cdot x}$ mit $k = \ln(q)$.

Bemerkung | Diese Darstellung wird oft für exponentielle Wachstums- und Zerfallsprozesse benutzt. Da es sich dabei um eine zeitliche Abhängigkeit handelt, setzt man für die Variable x die Zeit t. Der Bestand zum Zeitpunkt t wird dann beschrieben durch die Funktion f mit $f(t) = q^t = e^{k \cdot t}$ und $k = \ln(q)$. Bei Wachstumsvorgängen ist $q > 1$ und damit $k > 0$, bei Zerfallsvorgängen ist $q < 1$ und damit $k < 0$.

III Exponentialfunktionen

Beispiel

5 Umformen der Schreibweisen $f(x) = q^x$ und $f(x) = e^{k \cdot x}$
Schreiben Sie in der jeweils anderen Form.   a) $f(x) = 2^x$ b) $f(x) = e^{-0,3x}$
Lösung:
a) $f(x) = e^{\ln(2) \cdot x} \approx e^{0,693 \cdot x}$ b) $f(x) = (e^{-0,3})^x \approx 0,741^x$

Aufgaben

7 Schreiben Sie in der jeweils anderen Form q^x bzw. $e^{k \cdot x}$.
a) 3^x b) $0,5^x$ c) e^{2x} d) $e^{0,5x}$
e) $1,7^x$ f) $e^{-2,3x}$ g) $1,04^x$ h) $e^{-0,1x}$

8 Lösen Sie durch Vergleich der Exponenten.
a) $5^{2x-3} = 5^2$ b) $6^{4x-5} = 6$ c) $4^{5x-2} = 64$ d) $e^{2x-1} = \sqrt{e}$
e) $3^{2x+1} = 3^{x+2}$ f) $3^x = \frac{1}{81}$ g) $25^{x+1} = \frac{1}{5}$ h) $7^{x-2} = \sqrt{7}$

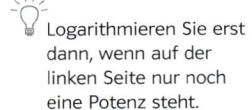

Logarithmieren Sie erst dann, wenn auf der linken Seite nur noch eine Potenz steht.

9 Logarithmieren Sie und geben Sie die Lösung auch als gerundete Dezimalzahl an.
a) $4^x = 12$ b) $e^x = 3,9$ c) $1,14^y = 0,7$ d) $0,45^z = 1,9$
e) $e^{2x} = 5$ f) $1,46^{3x} = 0,8$ g) $8,2^{-x} = 4,9$ h) $e^{-2x} = 1,4$
i) $2 \cdot 3^x = 1,4$ j) $6 \cdot 1,5^y = 2,3$ k) $1,3 \cdot 5^{-x} = 2,8$ l) $0,9 \cdot e^t = 3,2$

10 a) $10^{x-1} = 6$ b) $6^{x+1} = 108$ c) $e^{1-2x} = 17$ d) $10^{5x+1} = 2$
e) $3 \cdot 8^{-x-2} = 25$ f) $(e^{2x-1})^2 = 36$ g) $3^x + 3^{x+2} = 15$ h) $2^{x+3} - 2^{x-1} = 90$

11 Lösen durch Substituieren.
a) $(2^x)^2 - 6 \cdot 2^x + 8 = 0$ b) $5^{2x} - 2 \cdot 5^x = 15$ c) $e^{2x} + 3 \cdot e^x + 2 = 0$
d) $4^x - 12 \cdot 2^x = -32$ e) $32 \cdot 0,5^{2x} + 3 = 28 \cdot 0,5^x$ f) $2^{2x-1} + 3 \cdot 2^x = 8$
g) $4 \cdot e^{-x} + 5 + e^x = 0$ h) $16 \cdot 6^{-x} + 6^x = 10$

12 Lösen Sie die Gleichung.
a) $3^x \cdot (3^x - 2) = 0$ b) $(2^x - 1) \cdot (2^{-x} + 1) = 0$ c) $e^{2x} - 7e^x = 0$
d) $3 \cdot 5^x - x \cdot 5^x = 0$ e) $(e^x - 2) \cdot (e^{2x} - 2) = 0$ f) $x \cdot e^x - 5 \cdot e^x = 0$

13 Eine 1,20 m hohe Braunalge verdoppelt jede Woche ihre Höhe. Das Wasser ist 30 m tief. Wie lange dauert es, bis die Braunalge an die Wasseroberfläche gelangt?

Haltepunkt

14 Bestimmen Sie den Logarithmus ohne Verwendung eines Taschenrechners.
a) $\log_3(81)$ b) $\log_7(\sqrt{7})$ c) $\log_2(0,25)$ d) $\log_{10}(1)$

15 Schätzen Sie den Wert des Logarithmus. Kontrollieren Sie mit dem Taschenrechner.
a) $\log_{10}(4)$ b) $\log_{10}(0,25)$ c) $\log_4(30)$ d) $\log_{0,25}(30)$
e) $\log_4\left(\frac{1}{30}\right)$ f) $\log_3(2)$ g) $\log_3(6)$ h) $\log_3(18)$

16 Bestimmen Sie die Lösung der Exponentialgleichung.
a) $3^x = \frac{1}{81}$ b) $e^x = 17$ c) $10^{1-x} = 2,5$ d) $e^{2x} - 3 \cdot e^x + 2 = 0$
e) $2^x = 9 - 2^{x+3}$ f) $e^x \cdot (9 - e^x) = 0$ g) $(2^x - 16) \cdot (2^x + 8) = 0$ h) $3^{2x} - 5 \cdot 3^x = 0$

Die Lösungen finden Sie auf Seite L19.

17 Die Schaubilder rechts gehören zu Exponentialfunktionen der Form f(x) = a · 2^(bx) + d. Lesen Sie jeweils a und d aus dem Schaubild ab und bestimmen Sie dann b durch eine Punktprobe.

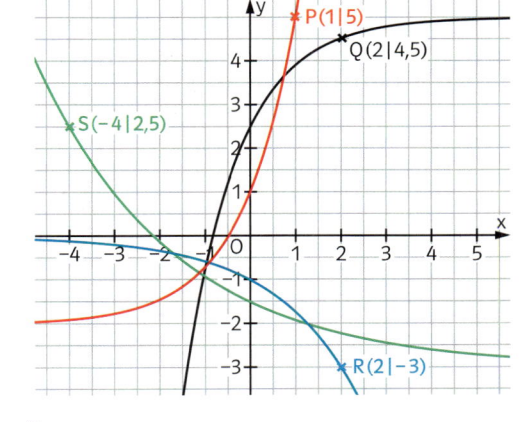

18 Ein Stein sinkt in einem See mit Sinkgeschwindigkeit $v(t) = 2{,}5 \cdot (1 - 0{,}9^t)$, t ist die Zeit in Sekunden seit Beobachtungsbeginn, v(t) in $\frac{m}{s}$.
  a) Wie groß ist die Geschwindigkeit zu Beginn?
  b) Wann beträgt die Sinkgeschwindigkeit $2\frac{m}{s}$?
  c) In welchem Zeitraum ist die Sinkgeschwindigkeit kleiner als $1\frac{m}{s}$?

Information — Verdoppelungszeit und Halbwertszeit → Aufgaben 19 und 20

Beim exponentiellen Zerfall radioaktiver Stoffe wird oft deren sogenannte **Halbwertszeit** T_H angegeben. Dies ist die Zeit, nach der nur noch die Hälfte der radioaktiven Substanz vorhanden ist. Man nennt beim exponentiellen Wachstumsvorgang die Zeit, nach der sich der Bestand verdoppelt hat, die **Verdoppelungszeit** T_V. Rechnerisch lassen sich diese Zeiten durch Lösen einer Gleichung bestimmen.

Zerfallsvorgang, Halbwertszeit T_H:
$f(t) = a \cdot q^t = a \cdot e^{\ln(q) \cdot t}$, $0 < q < 1$
Halber Bestand: $a \cdot q^t = 0{,}5a$
$T_H = \log_q(0{,}5)$
bzw. $a \cdot e^{k \cdot t} = 0{,}5a$, $k < 0$
$T_H = \frac{\ln(0{,}5)}{k}$

Wachstumsvorgang, Verdoppelungszeit T_V:
$f(t) = a \cdot q^t = a \cdot e^{\ln(q) \cdot t}$, $q > 1$
Doppelter Bestand: $a \cdot q^t = 2a$
$T_V = \log_q(2)$
bzw. $a \cdot e^{k \cdot t} = 2a$, $k > 0$
$T_V = \frac{\ln(2)}{k}$

Gleichungen helfen allgemein zu berechnen, wann sich der Bestand bei einem exponentiellen Wachstum oder Zerfall um den Faktor u verändert hat: $a \cdot q^t = u \cdot a$.

19 Berechnen Sie die Werte in der Tabelle für den Wachstums- bzw. Zerfallsvorgang mit $f(t) = a \cdot e^{k \cdot t}$.

	k	q	T_H	T_V
a)	0,4			
b)		0,975		
c)	−0,2			
d)			20	
e)		0,85		
f)				340

20 Eine Melone von 0,3 kg verdoppelt alle 6 Tage ihr Gewicht. Die Funktion f mit $f(x) = a \cdot q^t = a \cdot e^{k \cdot t}$ ordnet der Anzahl der Tage das Gewicht der Melone zu. Bestimmen Sie a, q und k.

21 Um Röntgenstrahlen abzuschirmen, verwendet man Bleiplatten. Bei einer Plattendicke von 1 mm wird die vorhandene Strahlung um 5 % vermindert. Welche Dicke müsste eine Bleiplatte haben, damit die Strahlung um die Hälfte abnimmt?

III Exponentialfunktionen

22 Skizzieren Sie das Schaubild von f und berechnen Sie ggf. die Nullstelle von f.
a) $f(x) = 1{,}5 \cdot 3^x - 6$ b) $f(x) = 3 - 5 \cdot 2^x$ c) $f(x) = 2 \cdot 5^{-x} - 3$ d) $f(x) = 2 \cdot 7^x + 1$

23 Skizzieren Sie die Schaubilder von f und g und berechnen Sie deren Schnittpunkt.
a) $f(x) = 3 \cdot 2^x - 5;\ g(x) = 2^x + 1$ b) $f(x) = 3^x;\ g(x) = 3 \cdot 0{,}5^x$
c) $f(x) = 1{,}5 \cdot e^x;\ g(x) = 3 \cdot e^{-x}$ d) $f(x) = e^x - 5;\ g(x) = -4 \cdot e^{-x}$

24 In einem zylindrischen Gefäß wird der Zerfall von Bierschaum untersucht. Die Höhe der Schaumsäule verringert sich alle 15 Sekunden um 9 %.
a) Um wie viel Prozent verringert sich die Höhe der Schaumsäule in einer Minute?
b) Zu Beginn der Beobachtung beträgt die Schaumhöhe 10 cm. Bestimmen Sie die Exponentialfunktion f mit f(x): *Zeit (in min) → Schaumhöhe (in cm)*. Zeichnen Sie das Schaubild der Funktion f.
c) Man spricht von „sehr guter Bierschaumhaltbarkeit", wenn die Halbwertszeit des Schaumzerfalls größer als 110 Sekunden ist. Überprüfen Sie, ob sehr gute Bierschaumhaltbarkeit vorliegt.

25 a) Berechnen Sie mit dem Taschenrechner $\log_{10}(7);\ \log_{10}(70);\ \log_{10}(700);\ \log_{10}(0{,}7)$ auf drei Nachkommastellen genau. Was fällt Ihnen auf? Begründen Sie Ihre Vermutung, indem Sie die Logarithmen in Form einer Exponentialgleichung schreiben.
b) Berechnen Sie von Hand und prüfen Sie Ihr Ergebnis mit dem Taschenrechner: $\log_{10}(70\,000);\ \log_{10}(7\,000\,000);\ \log_{10}(0{,}07)$ und $\log_{10}(0{,}0007)$.

26 a) Da $q^x = e^{\ln(q) \cdot x}$ gilt, lässt sich die Exponentialgleichung $2^x = 5$ nur mit Verwendung des natürlichen Logarithmus berechnen, indem man die Gleichung $e^{\ln(2) \cdot x} = 5$ nach x auflöst. Da auch $e^{\ln(5)} = 5$, gilt: $\ln(2) \cdot x = \ln(5)$ und $x = \frac{\ln(5)}{\ln(2)}$.
Lösen Sie die Exponentialgleichung und vergleichen Sie das Ergebnis mit dem Logarithmus.
[1] $3^x = 7$ [2] $7^x = 3$ [3] $5^x = 0{,}6$ [4] $1{,}7^x = 4{,}8$ [5] $0{,}3^x = 5{,}4$ [6] $0{,}8^x = 0{,}1$

b) Der Logarithmus $x = \log_a(b)$ lässt sich nur mit Verwendung des natürlichen Logarithmus berechnen. Dazu schreibt man den Logarithmus als Exponentialgleichung $a^x = b$ und verfährt wie in Teilaufgabe a). Berechnen Sie:
[1] $\log_2(13)$ [2] $\log_5(37)$ [3] $\log_7(3)$ [4] $\log_4(0{,}1)$ [5] $\log_{0{,}1}(4)$ [6] $\log_3(0{,}3)$

💡 $\log_a(b) = \ln\frac{(b)}{\ln(a)}$

27 Die Höhe einer Kletterpflanze (in m) zur Zeit t (in Wochen seit Beobachtungsbeginn) wird näherungsweise durch die Funktion h mit $h(t) = 0{,}02 \cdot e^{k \cdot t}$ beschrieben.
a) Nach sechs Wochen ist die Pflanze 40 cm hoch. Bestimmen Sie k.
b) Wie hoch ist die Pflanze nach neun Wochen?
c) Wann ist die Pflanze drei Meter hoch?
d) Wann wächst sie in einer Woche um 150 cm?

Rückblick

Potenzen mit rationalen Hochzahlen
Bei einer Potenz a^x können in der Hochzahl auch negative oder gebrochene Zahlen stehen. Für $a > 0$, $m \in \mathbb{Z}$, $n \in \mathbb{N}^*$ gilt:
$a^{-n} = \frac{1}{a^n}$; $a^{\frac{m}{n}} = \sqrt[n]{a^m} = (\sqrt[n]{a})^m$.

Insbesondere gilt für $a > 0$, $x \in \mathbb{Q}$, $n \in \mathbb{N}^*$:
$a^{-x} = \frac{1}{a^x}$; $a^{\frac{1}{n}} = \sqrt[n]{a}$; $a^{\frac{1}{2}} = \sqrt{a}$.

$2^{-3} = \frac{1}{2^3} = \frac{1}{2 \cdot 2 \cdot 2} = \frac{1}{8}$

$8^{\frac{5}{3}} = \left(8^{\frac{1}{3}}\right)^5 = (\sqrt[3]{8})^5 = 2^5 = 32$

$0{,}25^{-\frac{1}{2}} = \frac{1}{0{,}25^{\frac{1}{2}}} = \frac{1}{\sqrt{0{,}25}} = \frac{1}{0{,}5} = 2$

Exponentialfunktionen
Eine Funktion f mit $f(x) = q^x$ für $q > 0$ heißt **Exponentialfunktion**. Ihre Definitionsmenge ist $D = \mathbb{R}$. Die Exponentialfunktion, die als Basis die Euler'sche Zahl $e \approx 2{,}718$ hat, heißt **natürliche Exponentialfunktion**: $f(x) = e^x$.
Ist $f(x) = q^x$ und vergrößert man x um 1, so wird der Funktionswert mit dem Faktor q multipliziert.
Ist $q > 1$, so ist f monoton steigend. Für $x \to -\infty$ nähert sich das Schaubild von f der x-Achse an. Die (negative) x-Achse ist Asymptote an das Schaubild von f.
Ist $0 < q < 1$, so ist f monoton fallend. Für $x \to \infty$ nähert sich das Schaubild von f der x-Achse an. Die (positive) x-Achse ist Asymptote an das Schaubild von f. Alle Schaubilder von Exponentialfunktionen schneiden die y-Achse im Punkt $P(0|1)$.

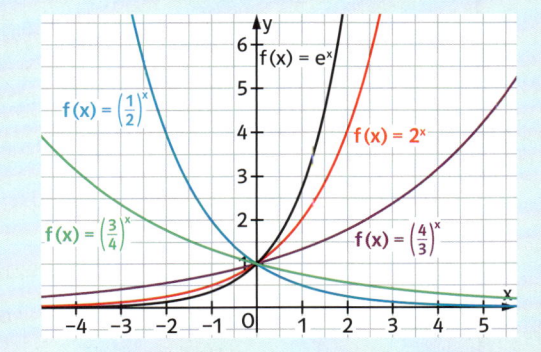

Logarithmus
Der Logarithmus von b zur Basis a ($a > 0$, $a \neq 1$, $b > 0$), kurz $\log_a(b)$, ist diejenige Hochzahl x, mit der man a potenzieren muss, um b zu erhalten:
$a^x = b$ ist gleichwertig mit $x = \log_a(b)$.
Der Logarithmus zur Basis e heißt **natürlicher Logarithmus**: $\log_e(b) = \ln(b)$.

Aus $3^x = 81$ folgt $x = \log_3(81) = 4$.
$\ln(e) = 1$; $\ln(e^x) = x$; $e^{\ln(b)} = b$

Exponentialgleichungen
Eine Exponentialgleichung vom Typ $a^x = b$ hat die Lösung
$x = \log_a(b) = \frac{\ln(b)}{\ln(a)}$.

$3^x = 20$;
Lösung: $x = \log_3(20) = \frac{\ln(20)}{\ln(3)} \approx 2{,}73$

Lineares Wachstum
Beim linearen Wachstum ist die **absolute Änderung** d in einer Zeiteinheit konstant. Funktionsgleichung bei einem Anfangsbestand a_0:
$f(t) = a_0 + d \cdot t$; $f(0) = a_0$

t (in Jahren)	0	1	2	3
Bestand f(t)	29	23	17	11

Der Bestand nimmt jährlich um -6 ab:
$d = -6$ und $f(t) = 29 - 6 \cdot t$.

Exponentielles Wachstum
Beim exponentiellen Wachstum ist der **Wachstumsfaktor** q in einer Zeiteinheit konstant. Funktionsgleichung bei einem Anfangsbestand a_0: $f(t) = a_0 \cdot q^t$; $f(0) = a_0$

t (in Jahren)	0	1	2	3
Bestand f(t)	24	36	54	81

Der Bestand nimmt jährlich mit dem Faktor $q = 1{,}5$ zu: $f(t) = 24 \cdot 1{,}5^t$.

III Exponentialfunktionen

Sammelpunkt

Sammelpunkt/Kap. III
f48q8s

Wo stehe ich?

Das kann ich ...	gut	etwas	nicht gut	Lerntipp
1 mit Potenzen mit negativen und gebrochenen Hochzahlen rechnen.	☐	☐	☐	Basiswissen, Seite XXX
2 Wachstumsarten erkennen und Größen berechnen.	☐	☐	☐	Basiswissen, Seite XXX
3 aus dem Schaubild einer Exponentialfunktion Streckungen, Verschiebungen und Spiegelungen erkennen und den zugehörigen Funktionsterm bestimmen.	☐	☐	☐	Basiswissen, Seite XXX
4 Logarithmen berechnen.	☐	☐	☐	Basiswissen, Seite XXX
5 Exponentialgleichungen mithilfe des Logarithmus lösen.	☐	☐	☐	Basiswissen, Seite XXX

Aufgaben

1 Berechnen Sie ohne Taschenrechner bzw. vereinfachen Sie.
 a) $6^{-2} \cdot 3^4$
 b) $(-2)^4 \cdot 4^{-2}$
 c) $5^3 : 2^{-2}$
 d) $32^{\frac{1}{5}}$
 e) $1{,}21^{\frac{1}{2}}$
 f) $27^{\frac{1}{3}} \cdot 256^{\frac{1}{4}}$
 g) $a^3 b^{-4}(ab)^2$
 h) $\dfrac{p^3 q^{-2} r^4}{p^{-2} q^4 r^3}$
 i) $x^{\frac{1}{2}} y^{\frac{1}{3}} (xy)^{\frac{1}{6}}$
 j) $\sqrt[5]{u^2 v^3} \cdot \sqrt{u v^3}$

2 Um welche Art von Wachstum handelt es sich? Ergänzen Sie die Tabellen im Heft und beschreiben Sie das Wachstum jeweils mithilfe eines Funktionsterms.

a)
x	0	1	2	3	4	5	6
y			3,2	4,6		7,4	

b)
x	0	1	2	3	4	5	6
y				3,6	5,4	8,1	

c)
x	0	1	2	3	4	5	6
y			0,7		1,4		2,8

3 Die Schaubilder gehören zu Exponentialfunktionen der Form:
$f(x) = a \cdot 2^{-x} + b$,
$g(x) = -q^x + c$,
$h(x) = e^{kx} + d$.
Ordnen Sie jedem Schaubild den passenden Funktionsterm zu und bestimmen Sie die Parameter a, b, c, d, k und q.

4 Berechnen Sie ohne Taschenrechner.
 a) $\log_3(243)$
 b) $\log_{10}(0{,}001)$
 c) $\log_2(\sqrt{8})$
 d) $\log_5(0{,}2)$
 e) $\log_{17}(1)$
 f) $\log_{13}(13)$

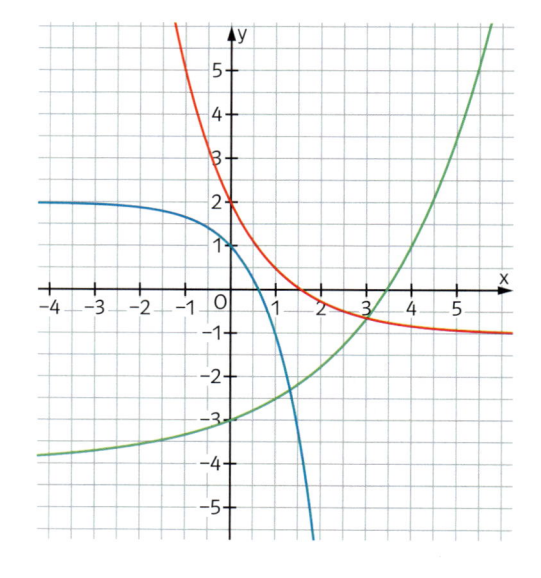

5 Lösen Sie die Exponentialgleichung.
 a) $7^x = 13$
 b) $5 \cdot e^{x-2} = 3$
 c) $2^{3x-1} = 32$
 d) $e^x - e^{2x} = 0$
 e) $2^{2x} - 3 \cdot 2^x = -2$
 f) $e^{2x} - e^x = 6$

Die Lösungen finden Sie auf Seite L 20.

Anwenden – Vertiefen – Vernetzen

1 Passen die verschiedenen Aussagen über die Wasserhyazinthe zusammen?

„Dieser Fluss ist fast vollständig mit Wasserhyazinthen zugewachsen. Etwa alle 15 bis 20 Tage verdoppelt das driftende Pflanzengeflecht seine Ausmaße."
(Projektwerkstatt The waterhyacinth chair 2000)

„... Große Schädlinge in fremden Biotopen seien der Nilbarsch und im afrikanischen Viktoria-See die Wasserhyazinthe. Sie wächst so schnell, dass sich die von ihr bedeckte Fläche in 12 Tagen verdoppelt ..."
(Frankfurter Rundschau, 12.5.01)

„... Die Wasserhyazinthe breitet sich mit einem Tempo aus, „bei dem einem schwindlig werden könnte: In vier Monaten werden aus einer Pflanze 600!"
(Katalog Tee-Kampagne 2000)

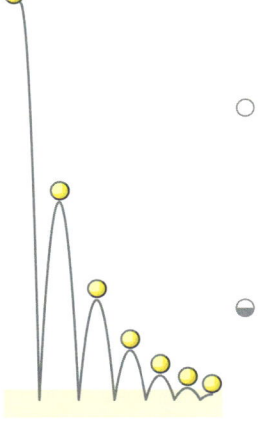

2 Die Umsatzsteigerung einer Firma in 15 Jahren betrug 75 %. Ein Mitarbeiter meint: „Das entspricht pro Jahr $\frac{75}{15}$ %, also 5 %." Überprüfen Sie die Aussage. Nehmen Sie an, dass der Umsatz jährlich immer um denselben Prozentsatz zugenommen hat.

3 Ein Bestand kann näherungsweise durch die Funktion f mit $f(t) = 2000 \cdot 0{,}95^t$ (t in Tagen) beschrieben werden.
a) Wie groß ist der Bestand nach 3; 4; 8; 16 bzw. 24 Tagen?
b) Wie groß war der Bestand vor einem, zwei bzw. drei Tagen?
c) Geben Sie die tägliche und die wöchentliche Abnahme in Prozent an.

4 Bei Versuchen mit einem Gummiball wird festgestellt, dass nach jeweils sechsmaligem Aufspringen die Höhe nur noch 10 % der Anfangshöhe beträgt. Es wird angenommen, dass sich die Höhe bei jedem Aufspringen um den gleichen Prozentsatz vermindert. Bestimmen Sie den Prozentsatz.

5 Plutonium (Pu) wird aus Uran (U) und Neptunium (Np) hergestellt; siehe unten. Plutonium 239 ($^{239}_{94}$Pu) hat eine Halbwertszeit von 24 400 Jahren.
a) In einem Zwischenlager für radioaktiven Abfall sind 20 kg Plutonium eingelagert. Welche Menge war es vor 10 Jahren, welche wird es in 100 Jahren noch sein?
b) Wie viel Prozent einer Menge Plutoniums sind nach 10^3; nach 10^4; nach 10^5 Jahren noch vorhanden?
c) Wie lange dauert es, bis 10 %; 90 % und 99 % zerfallen sind?

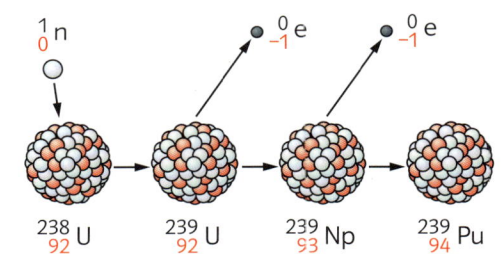

6 Ein Waldbestand, in dem 12 Jahre lang kein Holz geschlagen wurde, wird heute auf 60 000 Festmeter geschätzt, bei einem jährlichen Zuwachs von 3 %. Nun soll der inzwischen vorhandene Zuwachs abgeholzt werden. Wie viel Festmeter sind zu schlagen?

7 1 cm³ Kuhmilch enthielt zwei Stunden nach dem Melken 9000 Keime; eine Stunde später waren 32 000 Keime vorhanden. Wie viele Keime befanden sich in 1 cm³ frisch gemolkener Kuhmilch, wenn man exponentielles Wachstum annimmt?

WV 2, 3   NT 1, 3–6   GS 7

III Exponentialfunktionen

8 Eine Seerosenart verdoppelt täglich die von ihr bedeckte Teichfläche. Am Anfang wird eine Seerose in den Teich gepflanzt. Nach 20 Tagen ist der ganze Teich bedeckt.
   a) Nach wie vielen Tagen ist der Teich zur Hälfte bedeckt?
   b) Wann ist der Teich bedeckt, wenn man am Anfang zwei Seerosen statt einer Seerose pflanzt?

9 Der pH-Wert eines Stoffes ist der negative Zehnerlogarithmus der Wasserstoffionen-Konzentration (genauer: H$^+$-Konzentration in $\frac{mol}{l}$). Ist z.B. der pH-Wert einer Seifenlösung 8,5, so beträgt die H$^+$-Konzentration $10^{-8,5} \frac{mol}{l}$.
   a) Welchen pH-Wert hat eine Lauge mit doppelt so hoher H$^+$-Konzentration?
   b) Der Regen mit dem bisher höchsten Säuregehalt hatte den pH-Wert 2,4. Wievielmal größer als in reinem Wasser (pH = 7) war die H$^+$-Konzentration?

10 Beim Laden eines elektronischen Blitzgerätes für eine Fotokamera steigt die Spannung U(t) während des Ladevorgangs von 0V auf 400V. Diesen Ladevorgang beschreibt die Gleichung $U(t) = 400 - a \cdot q^t$ oder $U(t) = 400 - a \cdot e^{k \cdot t}$ mit Konstanten a, q und k.
   a) Die Spannung erreicht nach 4s den Wert 250V. Wie lautet der Funktionsterm U(t)? Skizzieren Sie das Schaubild von U für die ersten 20s des Ladevorgangs.
   b) Die Mindestspannung beträgt 350V. Wann ist das Blitzgerät einsatzbereit?

11 Helge erfährt eine tolle Neuigkeit. Nach einer Minute erzählt er sie ganz vertraulich einem Freund weiter. Nach einer weiteren Minute erzählen beide wieder ganz vertraulich die Neuigkeit einer Person. Nehmen Sie an, es gehe immer so weiter.
   a) Nach wie vielen Minuten weiß es die ganze Klasse mit 32 Schülern?
   b) Genügt anschließend die 5-Minuten-Pause, damit es die ganze Schule mit 1000 Schülerinnen und Schülern erfährt, wenn kein Schüler mehrfach angesprochen wird? Schätzen Sie zuerst und rechnen Sie dann.

12 Beim radioaktiven Zerfall einer Substanz gilt für die Masse m der noch nicht zerfallenen Substanz $m(t) = 200 \cdot e^{k \cdot t}$ (m(t) in mg, t in Stunden).
   a) Die Halbwertszeit für den Zerfall beträgt 6h. Berechnen Sie die Zerfallskonstante k.
   b) Welche Masse ist nach 24 Stunden bereits zerfallen?
   c) Welcher Teil der Anfangsmasse ist nach der Zeit $T = n \cdot T_H$, $n \in \mathbb{N}$, noch vorhanden?

13 Bei Tarifverhandlungen für die nächsten drei Jahre stehen sich Gewerkschaften und Arbeitgeber gegenüber. Die Gewerkschaft fordert eine Erhöhung der Gehälter um 4% jährlich. Die Arbeitgeber bieten eine Einmalzahlung von 7% des momentanen Monatsgehalts begleitet von einer jährlichen Gehaltserhöhung von 3%.
   a) Ein Monatsgehalt beträgt 2000 €. Berechnen Sie das Einkommen in der dreijährigen Laufzeit des Tarifvertrags und das Endgehalt nach 3 Jahren für beide Modelle.
   b) Was verspricht sich die Arbeitgeberseite von ihrem Vorschlag?

○ **14** Bei einer Tanne beträgt die absolute Größenänderung in den ersten 20 Jahren etwa 12 cm jährlich. Eine 90 cm hohe Tanne wird gepflanzt. Wann ist die Tanne 1,50 m hoch?

● **15** Das Signal eines WLAN-Routers wird beim Durchgang durch Wände und Decken gedämpft. Dabei nimmt die Intensität der Strahlung bei 1 cm Ziegelstein um 1% ab.
a) Wie viel Prozent der vom Router ausgesandten Strahlungsleistung kommt hinter einer 24 cm dicken Ziegelsteinwand bei orthogonaler Durchdringung noch an?
b) Wie viele Ziegelsteinwände der Dicke 24 cm dürfen sich zwischen Router und Empfangsgerät maximal befinden, wenn die Signalstärke beim Empfänger noch mindestens 40 % des Ausgangssignals betragen soll?
c) Bei schräger Durchdringung erhöht sich die vom Signal zu durchlaufende Strecke in der Wand. Bei welchem Winkel α kommt hinter einer 24 cm dicken Ziegelwand beim Empfänger noch die Hälfte der Ausgangsleistung des Routers an?

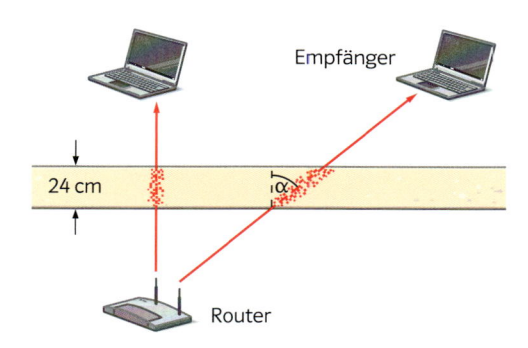

● **16** Manche Wirtschaftgüter des Anlagevermögens nutzen sich mit der Zeit ab. Sie können, gleichmäßig verteilt über die Nutzungsdauer, abgeschrieben werden. D.h. man kann die Wertminderung als steuerlichen Verlust geltend machen. Bei jährlich gleich bleibenden Abschreibungsbeträgen spricht man von einer **linearen Abschreibung**. Anders bei der **degressiven Abschreibung**, hier wird jährlich ein fester Prozentsatz abgeschrieben.
Bei manchen Wirtschaftsgütern des Anlagevermögens (z. B. Maschinen) besteht nach dem Einkommenssteuergesetz die Möglichkeit, die **degressive Abschreibung** zu wählen. Der Prozentsatz darf höchstens das Doppelte des bei der linearen Abschreibung möglichen Prozentsatzes betragen und 20 % nicht übersteigen.

degressive Abschreibung einer Maschine mit der Nutzungsdauer 10 Jahre

Jahr	Buchwert	Abschreibung degressiv
0		
1		
2		
3		
...		

a) Eine Maschine hat eine Nutzungsdauer von 10 Jahren. Der Neupreis betrug 80 000 €. Stellen Sie eine Tabelle mit Jahr, aktuellem Wert (= Buchwert) und Abschreibungsbetrag für die gesamte Nutzungsdauer für die lineare Abschreibung und auch eine Tabelle für die degressive Abschreibung auf. Veranschaulichen Sie in einem Schaubild, wie sich der Buchwert bei beiden Abschreibungsarten entwickelt.
b) Ein Laptop kostet neu 1800 €. Die Nutzungsdauer beträgt 3 Jahre. Untersuchen Sie, welche Abschreibungsart die günstigere ist.
c) Ein Fachmann erkärt: „Bei Wirtschaftsgütern mit kurzer Nutzungsdauer bringt die degressive Abschreibung kaum Vorteile gegenüber der linearen Abschreibung." Erklären Sie diese Aussage.
d) Bei degressiver Abschreibung wird das Wirtschaftsgut nie vollständig abgeschrieben. Daher ist ein Wechsel von der degressiven zur linearen Abschreibung erlaubt. Die lineare Abschreibung bezieht sich auf die restliche Nutzungsdauer. Ein Wirtschaftsgut mit einem Anschaffungswert von 20 000 € und einer Nutzungsdauer von 8 Jahren soll so abgeschrieben werden, dass die Abschreibungsbeträge immer möglichst groß sind. In welchem Jahr erfolgt der Wechsel der Abschreibungsarten?

17 Beim Hören wird ein von einem Lautsprecher ausgehender Reiz von uns als Ton wahrgenommen. Man unterscheidet dabei zwischen der Intensität I des Reizes und der Lautstärke L (in Dezibel, dB), in der wir den Ton hören. Nach WEBER-FECHNER gilt $L = 10 \cdot \log_{10}\left(\frac{I}{I_0}\right)$ (I_0: Intensität, bei der wir den Ton gerade noch hören).

a) Wie ändert sich die Lautstärke, wenn eine Reizintensität I von $1000\,I_0$ (von $10\,000\,I_0$; von $100\,000\,I_0$) um $20\,000\,I_0$ verstärkt wird?

b) Wie müsste bei einer Lautstärke von 40 dB die Reizintensität verstärkt werden, um die doppelte Lautstärke zu erzeugen?

18 Die Tabelle rechts zeigt die Abnahme von Luftdruck, Temperatur und Siedepunkt des Wassers in Abhängigkeit von der Höhe über dem Meer für die Internationale Standardatmosphäre.

a) Stellen Sie diese Zusammenhänge jeweils in einem Schaubild dar.

b) Mit welcher Art von Funktion lassen sich diese Zusammenhänge jeweils beschreiben? Stellen Sie jeweils einen passenden Funktionsterm auf und bestimmen Sie die entsprechenden Werte für den Gipfel des Mont Blanc (4810 m.ü.M.) an einem „Standardtag", also an einem Tag mit Standardatmosphäre.

c) Eine Faustregel besagt, dass der Luftdruck vom Meeresspiegel aus um 12 hPa (Hektopascal) je 100 Höhenmeter abnimmt. Ist diese Regel brauchbar?

Höhe (m)	Luftdruck (hPa)	Temperatur (°C)	Siedepunkt Wasser (°C)
0	1013	15,0	100
1000	899	8,5	97
2000	795	2,0	93
3000	701	−4,5	90
4000	616	−11,0	87
5000	540	−17,5	83
6000	471	−24,0	80
7000	410	−30,5	77
8000	355	−37,0	73
9000	307	−43,5	70
10000	264	−50,0	67

19 a) Zeigen Sie, dass bei jeder Exponentialfunktion der Form $f(x) = q^x$ eine Verschiebung des Schaubilds in x-Richtung durch eine Streckung in y-Richtung ersetzt werden kann. Wie hängt der Streckfaktor mit der Verschiebung zusammen?

b) Zeigen Sie, dass bei einer Exponentialfunktion der Form $f(x) = a \cdot q^x$ der Funktionswert mit q multipliziert wird, wenn man um 1 nach rechts geht, d.h. $f(x + 1) = q \cdot f(x)$ für jedes beliebige x.

20 Betrachtet werden die Exponentialfunktionen f mit $f(x) = q^x$ und g mit $g(x) = a \cdot q^x$ ($q > 0$; $a > 0$).

a) Zeigen Sie, dass für f gilt: $f(u + v) = f(u) \cdot f(v)$.

b) Zeigen Sie: Für die Funktion g gilt die Gleichung $g\left(\frac{u+v}{2}\right) = \sqrt{g(u) \cdot g(v)}$.

c) Gibt es ähnliche Gesetzmäßigkeiten für die lineare Funktion h mit $h(x) = m \cdot x + b$?

n! sprich „n Fakultät" ist das Produkt aller Zahlen von 1 bis n, also n! = 1 · 2 · 3 · ... · n für alle n ∈ ℕ.

● **21** Die Euler'sche Zahl lässt sich auch mithilfe eines anderen Grenzwerts als dem auf Seite 94 berechnen. Es gilt $e = 1 + \frac{1}{1!} + \frac{1}{2!} + \frac{1}{3!} + \ldots$

  a) Berechnen Sie damit einen Näherungswert für e. Wie viele Summanden benötigt man für eine Genauigkeit von 3 Nachkommastellen?

  b) Ab welchem n ist die Näherung von $e \approx \left(1 + \frac{1}{n}\right)^n$ auf 3 Nachkommastellen genau?

● **22** Rechts sehen Sie die Wertetabelle einer Funktion f.

x	1	2	3	4	5
f(x)	4	22,6	62,4	128	223,6

  a) Zeigen Sie, dass f eine Potenzfunktion der Form $f(x) = a \cdot x^b$ ist. Bestimmen Sie die Werte von a und b.

  b) Berechnen Sie sowohl von den x-Werten als auch von den Funktionswerten f(x) den Zehnerlogarithmus. Tragen Sie die so gewonnenen Werte $\bar{x} = \log_{10}(x)$ und $\bar{y} = \log_{10}(f(x))$ in eine Wertetabelle ein und übertragen Sie diese Werte in ein Koordinatensystem. Was fällt Ihnen auf?

  c) Bestimmen Sie aus der Zeichnung einen Funktionsterm der zu diesen neuen Werten gehörigen Funktion g mit $g(\bar{x}) = \bar{y}$. Vergleichen Sie die im Funktionsterm von g auftretenden Werte mit den Parametern a und b aus Teilaufgabe a). Bestimmen Sie dazu den Zehnerlogarithmus des Parameters a.

  d) Zeigen Sie allgemein: Berechnet man von allen (positiven) Werten in der Wertetabelle einer Funktion f die Zehnerlogarithmen ($\bar{x} = \log_{10}(x)$ und $\bar{y} = \log_{10} f(x)$) und ergibt sich dabei ein linearer Zusammenhang zwischen $\bar{x}$ und $\bar{y}$ der Form $\bar{y} = m \cdot \bar{x} + c$, so handelt es sich bei der ursprünglichen Funktion f um eine Potenzfunktion der Form $f(x) = a \cdot x^b$ mit $a = 10^c$ und $b = m$.

  e) Zeigen Sie, dass dieses Verfahren auch mit einem Logarithmus zu einer beliebigen Basis, z. B. dem natürlichen Logarithmus, funktioniert.

● **23** In einer Nährlösung vermehren sich Bakterien stündlich um 25 %, im gleichen Zeitraum sterben 5 %. Zu Beginn der Beobachtung sind 1000 Bakterien vorhanden.

  a) In welchem Zeitraum verdoppelt sich die Anzahl der vorhandenen Bakterien?

  b) Der Nährlösung wird 10 Stunden nach Beobachtungsbeginn ein Desinfektionsmittel zugesetzt. Hierdurch erhöht sich die „Sterberate" auf 50 %, während die „Geburtenrate" bei 25 % bleibt. Wie viele Stunden nach der Zugabe des Desinfektionsmittels enthält die Nährlösung wieder die zu Beobachtungsbeginn vorhandene Anzahl an Bakterien?

  c) Wann sind ausgehend von dem Beobachtungsbeginn aus Teilaufgabe b) nur noch rund 50 Bakterien vorhanden?

◐ **24** Ein Kapital wird langfristig angelegt und jährlich mit 4 % (3 %; 2 %; 1 %) verzinst.

  a) Berechnen Sie jeweils die Anzahl der Jahre, bis sich das Kapital verdoppelt hat.

  b) Multiplizieren Sie jeweils den Zinssatz mit der zugehörigen (nicht gerundeten) Verdoppelungszeit. Was fällt Ihnen auf? Formulieren Sie eine Vermutung.

  c) Nach wie vielen Jahren verdoppelt sich das Kapital bei einem Zinssatz von 3,5 %? Benutzen Sie zunächst Ihre Vermutung aus Teilaufgabe b) und überprüfen Sie anschließend Ihr Ergebnis.

  d) Wie gut stimmt Ihre Vermutung für höhere Zinssätze, z. B. 14 % oder 20 %?

Information

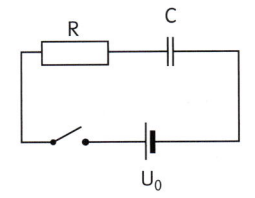

Kondensatorentladung → Aufgaben 25

Entlädt man einen Kondensator der Kapazität C über einen Widerstand der Größe R, so zeigt die Kondensatorspannung während diese Vorgangs einen exponentiell abfallenden Verlauf, d.h. sie sinkt in gleichen Zeitabständen um denselben Faktor. Wie schnell die Spannung absinkt, hängt von der Kapazität C des Kondensators und der Größe R des Widerstandes ab. Es wird mit 3 verschiedenen Kondensatoren und 3 verschiedenen Widerständen experimentiert und jeweils der Spannungsverlauf $U(t) = U_0 \cdot 2^{-kt}$ gemessen, wobei die Messung immer bei der Spannung $U_0 = 1V$ beginnt. Die folgende Tabelle zeigt für alle Kombinationen von R und C den Spannungsverlauf.

💡 Kapazität C (in Mikro-Farad)
Widerstand R (in Mega-Ohm)

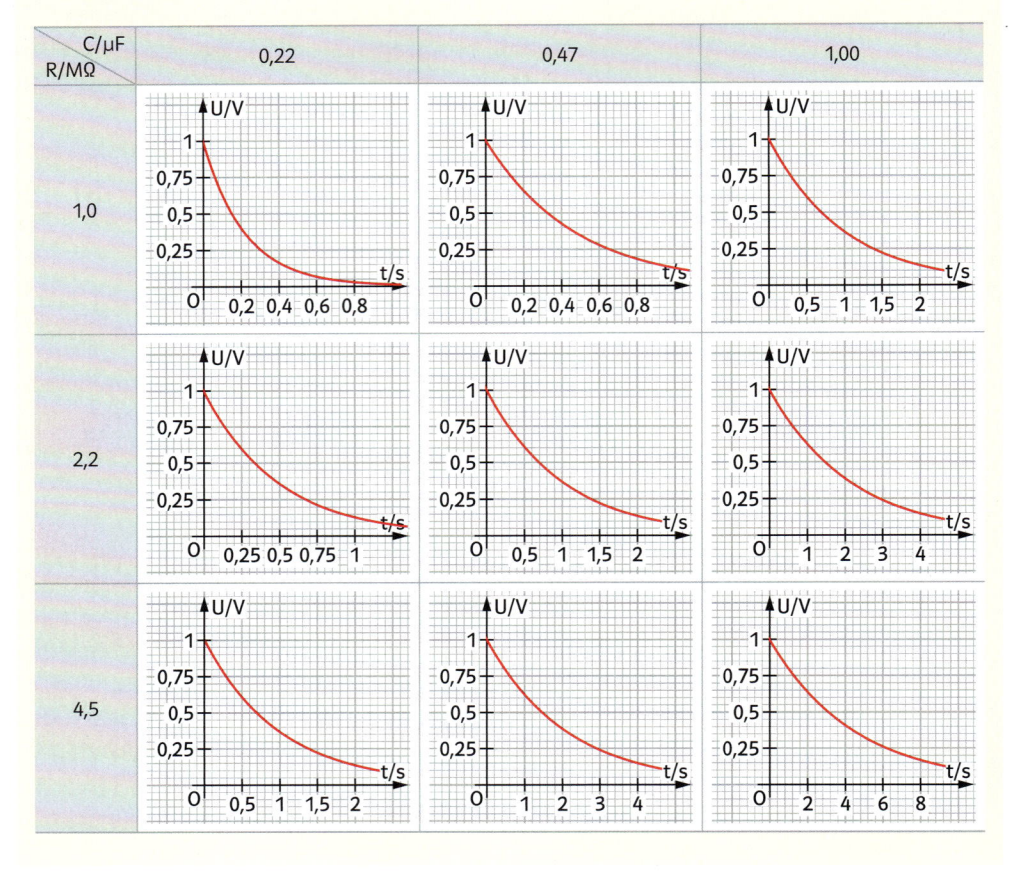

C/µF \ R/MΩ	0,22	0,47	1,00
1,0	(Graph: t/s bis 0,8)	(Graph: t/s bis 0,8)	(Graph: t/s bis 2)
2,2	(Graph: t/s bis 1)	(Graph: t/s bis 2)	(Graph: t/s bis 4)
4,5	(Graph: t/s bis 2)	(Graph: t/s bis 4)	(Graph: t/s bis 8)

💡 Die Proportionalität zu $\frac{1}{R}$ zeigt man, indem man C konstant hält (beliebige Spalte in der Tabelle), die Proportionalität zu $\frac{1}{C}$ zeigt man, indem man R konstant hält (beliebige Zeile in der Tabelle).

● **25** a) Berechnen Sie aus allen Schaubildern der Spannungsfunktion U mit $U(t) = U_0 \cdot 2^{-kt}$ den Faktor k. Zeigen Sie, dass dieser Faktor proportional zu $\frac{1}{R}$ und auch zu $\frac{1}{C}$ ist.

b) Bestimmen Sie die Proportionalitätskonstante b, sodass $k = \frac{b}{RC}$ ist, also $b = k \cdot RC$. Bilden Sie gegebenenfalls den Mittelwert über mehrere Werte von b.

c) Bestimmen Sie eine neue Basis q, sodass die Konstante b in der Hochzahl der Spannungsfunktion verschwindet, d.h. es soll sein $U(t) = U_0 \cdot 2^{-kt} = U_0 \cdot 2^{-\frac{b}{RC} \cdot t} = U_0 \cdot (2^b)^{-\frac{1}{RC} \cdot t} = U_0 \cdot q^{-\frac{1}{RC} \cdot t}$. Vergleichen Sie diese Basis mit der Euler'schen Zahl e.

Test

1 Vereinfachen Sie.
a) $(u^2 v)^{-3} \cdot (u v^{-1})^2$
b) $\dfrac{x^3 y^{-4} z^2}{x^{-2} y z^{-5}}$
c) $a^{\frac{1}{2}} : a^{\frac{2}{3}}$
d) $\sqrt[3]{x^4 y^2} \cdot (x y^2)^{\frac{2}{3}}$

2 Ergänzen Sie im Heft die fehlenden Werte so, dass
a) ein lineares Wachstum vorliegt.
b) ein exponentielles Wachstum vorliegt.

x	y
0	
1	36
2	
3	81
4	
5	

3 Eine Nährlösung enthält zu Beginn der Beobachtung 50 000 Bakterien. Täglich vermehrt sich die Anzahl der Bakterien um 10 %.
a) Wie lautet die zugehörige Wachstumsfunktion?
b) Wie viele Bakterien sind nach 5 Tagen in der Nährlösung?
c) Wann hat sich die Zahl der Bakterien verdoppelt, wann verzehnfacht?

💡 Streckungen, Verschiebungen und Spiegelungen gehören zu den Transformationen.

4 Durch welche Transformationen geht das Schaubild von g aus dem Schaubild der Funktion f mit $f(x) = e^x$ hervor? Skizzieren Sie das Schaubild von g.
a) $g(x) = e^x - 5$
b) $g(x) = -3 \cdot e^x$
c) $g(x) = e^{-x} + 1$
d) $g(x) = 2{,}5 \cdot e^{-x} - 3$

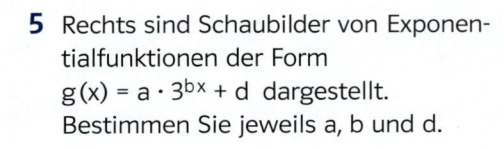

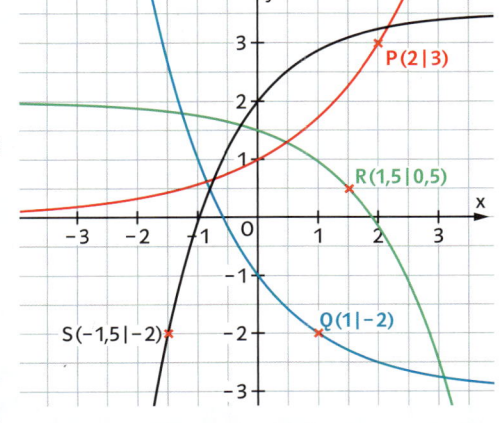

5 Rechts sind Schaubilder von Exponentialfunktionen der Form $g(x) = a \cdot 3^{bx} + d$ dargestellt. Bestimmen Sie jeweils a, b und d.

Punkte: $P(2|3)$, $R(1{,}5|0{,}5)$, $Q(1|-2)$, $S(-1{,}5|-2)$

6 Wie lautet die Exponentialfunktion f der Form $f(x) = a \cdot q^x$, deren Schaubild durch die Punkte P und Q verläuft?
a) $P(0|1{,}2)$; $Q(2|7{,}5)$
b) $P(-3|24{,}3)$; $Q(2|3{,}2)$

7 Begründen Sie mithilfe des Schaubilds, dass die Nullstelle der Funktion f mit $f(x) = 5 - 2 \cdot e^{-x}$ negativ ist.

8 Bestimmen Sie den Logarithmus ohne Taschenrechner.
a) $\log_3(27)$
b) $\log_2(0{,}125)$
c) $\log_7(\sqrt[3]{7})$
d) $\log_{10}(0{,}0001)$
e) $\log_9(3)$
f) $\log_4(32)$
g) $\log_6(1)$
h) $\log_8(0{,}25)$

9 Lösen Sie die Exponentialgleichung.
a) $3^x + 4 = 11$
b) $2 \cdot 5^{-x} - 3 = 7$
c) $12 \cdot 4^{2x-3} + 7 = 10$
d) $2^{x+3} - 6 \cdot 2^{x-1} = 40$
e) $3^{2x} + 2 \cdot 3^x = 3$
f) $e^x + 6 \cdot e^{-x} = 5$

10 Der Wirkstoff einer Schmerztablette wird im menschlichen Körper näherungsweise exponentiell abgebaut. Nimmt ein Patient eine Tablette, die 0,5 g des Wirkstoffes enthält, so befinden sich nach 10 Stunden noch ca. 0,09 g im Körper.
a) Nach welcher Zeit ist die Hälfte (sind 90 %) des Wirkstoffes abgebaut?
b) Jemand nimmt um 9 Uhr eine Tablette und um 15 Uhr zwei weitere mit jeweils 0,5 g des Wirkstoffes. Wie viel g sind davon um 20 Uhr noch im Körper vorhanden?

🔑 Die Lösungen finden Sie auf Seite L 20.

Basiswissen

Im Basiswissen können Sie die Grundlagen aus der Mittelstufe wiederholen und vertiefen, die wesentlichen Kernthemen sind zusammenfassend erklärt. Instruktive Beispiele und typische Übungsaufgaben helfen Ihnen, fehlende Grundlagen nachzuarbeiten und Ihr Basiswissen zu festigen.

1 Mengen

Bezeichnungen

Die Zusammenfassung verschiedener Elemente zu einer Einheit nennt man **Menge**. Mengen werden mit Großbuchstaben wie A, B, C, ... bezeichnet, die Elemente mit Kleinbuchstaben wie a, b, c, x, y, ... Sollen z.B. die Elemente a, b und c zur Menge A zusammengefasst werden, schreibt man A = {a; b; c}.
Die Menge B = {1; 3; 5; 6} umfasst die Zahlen 1, 3, 5 und 6. Durch b ∈ A wird ausgedrückt, dass b Element von A ist, 2 ∉ B bedeutet 2 gehört der Menge B nicht an. Die Menge, die kein Element enthält, heißt
leere Menge und wird mit { } oder ∅ bezeichnet.
Sind alle Elemente einer Menge A auch Elemente einer anderen Menge B, so ist A eine **Teilmenge** von B: A ⊂ B.
Das VENN-Diagramm rechts stellt A ⊂ B dar.

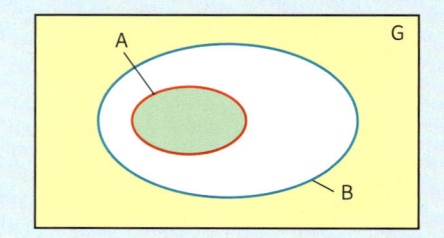

Mengen-operationen

Aus zwei Mengen A und B können durch die **Mengenoperationen** ∩ (geschnitten), ∪ (vereinigt) und \ (ohne) weitere Mengen gebildet werden:

Schnittmenge
Die Schnittmenge A ∩ B umfasst alle Elemente, die Element von A und Element von B sind: A ∩ B = {x | x ∈ A und x ∈ B}.
Lies: „A geschnitten B ist die Menge aller Elemente x, für die gilt: x ist ein Element von A und von B".

Vereinigungsmenge
Die Vereinigungsmenge A ∪ B umfasst alle Elemente x, die Element von A oder Element von B sind:
A ∪ B = {x | x ∈ A oder x ∈ B}.

Differenzmenge
Die Differenzmenge A\B umfasst alle Elemente, die Element von A aber nicht Element von B sind:
A\B = {x | x ∈ A und x ∉ B}.

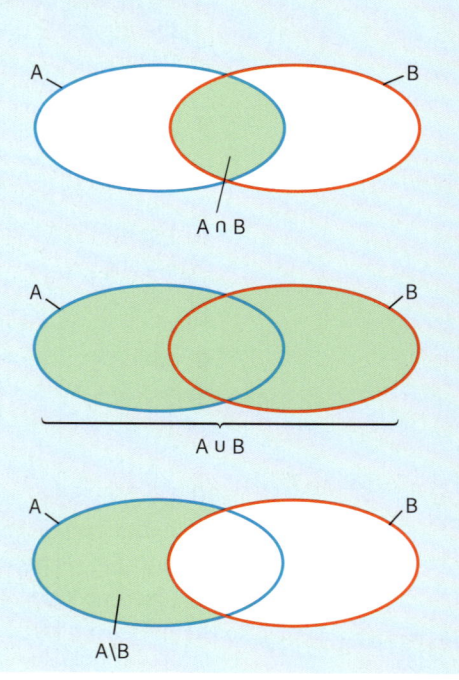

Aufgaben

1 Gegeben sind die Mengen A, B und C gemäß dem Venn-Diagramm.

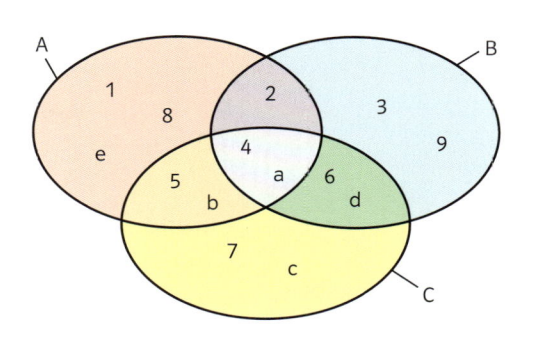

a) Bilden Sie die Mengen:
B ∩ A, A ∪ C, C \ A, B ∪ C, A ∩ B ∩ C, B \ (A ∩ C), A ∩ (B ∪ C).

b) Beurteilen Sie, ob die nachfolgenden Beziehungen wahr oder falsch sind:
6 ∈ B ∩ C,   {5; 7} ⊂ A,
{5; c} ⊂ C \ B,   {2; 4} ⊂ A ∩ B,
{b; d} ⊄ (A ∪ B) \ C,   9 ∉ A ∩ (B ∪ C).

Zahlenmengen

$\mathbb{N} = \{0; 1; 2; 3; 4; \ldots\}$ bezeichnet die Menge der **natürlichen Zahlen**.

$\mathbb{Z} = \{\ldots; -3; -2; -1; 0; 1; 2; 3; \ldots\}$ bezeichnet die Menge der **ganzen Zahlen**.

$\mathbb{Q} = \left\{\frac{m}{n} \mid m, n \in \mathbb{Z}, n \neq 0\right\}$ bezeichnet die Menge der **rationalen Zahlen**.

Zahlen wie $-35{,}7$ oder $-4\frac{1}{4}$ oder $\frac{3}{7}$ sind rationale Zahlen. Das ist die Menge aller Zahlen, die sich als Bruch schreiben lassen. Jede rationale Zahl lässt sich als abbrechende oder als periodische Dezimalzahl schreiben.

Die Menge $\mathbb{R}$ der **reellen Zahlen** enthält die rationalen Zahlen und die irrationalen Zahlen wie z.B. $\sqrt{2}$; $\frac{1}{2} \cdot \sqrt{3}$; die Kreiszahl $\pi = 3{,}14159\ldots$ und die Euler'sche Zahl $e = 2{,}71828\ldots$

Die irrationalen Zahlen lassen sich nicht als abbrechende oder periodische Dezimalzahlen schreiben.

Es gilt: $\mathbb{N} \subset \mathbb{Z} \subset \mathbb{Q} \subset \mathbb{R}$.

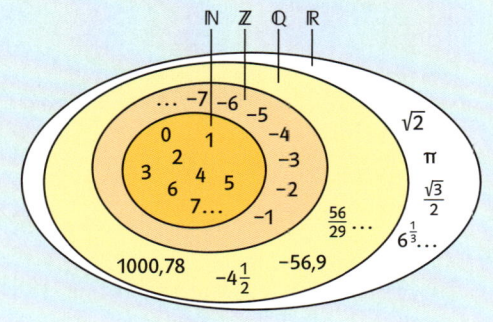

💡 Durch 0 darf man nicht teilen.

Bemerkung: Ein **tiefgestelltes +** an der Zahlenmenge bezeichnet die positiven Elemente der Menge. So sind mit $\mathbb{Z}_+$ alle positiven ganzen Zahlen und die Zahl 0 gemeint.

Ein **tiefgestelltes −** an der Zahlenmenge bezeichnet analog die negativen Elemente der Menge. Also ist $\mathbb{R}_-$ die Menge der negativen reellen Zahlen und der Zahl 0.

Ein **hochgestelltes Sternchen** an der Zahlenmenge schließt genau die Zahl 0 aus der Zahlenmenge aus. So sind in der Menge $\mathbb{N}^*$ die natürlichen Zahlen ohne die Zahl 0 enthalten: $\mathbb{N}^* = \{1; 2; 3; 4; \ldots\}$.

Die wichtigsten Zahlenmengen

$\mathbb{N}$	Menge der natürlichen Zahlen	$\mathbb{N} = \{0; 1; 2; 3; 4; \ldots\}$
$\mathbb{N}^*$	Menge der natürlichen Zahlen ohne Null	$\mathbb{N}^* = \{1; 2; 3; 4; \ldots\}$
$\mathbb{Z}$	Menge der ganzen Zahlen	$\mathbb{Z} = \{\ldots; -3; -2; -1; 0; 1; 2; 3; \ldots\}$
$\mathbb{Z}^*$	Menge der ganzen Zahlen ohne Null	$\mathbb{Z}^* = \{\ldots; -3; -2; -1; 1; 2; 3; \ldots\}$
$\mathbb{Z}_-$	Menge der nicht positiven ganzen Zahlen	$\mathbb{Z}_- = \{0; -1; -2; -3; \ldots\}$
$\mathbb{Q}$	Menge der rationalen Zahlen	$\mathbb{Q} = \left\{\frac{m}{n} \mid m \in \mathbb{Z} \text{ und } n \in \mathbb{Z}^*\right\}$

🔑 Die Lösungen finden Sie auf Seite L22.

Basiswissen

$\mathbb{R}$ Menge der reellen Zahlen	$\mathbb{R} = \{x \mid x \text{ ist eine beliebige Dezimalzahl}\}$
$\mathbb{R}^*$ Menge der reellen Zahlen ohne Null	$\mathbb{R}^* = \mathbb{R}\setminus\{0\}$
$\mathbb{R}_+$ Menge der nicht negativen reellen Zahlen	$\mathbb{R}_+ = \{x \mid x \geq 0\}$
$\mathbb{R}_+^*$ Menge der positiven reellen Zahlen	$\mathbb{R}_+^* = \{x \mid x > 0\}$
$\mathbb{R}_-$ Menge der nicht positiven reellen Zahlen	$\mathbb{R}_- = \{x \mid x \leq 0\}$
$\mathbb{R}_-^*$ Menge der negativen reellen Zahlen	$\mathbb{R}_-^* = \{x \mid x < 0\}$

Aufgaben

💡 Überlegen Sie, wie Sie die Zahlenfolge beschreiben können.
H = {0; 2; 4; 6; 8; 10; 12; …}
H ist die Menge aller geraden Zahlen.

2 Finden Sie eine einfache sprachliche Beschreibung für die folgenden Mengen, die in aufzählender Form gegeben sind.

A = {3; 6; 9; 12; 15}   B = {1; 4; 9; 16; 25; 36; 49}
C = {… ; −4; −2; 0; 2; 4;…}   D = {1; 10; 100; 1000; 10 000}
E = {1; 2; 3; 5; 8; 13; 21; 34; …}   F = $\left\{\frac{2}{3}; \frac{4}{9}; \frac{8}{27}; \frac{16}{81}; …\right\}$

💡 Manchmal steht statt „und" das mathematische Zeichen ∧.

3 Geben Sie in aufzählender Darstellung die folgenden Mengen an.
A = $\{x \mid x^2 < 25 \text{ und } x \in \mathbb{Z}\}$ B = $\{x \mid x = 2n - 1 \text{ und } n \in \mathbb{N}\}$ C = $\left\{x \mid \frac{36}{x} \geq 2 \text{ und } x \in \mathbb{N}^*\right\}$

Intervalle

Es seien a und b zwei reelle Zahlen mit a < b. Man nennt die Intervalle

Intervalle können an der Zahlengeraden veranschaulicht werden.

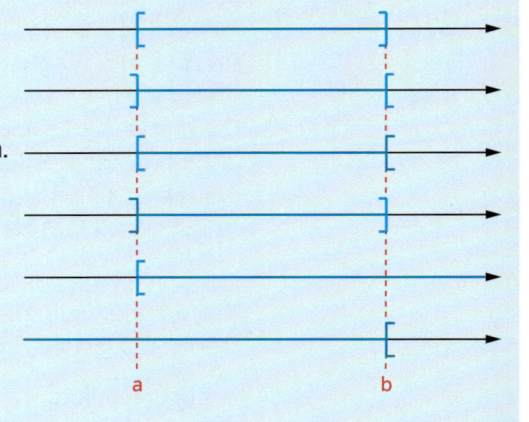

💡 Zeigt die eckige Klammer] oder [zum a hin, so gehört a noch zum Intervall.

$[a; b] = \{x \mid a \leq x \leq b\}$ **abgeschlossen.**

$]a; b[= \{x \mid a < x < b\}$ **offen.**

$[a; b[= \{x \mid a \leq x < b\}$ **rechtsseitig halboffen.**

$]a; b] = \{x \mid a < x \leq b\}$ **linksseitig halboffen.**

💡 Das Symbol ∞ bedeutet „unendlich". Es ist keine reelle Zahl. Kommt als Intervallgrenze das Symbol ∞ oder −∞ vor, so ist das Intervall dort offen, d.h. die eckige Klammer zeigt immer vom Symbol ∞ weg.

$[a; \infty[= \{x \mid x \geq a\}$ **unbeschränkt.**

$]-\infty; b[= \{x \mid x < b\}$ **unbeschränkt.**

Beispiel
Gegeben sind die Mengen A = $\{x \mid -4 \leq x \leq -2\}$; B = $\{x \mid -1 \leq x < 2{,}5\}$ und C = $\{x \mid x > 4\}$ mit $x \in \mathbb{R}$. Diese Mengen werden in der Intervallschreibweise angegeben und als Intervalle A, B und C an der Zahlengeraden veranschaulicht.

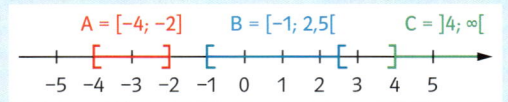

A = [−4; −2]   B = [−1; 2,5[C =]4; ∞[

🔑 Die Lösungen finden Sie auf Seite L 22.

Aufgaben **4** Gegeben sind die Mengen A = {x | −3 < x ≦ 8}; B = {x | 1 ≦ x ≦ 6}; C = {x | x > 4} und D = {x | x ≦ 10} mit x ∈ ℝ.
a) Notieren Sie die Menge in der Intervallschreibweise mit eckigen Klammern.
b) Veranschaulichen Sie die vier Intervalle A, B, C und D an der Zahlengeraden.
c) Geben Sie folgende Mengen als Intervall an: C∩D; B∪D; A\C; B\D; A∪C.

2 Rechnen

Grundbegriffe

Rechenart	Rechenzeichen	Name des Ergebnisses	Name der einzelnen Terme
Addition	a + b	Summe	Summand + Summand
Subtraktion	a − b	Differenz	Minuend − Subtrahend
Multiplikation	a · b	Produkt	Faktor · Faktor
Division	a : b = $\frac{a}{b}$	Quotient	Dividend : Divisor; $\frac{Zähler}{Nenner}$
Potenzieren	a^n	Potenz	Basis^{Exponent} oder Grundzahl^{Hochzahl}
Wurzel ziehen	$\sqrt{a}$	Wurzel	$\sqrt{Radikand}$

Rechnen mit Klammern

Auflösen von Klammern   **Beispiele**
Eine **Plusklammer** löst man auf, indem man das Pluszeichen vor der Klammer und die Klammer weglässt.
a + (b + c) = a + b + c   23 + (−13 + 7) = 23 − 13 + 7 = 17
a + (b − c) = a + b − c   44 + (−13 − 17) = 44 − 13 − 17 = 14

Eine **Minusklammer** löst man auf, indem man bei den Termen in der Klammer die Pluszeichen zu Minuszeichen und die Minuszeichen zu Pluszeichen ändert und das Minuszeichen vor der Klammer sowie die Klammer weglässt.
a − (b + c) = a − b − c   56 − (−49 + 11) = 56 + 49 − 11 = 94
a − (b − c) = a − b + c   79 − (−45 − 23) = 79 + 45 + 23 = 147

Ausmultiplizieren
Verteilungsgesetz (Distributivgesetz)   **Beispiel**
a · (b + c) = a · b + a · c   6 · 17 = 6 · (10 + 7) = 6 · 10 + 6 · 7
                                                        = 60 + 42 = 102

a · (b − c) = a · b − a · c   23 · 9 = 23 · (10 − 1) = 23 · 10 − 23 · 1
                                                        = 230 − 23 = 207

(a + b) · (c + d) = a · c + a · d + b · c + b · d   (10 + 7) · (30 + 4)
                                                                            = 10 · 30 + 10 · 4 + 7 · 30 + 7 · 4
                                                                            = 300 + 40 + 210 + 28 = 578

Merke: „Jeder begrüßt jede."

Die Lösungen finden Sie auf Seite L 22.

Basiswissen

Aufgaben

1 Lösen Sie die Klammern auf und fassen Sie möglichst weit zusammen.
a) $4a - 2b - (3a + b)$
b) $2(x - 4y) - 3(6x - 3y)$
c) $-3(u + 4) + 2(u - 5) - (2 - 6u)$
d) $5a(2a - 3) - 4a^2$
e) $3a(4 - 2(4a - 3b)) - 5(-a(b - 3a) - 2a)$
f) $3(-5(v - u) + 4u(4 - 2v)) - 4u(-3(u + 2v))$

2 Multiplizieren Sie die Klammern aus und fassen Sie zusammen.
a) $-6a(2a - 3b) + 5a^2 - 8a(b - 3a)$
b) $4x(-2x + 7y) - 10(x^2 + 4x) - 7x(-3x + 4y - 7)$

Ausklammern	**Beispiel**
$a \cdot b + a \cdot c = a \cdot (b + c)$	$0{,}5 \cdot 6 + 0{,}5 \cdot 8 = 0{,}5 \cdot (6 + 8) = 7$
$a \cdot b - a \cdot c = a \cdot (b - c)$	$9 \cdot 8 - 9 \cdot 28 = 9 \cdot (8 - 28)$
	$= 9 \cdot (-20) = -180$
Reihenfolge beim Rechnen	
– innere Klammer vor äußerer Klammer	$((6{,}5 - 21{,}5) : 5) - 1{,}5 \cdot 8$
– Punktrechnung vor Strichrechnung	$= \qquad (-15 \qquad : 5) - 1{,}5 \cdot 8$
– sonst immer von links nach rechts	$= \qquad\qquad (-3) \qquad - 12$
	$= \qquad\qquad\qquad -15$

💡 Sind mehrere Klammern ineinander verschachtelt, so löst man die Klammern von innen nach außen auf.

Aufgaben

3 Klammern Sie aus und stellen Sie den Term als Produkt dar.
a) $x^2 + 5x$
b) $9x^2 - 3xy + 6xz$
c) $12a^2u^2 + 6au + 2u - 8u^2$
d) $\frac{3}{4}uv^2 - \frac{1}{4}u^2v$

	Binomische Formeln	**Beispiel**
1. binomische Formel	$(a + b)^2 = a^2 + 2ab + b^2$	$(x + 2y)^2 = x^2 + 2 \cdot x \cdot 2y + (2y)^2$
		$= x^2 + 4xy + 4y^2$
2. binomische Formel	$(a - b)^2 = a^2 - 2ab + b^2$	$(5 - 3c)^2 = 5^2 - 2 \cdot 5 \cdot 3c + (3c)^2$
		$= 25 - 30c + 9c^2$
3. binomische Formel	$(a + b) \cdot (a - b) = a^2 - b^2$	$81 \cdot 79 = (80 + 1) \cdot (80 - 1)$
		$= 6400 - 1 = 6399$

Binomische Formeln verwendet man von „links nach rechts" und von „rechts nach links".

Aufgaben

4 Formen Sie mithilfe der binomischen Formeln um.
a) $(3a + 7b)^2$
b) $(9x - 5y)^2$
c) $(-2u + 5v)(-2u - 5v)$
d) $9x^2 - 12xy + 4y^2$
e) $144m^2 + 24m + 1$
f) $16u^2v^2 - 81w^2$
g) $(-x^2 - 2y)(-x^2 + 2y)$
h) $49r^2s^2 - 28rst + 4t^2$

5 Ergänzen Sie die fehlenden Terme, sodass sich eine binomische Formel ergibt.
a) $(\triangle + \blacksquare)^2 = 9x^2 + \bullet + 16y^2$
b) $(6a^2 - \triangle)^2 = \blacksquare - 24a^2b + \bullet$
c) $(\triangle + 5s)^2 = \frac{r^2}{4} + \blacksquare + \bullet$
d) $(\triangle - \blacksquare)^2 = \bullet - xy^2 + \frac{y^4}{16}$
e) $\left(\frac{a}{3} + \triangle\right)^2 = \blacksquare + \bullet + 81$
f) $(-4x - \triangle)^2 = \blacksquare - 16x + \bullet$

🔑 Die Lösungen finden Sie auf Seite L22.

Zerlegung nach Vieta

$(x + a) \cdot (x + b) = x^2 + \underbrace{(a + b)}_{p} \cdot x + \underbrace{a \cdot b}_{q}$

Wenn $x^2 + p \cdot x + q$ in das Produkt zweier Klammern $(x + a) \cdot (x + b)$ zerlegt werden kann, dann gilt: $a + b = p$ und $a \cdot b = q$.

Man beginnt am besten damit, das Absolutglied q in zwei Faktoren zu zerlegen. Diese müssen als Summe den Vorfaktor p ergeben.

Beispiel

$(x + 3) \cdot (x + 4) = x^2 + 7 \cdot x + 12$

$p = 3 + 4 \qquad 3 \cdot 4 = q$

Aufgaben

6 Faktorisieren Sie mithilfe der Zerlegung nach Vieta.
a) $a^2 + 9a + 14$
b) $x^2 - 6x + 5$
c) $u^2 - u - 12$
d) $x^2 + 6ax + 8a^2$
e) $2x^2 - 20x + 18$
f) $ax^2 + 4abx + 3ab^2$
g) $-y^2 + 5y - 6$
h) $a^2x^2 + 8ax + 12$

Rechnen mit Brüchen

Erweitern mit k

$\frac{a}{b} = \frac{a \cdot k}{b \cdot k}$ mit $k \neq 0$

Beispiel

$\frac{3}{4}$ erweitert mit 5 ergibt $\frac{3 \cdot 5}{4 \cdot 5} = \frac{15}{20}$.

Kürzen mit k

$\frac{a}{b} = \frac{a : k}{b : k}$ mit $k \neq 0$

$\frac{24}{56}$ gekürzt mit 8 ergibt $\frac{24 : 8}{56 : 8} = \frac{3}{7}$.

Addition und Subtraktion bei gleichen Nennern

$\frac{a}{c} + \frac{b}{c} = \frac{a + b}{c}$

$\frac{a}{c} - \frac{b}{c} = \frac{a - b}{c}$

$\frac{4}{9} + \frac{11}{9} = \frac{4 + 11}{9} = \frac{15}{9} = 1\frac{6}{9} = 1\frac{2}{3}$

$\frac{4}{9} - \frac{11}{9} = \frac{4 - 11}{9} = -\frac{7}{9}$

Addition und Subtraktion bei verschiedenen Nennern

$\frac{a}{c} + \frac{b}{d} = \frac{a \cdot d}{c \cdot d} + \frac{b \cdot c}{d \cdot c} = \frac{a \cdot c + b \cdot c}{c \cdot d}$

$\frac{a}{c} - \frac{b}{d} = \frac{a \cdot d}{c \cdot d} - \frac{b \cdot c}{d \cdot c} = \frac{a \cdot c - b \cdot c}{c \cdot d}$

$\frac{4}{9} + \frac{11}{4} = \frac{4 \cdot 4}{9 \cdot 4} + \frac{11 \cdot 9}{4 \cdot 9} = \frac{4 \cdot 4 + 11 \cdot 9}{9 \cdot 4} = \frac{115}{36} = 3\frac{7}{36}$

$\frac{4}{9} - \frac{11}{4} = \frac{4 \cdot 4}{9 \cdot 4} - \frac{11 \cdot 9}{4 \cdot 9} = \frac{4 \cdot 4 - 11 \cdot 9}{9 \cdot 4} = -\frac{83}{36}$

$= -2\frac{11}{36}$

💡 $c \cdot d$ ist der Nenner, der am einfachsten zu finden ist, aber nicht immer der kleinste Nenner.

Multiplikation

$\frac{a}{b} \cdot \frac{c}{d} = \frac{a \cdot c}{b \cdot d}$

Beispiel

$\frac{4}{3} \cdot \frac{9}{5} = \frac{4 \cdot 9}{3 \cdot 5} = \frac{4 \cdot 3}{1 \cdot 5} = \frac{12}{5} = 2\frac{2}{5}$

Division

Zwei Brüche werden dividiert, indem man den 1. Bruch mit dem **Kehrwert** des 2. Bruches multipliziert.

$\frac{a}{b} : \frac{c}{d} = \frac{a}{b} \cdot \frac{d}{c} = \frac{a \cdot d}{b \cdot c}$

$\frac{-4}{3} : \frac{8}{5} = \frac{-4}{3} \cdot \frac{5}{8} = \frac{\overset{-1}{\cancel{-4}} \cdot 5}{3 \cdot \underset{2}{\cancel{8}}} = \frac{-5}{3 \cdot 2} = -\frac{5}{6}$

Aufgaben

7 Berechnen Sie.
a) $\frac{49}{13} + \frac{17}{13}$
b) $\frac{5}{12} - \frac{7}{4}$
c) $\frac{12}{27} + \frac{3}{4}$
d) $\frac{34}{15} - \frac{20}{9}$
e) $\frac{5}{7} \cdot \frac{3}{8}$
f) $1\frac{2}{3} \cdot 5\frac{3}{8}$
g) $\frac{8}{23} : \frac{4}{3}$
h) $6\frac{3}{4} : \frac{15}{4}$
i) $\frac{69}{60} \cdot \left(-\frac{48}{23}\right)$
j) $6 : \left(-\frac{3}{10}\right)$
k) $\frac{2}{3} : \left(-\frac{4}{9}\right)$
l) $-\frac{35}{26} : \left(-\frac{25}{39}\right)$

🔑 Die Lösungen finden Sie auf Seite L 23.

B 6

Basiswissen

💡 Vor dem Multiplizieren so weit wie möglich zu kürzen vereinfacht die Rechnung.

8 Vereinfachen Sie.

a) $\dfrac{45xy}{25x}$
b) $\dfrac{16a^2b}{24ab^2}$
c) $\dfrac{a^2 - 2ab + b^2}{a^2 - b^2}$
d) $\dfrac{3x + 12}{x^2 + 6x + 8}$

e) $\dfrac{42x}{34} \cdot \dfrac{17y}{63x^2}$
f) $\dfrac{40a^2}{65b} \cdot \dfrac{26b^2}{72ab}$
g) $\dfrac{6x}{x+y} \cdot \dfrac{2x + 2y}{4xy}$
h) $\dfrac{x^2 - 2x + 1}{2} \cdot \dfrac{x + 1}{x^2 - 1}$

💡 Beim Bestimmen eines **Hauptnenners** können die binomischen Formeln helfen.

9 Berechnen Sie den Term so weit wie möglich. Nutzen Sie Rechenvorteile.

a) $\dfrac{44x^2}{36y^2} : \dfrac{110x}{45y}$
b) $\dfrac{32b^2}{12a} : \dfrac{80ab}{25}$
c) $\dfrac{6x}{x-y} : \dfrac{15y}{2y - 2x}$
d) $\dfrac{7}{12} + \dfrac{11}{20} - \dfrac{19}{30}$

e) $\dfrac{6m^2}{4m + 10n} : \dfrac{18mn}{6m + 15n}$
f) $\dfrac{b}{a} + \dfrac{a}{b} - \dfrac{(a-b)^2}{ab}$
g) $\dfrac{4x - 6y}{2x + 2y} \cdot \dfrac{x - 4y}{x + y}$
h) $\dfrac{4}{2 - 3x} + \dfrac{12x}{9x^2 - 4}$

Rechnen mit Potenzen

Potenzen

$a^n = a \cdot a \cdot a \cdot \ldots \cdot a;$ n Faktoren
$a \in \mathbb{R}$ heißt **Basis** oder **Grundzahl**.
$n \in \mathbb{R}^*$ heißt **Exponent** oder **Hochzahl**.

Basis 3^4 Exponent
Potenz

$a^0 = 1;\ a^{-n} = \dfrac{1}{a^n}.$

Beispiel

$3^4 = 3 \cdot 3 \cdot 3 \cdot 3 = 81$

$10^0 = 1;\ 2^{-3} = \dfrac{1}{2^3} = \dfrac{1}{8}$

Potenzgesetze

Multiplizieren von Potenzen mit gleicher Grundzahl
$a^m \cdot a^n = a^{m+n}$

$2^3 \cdot 2^5 = 2^{3+5} = 2^8 = 256$

Multiplizieren von Potenzen mit gleicher Hochzahl
$a^m \cdot b^m = (a \cdot b)^m$

$5^2 \cdot 3^2 = (5 \cdot 3)^2 = 15^2 = 225$

Dividieren von Potenzen mit gleicher Grundzahl
$\dfrac{a^m}{a^n} = a^{m-n}$

$\dfrac{7^2}{7^4} = 7^{2-4} = 7^{-2} = \dfrac{1}{7^2} = \dfrac{1}{49}$

Dividieren von Potenzen mit gleicher Hochzahl
$\dfrac{a^m}{b^m} = \left(\dfrac{a}{b}\right)^m$

$\dfrac{6^2}{3^2} = \left(\dfrac{6}{3}\right)^2 = 2^2 = 4$

Potenzieren von Potenzen
$(a^m)^n = a^{m \cdot n}$

$(5^4)^{-1} = 5^{4 \cdot (-1)} = 5^{-4} = \dfrac{1}{5^4} = \dfrac{1}{625}$

Aufgaben

10 Berechnen Sie.

a) $3^5 \cdot 3^2$
b) $\dfrac{10^4}{10^9}$
c) $3^5 \cdot 2^5$
d) $\dfrac{12^8}{4^8}$

e) $(6^3)^5$
f) $\left(-\dfrac{2}{3}\right)^3$
g) $(-3)^{-2}$
h) $-\left(\dfrac{3}{4}\right)^3$

11 Setzen Sie im Heft eine passende Potenz ein.

a) $x^3 \cdot \blacksquare = x^7$
b) $x^{(-2)} \cdot \blacksquare = x$
c) $y^5 \cdot \blacksquare = \dfrac{1}{y}$
d) $3^6 \cdot \blacksquare = \dfrac{1}{9}$

12 Vereinfachen Sie.

a) $x^4 \cdot x^3 \cdot x^6$
b) $a^{n-1} \cdot a^{n+1}$
c) $u \cdot u^8 \cdot u^r \cdot u^{r-3}$
d) $x^{2(n-1)} \cdot x^{3-2n}$

e) $3^4 \cdot x^4$
f) $a^{2n} \cdot b^{2n}$
g) $(p-q)^r \cdot (p+q)^r$
h) $4^{2n} \cdot \left(\dfrac{x}{8}\right)^{2n}$

🔑 Die Lösungen finden Sie auf Seite L23.

B7

Wissenschaftliche Taschenrechner zeigen sehr große oder sehr kleine Zahlen automatisch in der Exponentialdarstellung an.
Dabei wird die Zahl 10 (Basis der Potenz) meist durch den Buchstaben E oder durch ein Leerzeichen ersetzt.

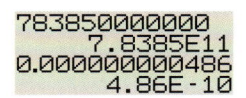

```
783850000000
    7.8385E11
0.000000000486
    4.86E-10
```

Exponentialdarstellung von Zahlen
Um unübersichtliche Darstellungen von Zahlen mit vielen Nullen zu vermeiden, verwendet man vor allem in den Naturwissenschaften die **Exponentialdarstellung**.

Beispiel
$5\,380\,000\,000 = 5{,}38 \cdot 10^9$
$0{,}000\,000\,92 = 9{,}2 \cdot 10^{-7}$

13 Notieren Sie die folgenden Zahlen in der Exponentialdarstellung.
a) 0,000 006 83
b) 548 430 000 000 000
c) 3 090 800 000 000
d) 0,000 000 000 385

14 Die folgenden naturwissenschaftlichen Konstanten sind in der Exponentialdarstellung gegeben. Übertragen Sie ihre Werte in die Dezimalschreibweise.
a) Lichtgeschwindigkeit im Vakuum: $c = 2{,}997\,924\,58 \cdot 10^8 \frac{m}{s}$
b) Masse eines Protons: $m_p = 1{,}672\,622 \cdot 10^{-27}\,kg$
c) Elementarladung: $e = 1{,}602\,18 \cdot 10^{-19}\,C$
d) Planck'sches Wirkungsquantum: $h = 6{,}6261 \cdot 10^{-34}\,Js$

Rechnen mit Wurzeln

$\sqrt{a}$ ist die Kurzschreibweise für $\sqrt[2]{a}$.

$\sqrt{a}$ mit $a > 0$ ist diejenige positive Zahl b, für die gilt: $b^2 = a$.
$\sqrt[n]{a}$ mit $n \geq 2$ und $a > 0$ ist diejenige Zahl b, für die gilt: $b^n = a$.

Schreibweisen bei Wurzeln
$\sqrt[n]{a} = a^{\frac{1}{n}}$; $\sqrt[n]{a^m} = a^{\frac{m}{n}}$

Multiplikation
$\sqrt{a} \cdot \sqrt{b} = \sqrt{a \cdot b}$
$\sqrt[n]{a} \cdot \sqrt[n]{b} = \sqrt[n]{a \cdot b}$

Division
$\frac{\sqrt{a}}{\sqrt{b}} = \sqrt{\frac{a}{b}}$; $\frac{\sqrt[n]{a}}{\sqrt[n]{b}} = \sqrt[n]{\frac{a}{b}}$

Beispiel
$\sqrt{36} = 6$, da $6^2 = 36$;
$\sqrt[3]{\frac{1}{8}} = \frac{1}{2}$, da $\left(\frac{1}{2}\right)^3 = \frac{1}{8}$

$\sqrt[5]{3125} = 3125^{\frac{1}{5}}$; $\sqrt[3]{27^2} = 27^{\frac{2}{3}}$

$\sqrt{4} \cdot \sqrt{2} = \sqrt{4 \cdot 2} = \sqrt{8}$
$\sqrt[3]{4} \cdot \sqrt[3]{2} = \sqrt[3]{4 \cdot 2}$

$\frac{\sqrt{5}}{\sqrt{8}} = \sqrt{\frac{5}{8}}$; $\frac{\sqrt[5]{400\,000}}{\sqrt[5]{4}} = \sqrt[5]{\frac{400\,000}{4}}$

Aufgaben

15 Richtig oder falsch? Begründen oder berichtigen Sie.
a) $\sqrt{5a} + \sqrt{8a} = \sqrt{13a}$
b) $\sqrt{2} + \sqrt{8} = 3\sqrt{2}$
c) $6\sqrt{a} + 6\sqrt{a} - \sqrt{4a} = 10\sqrt{a}$

16 Vereinfachen Sie.
a) $\sqrt{x} \cdot \sqrt{x^3}$
b) $\sqrt{\frac{y^5}{2}} \cdot \sqrt{\frac{y^3}{8}}$
c) $\sqrt{\frac{6a^7}{b^3}} : \sqrt{\frac{54a}{b}}$
d) $\sqrt{(a-2)^3} \cdot \sqrt{a-2}$
e) $\sqrt{a^9} \cdot \sqrt{ab^3} \cdot \sqrt{b^5}$
f) $\frac{\sqrt{12x} \cdot \sqrt{xy^5}}{\sqrt{3y^7}}$

Die Lösungen finden Sie auf Seite L 23.

Basiswissen

3 Gleichungen und Ungleichungen

Begriffe der Gleichungslehre

Ein **Term** ist ein Rechenausdruck. Er kann aus Zahlen, Variablen oder Verbindungen von Zahlen und Variablen durch Rechenoperationen bestehen.

Beispiel
x; $2x$; $-0{,}5x + 1$; $0{,}25$; xy; $x(x - 2)$

Werden für die Variablen Zahlen eingesetzt, kann der **Wert** des Terms berechnet werden.

Wert von $7x - 5$ für $x = 3$:
$7 \cdot 3 - 5 = 16$
Der Wert des Terms ist 16.

Die Menge der Werte, die für die Variable eingesetzt werden dürfen, heißt **Definitionsmenge**.

Werden zwei Terme gleichgesetzt, entsteht eine **Gleichung**. Die Definitionsmenge der Gleichung ist über der Schnittmenge der beiden Definitionsmengen definiert.

1. Term: $\quad 5x + 3$
2. Term: $\quad 9 - 7x$
Gleichung: $\quad 5x + 3 = 9 - 7x$

💡 Zum Lösen von Gleichungen verwendet man Äquivalenzumformungen.

Gleichungen werden über einer **Grundmenge G** auf Lösbarkeit untersucht. Alle Elemente aus G, die beim Einsetzen die Gleichung erfüllen, heißen **Lösungen**. Die Menge aller Lösungen bilden die **Lösungsmenge L** der Gleichung.

Grundmenge $G = \mathbb{Z}$
$\quad 2 - x = -0{,}5x + 3 \quad | +0{,}5x \;|\; -2$
$\quad -x + 0{,}5x = 3 - 2 \quad |\text{ zusammenfassen}$
$\quad -0{,}5x = 1 \quad |\cdot (-2)$
$\quad x = -2$
Also ist -2 Lösung der Gleichung: $L = \{-2\}$.

Lösbarkeit einer Gleichung
Eine Gleichung heißt
– **lösbar**, wenn mindestens ein Element der Grundmenge G Lösung ist.
– **unlösbar**, wenn kein Element der Grundmenge G Lösung ist.
– **allgemein gültig**, wenn jedes Element der Grundmenge G Lösung ist.

$3x + 2 = -2$ Die Lösung ist $x = -\frac{4}{3}$.
Die Gleichung ist lösbar, wenn die Grundmenge $G = \mathbb{Q}$ ist: $L = \left\{-\frac{4}{3}\right\}$.
Die Gleichung ist unlösbar, wenn die Grundmenge $G = \mathbb{N}$ ist: $L = \{\}$.
$4x - 2x - x - x = 0$ gilt für alle x aus der Grundmenge G.
Ist die Gleichung allgemein gültig, gilt $G = L$; falls $G = \mathbb{R}$, so ist auch $L = \mathbb{R}$.

💡 Die Äquivalenz zweier Gleichungen wird durch das logische Symbol ⇔ verdeutlicht.

Äquivalenzumformungen
Eine Gleichung lösen heißt, sie in eine einfachere Gleichung zu überführen, an der man die Lösung direkt ablesen kann. Hierzu verwendet man **Äquivalenzumformungen**, diese verändern die Lösungsmenge nicht.

$\quad 6x + 3 - x = 3(x - 2) + 13 \quad |\text{ ausmultiplizieren}$
$\Leftrightarrow 6x + 3 - x = 3x - 6 + 13 \quad |\text{ zus.fassen}$
$\Leftrightarrow \quad 5x + 3 = 3x + 7 \quad |-3x$
$\Leftrightarrow \quad 2x + 3 = 7 \quad |-3$
$\Leftrightarrow \quad 2x = 4 \quad |:2$
$\Leftrightarrow \quad x = 2$
Lösung: 2; Lösungsmenge: $L = \{2\}$

Bemerkung: Beispiele für Äquivalenzumformungen sind:
- Addition oder Subtraktion gleicher Terme auf beiden Seiten der Gleichung.
- Multiplikation oder Division beider Seiten der Gleichung mit einem Term ungleich 0.

Lineare Gleichungen

Erste Potenz: $x^1 = x$

Eine Gleichung, in der die **Lösungsvariable** nur in der ersten Potenz auftritt, heißt **lineare Gleichung**.

Beispiel

$7x + 4 = \frac{1}{2}(9 - x) + 15$

Aufgabe 1

Lösen Sie die Gleichung nach x auf und bestimmen Sie die Lösungsmenge.

a) $(2x - 3) \cdot (-3x + 4) = (5 - x) \cdot (6x + 2)$
b) $(9 - 2x)^2 = 4 \cdot (6 - x) \cdot (-x + 3)$
c) $(2 + 3x)^2 - (4 - x)^2 = (6 + 2x) \cdot (-2 + 4x)$
d) $(3x - 4)^2 + 4 \cdot (1 - 2x)^2 = (5x + 2)^2 - 4$

Lineare Gleichungen mit Formvariablen

Dies sind lineare Gleichungen, die außer der Lösungsvariablen x noch **Formvariablen**, z. B. a, enthalten. Als Lösung erhält man einen Term, der auch die Formvariable enthält. Diesen Term nennt man **Lösungsterm**.

Beispiel

$x - 3a = 7 \quad | + 3a$

a ist dabei die Formvariable.

$x = 3a + 7$

$L = \{x \mid x = 3a + 7\}$

oder kurz: $L = \{3a + 7\}$.

Aufgabe 2

Bestimmen Sie die Lösungsmenge in Abhängigkeit der Formvariablen a bzw. b.

a) $3x \cdot (a - 2) + 12 = 2a \cdot (x + 1) - 2 \cdot (x - 2)$
b) $4x \cdot (b - 1) - 5 - b = 3b \cdot (x + 1) - 7 \cdot (x - 1)$
c) $a \cdot (x + 4a) = (a + 3b)^2 + b \cdot (2x - 9b)$
d) $x \cdot (a - 1) \cdot (b + 2) = (4a - b) \cdot x - 2x$

Quadratische Gleichungen

Terme der Form $ax^2 + bx + c$ heißen quadratischer Term.

Eine Gleichung wie $2x^2 - 5x + 8 = 0$ heißt **quadratische Gleichung**, da als höchste Potenz der Lösungsvariablen ein quadratischer Term in der Gleichung auftritt. Man unterscheidet
die **normierte Form** $x^2 + px + q = 0$ und die **allgemeine Form** $ax^2 + bx + c = 0$ der quadratischen Gleichung, für die es die Lösungsformeln gibt:

pq-Formel
normierte Form: $x^2 + px + q = 0$

Lösungsformel: $x_1 = -\frac{p}{2} + \sqrt{\left(\frac{p}{2}\right)^2 - q}$

$x_2 = -\frac{p}{2} - \sqrt{\left(\frac{p}{2}\right)^2 - q}$

Diskriminante: $D = \left(\frac{p}{2}\right)^2 - q$

abc-Formel
allgemeine Form: $ax^2 + bx + c = 0; \ a \neq 0$

Lösungsformel: $x_1 = \frac{-b + \sqrt{b^2 - 4ac}}{2a}$

$x_2 = \frac{-b - \sqrt{b^2 - 4ac}}{2a}$

Diskriminante: $D = b^2 - 4ac$

Die Anzahl der Lösungen hängt von der **Diskriminante D** ab:
Für $D < 0$ gibt es keine Lösung,
für $D = 0$ gibt es eine (doppelte) Lösung $x_1 = x_2$,
für $D > 0$ gibt es zwei verschiedene Lösungen.

Die Lösungen finden Sie auf Seite L 23.

Basiswissen

Beispiele

a) Lösen der quadratischen Gleichung
$2x^2 - 4x - 6 = 0$.
$2x^2 - 4x - 6 = 0 \quad | :2$
$x^2 - 2x - 3 = 0 \quad | \text{ pq-Formel}$
also $p = -2$; $q = -3$
$x_{1;\,2} = -\frac{-2}{2} \pm \sqrt{\left(\frac{-2}{2}\right)^2 - (-3)}$
$x_{1;\,2} = 1 \pm \sqrt{1+3} = 1 \pm 2$
$x_1 = -1$ und $x_2 = 3$
$L = \{-1;\, 3\}$

b) Lösen der quadratischen Gleichung
$6x^2 + 5x - 11 = 0$.
$6x^2 + 5x - 11 = 0 \quad | \text{ abc-Formel}$
also $a = 6$; $b = 5$; $c = -11$
$x_{1;\,2} = -5 \pm \dfrac{\sqrt{5^2 - 4 \cdot 6 \cdot (-11)}}{2 \cdot 6}$
$x_{1;\,2} = \dfrac{-5 \pm \sqrt{289}}{12} = \dfrac{-5 \pm 17}{12}$
$x_1 = -\frac{11}{6}$ und $x_2 = 1$
$L = \left\{-\frac{11}{6};\, 1\right\}$

💡 Damit man nicht zwei Gleichungen, eine mit + und eine mit −, schreiben muss, kürzt man ab, indem man an der Stelle, wo sich die Gleichungen unterscheiden, ± schreibt.

Aufgaben

3 Lösen Sie die Gleichung mithilfe einer Lösungsformel.
a) $x^2 + 6x + 5 = 0$
b) $x^2 + 8x - 9 = 0$
c) $3x^2 - 4x - 4 = 0$
d) $2x^2 - 5x - 42 = 0$
e) $y^2 + 6y + 7 = 0$
f) $y^2 - y - 20 = 0$

💡 Die Variable muss nicht immer x sein.

4 a) $5z - 3 - 2z(3z - 4) = 4$
b) $\frac{1}{2}(x+1)^2 = \frac{17}{8} - x$
c) $(x+1)(2x+3) = 4x^2 - 22$
d) $(y-3)^2 = 2(y^2 - 9)$
e) $(2x-3)^2 = (x-1)(x-4) + 9x$
f) $w^2 - 9 + (2w-1)^2 = 25$
g) $t(3t-7) - t + 4 = (t+2)^2$
h) $(3x+5)^2 - x(7x-5) = 29x + 45$

5 Wie verändern sich die Lösungen der Gleichung $ax^2 + bx + c = 0$, wenn
a) a halbiert und c verdoppelt wird?
b) b verdoppelt und a vervierfacht wird?
c) a, b und c halbiert werden?

Sonderformen quadratischer Gleichungen

1. Sonderform: Lösen durch Ausklammern
$x^2 + px = 0$, also $q = 0$ bzw. $ax^2 + bx = 0$, also $c = 0$ (ohne Absolutterm)
Beispiel Lösen der quadratischen Gleichung
$x^2 - 5x = 0$.
$x^2 - 5x = 0 \quad | \text{ x ausklammern}$
$x(x-5) = 0$; $L = \{0;\, 5\}$

Satz vom Nullprodukt
Ein Produkt ist genau dann gleich 0, wenn einer der Faktoren 0 ist.

2. Sonderform: Lösen durch Wurzelziehen
$x^2 + q = 0$, also $p = 0$ bzw. $ax^2 + c = 0$, also $b = 0$ (ohne linearen Term)
Beispiel
Lösen der quadratischen Gleichung $x^2 - 81 = 0$.
$x^2 - 81 = 0 \quad | +81$
$x^2 = 81 \quad | \text{ Wurzelziehen}$
$x = 9$ oder $x = -9$; $L = \{-9;\, 9\}$

Aufgaben

6 Lösen Sie die Gleichungen durch Ausklammern.
a) $x^2 + 4x = 0$
b) $2x^2 - 10x = 0$
c) $7x^2 = 8x$
d) $x^3 - \frac{1}{4}x = 0$
e) $x^3 + 8x^2 - 9x = 0$
f) $y^3 + 4y^2 - y = 0$

🔖 Die Lösungen finden Sie auf Seite L24.

7 Lösen Sie die Gleichungen möglichst geschickt.
a) $x^4 - 4x^2 = 0$
b) $(2x - 5)^2 = 5$
c) $y^2 + 6y + 9 = 1$
d) $2x(x - 2) + 4(x - 2) = 0$
e) $(x + 1) - (x^2 - 1) = 0$
f) $(x - 1) - (x^2 - 1) = 0$
g) $(x + 1) - (x^2 + 1) = 0$
h) $(9x^2 - 6x + 1)(1 - 2x) = (3x - 1)^2$
i) $(x + 2)^2(3x - 5) - (x - 2)(x + 2) = 0$
j) $x(3 + 2x)(5 - 4x)(8x - 3) = 0$

💡 Bestimmen Sie zunächst die Determinate D.

8 Bei welchen Werten der Formvariablen t hat die Gleichung genau zwei, eine oder keine Lösungen? Geben Sie jeweils die Lösungen an.
a) $x^2 - x - t = 0$
b) $tx^2 + 6x + 1 = 0$
c) $x^2 + tx - 2t^2 = 0$
d) $3t^2x^2 + 4tx + 1 = 0$
e) $\frac{1}{4}tx^2 - (t-1)x + t = 0$
f) $(t - 1)x^2 + 2tx + t + 1 = 0$

9 Bestimmen Sie die Formvariable k so, dass die Gleichung genau eine Lösung hat. Geben Sie jeweils diese Lösung an.
a) $x^2 + (k + 1)x + 1 = 0$
b) $x^2 + kx + k = 0$

Bruchgleichungen

Eine Gleichung wie $\frac{1}{x-1} = \frac{x}{2}$, bei der die Lösungsvariable im Nenner eines Bruchterms auftritt, nennt man eine **Bruchgleichung**. Die Nullstellen $x_1, x_2, \ldots$ der Nenner müssen bei der **Definitionsmenge** ausgeschlossen werden: $D = \mathbb{R} \setminus \{x_1, x_2, \ldots\}$.

Anschließend ermittelt man den Hauptnenner und multipliziert mit diesem. Die entstehende Gleichung enthält dann keine Brüche mehr.

Beispiel
$\frac{1}{x-1} = \frac{x}{2} \quad | \cdot (x-1)$
$1 = \frac{x \cdot (x-1)}{2}$
$D = \mathbb{R} \setminus \{1\}$

Beispiel
Lösen der Bruchgleichung $\frac{1}{x^2} + \frac{1}{2x} = 3$.
$\frac{1}{x^2} + \frac{1}{2x} = 3$
$\frac{1}{x^2} + \frac{1}{2x} = 3 \quad | \cdot 2x^2$, Hauptnenner ist $2x^2$
$2 + x = 6x^2 \quad |$ Seiten tauschen $\quad | -x - 2$
$6x^2 - x - 2 = 0$
$x_1 = \frac{1 + \sqrt{1 - 4 \cdot 6 \cdot (-2)}}{2 \cdot 6} = \frac{1 + 7}{12} = \frac{8}{12} = \frac{2}{3}$
$x_2 = \frac{1 - \sqrt{1 - 4 \cdot 6 \cdot (-2)}}{2 \cdot 6} = \frac{1 - 7}{12} = -\frac{6}{12} = -\frac{1}{2}$
Prüfen, ob die Lösungen in der Definitionsmenge $\mathbb{R}^*$ enthalten sind:
$x_1 = \frac{2}{3} \in D; \; x_2 = -\frac{1}{2} \in D$, also $L = \{\frac{2}{3}; -\frac{1}{2}\}$.

Die Nullstellen des Nenners sind bei $x^2 = 0$ und bei $2x = 0$, also bei $x = 0$. Die Zahl 0 muss ausgeschlossen werden, d.h. die Definitionsmenge ist $D = \mathbb{R}^*$

Bruchgleichungen mit Formvariablen

Das Vorgehen bei Bruchgleichungen mit Formvariablen ist wie bei den Bruchgleichungen ohne Formvariablen. Allerdings bekommen die Formvariablen z.B. **a** bei den Einschränkungen der Definitionsmenge eine besondere Bedeutung und die Lösungen können häufig nur in Abhängigkeit der Formvariablen angegeben werden.

🔑 Die Lösungen finden Sie auf Seite L24.

Basiswissen

Beispiel

Auflösen der Bruchgleichung $1 + \frac{2a}{x} = \frac{x}{x-a}$ nach x.

Geben Sie die Lösungsmenge L in Abhängigkeit der Formvariablen a an.

$1 + \frac{2a}{x} = \frac{x}{x-a}$ | $\cdot x(x-a)$

Definitionsmenge: $D = \mathbb{R}\setminus\{0; a\}$

$x(x-a) + 2a(x-a) = x^2$ | ausmultiplizieren
$x^2 - ax + 2ax - 2a^2 = x^2$ | zusammenfassen | $-2a^2$
$ax = 2a^2$

Fallunterscheidung:
I) $a = 0$: $0 = 0$ (wahre Aussage), also $L = D = \mathbb{R}^*$
II) $a \neq 0$: $ax = 2a^2$ | :a
$x = 2a$, also $L = \{2a\}$

Aufgaben

10 Bestimmen Sie die Definitionsmenge und lösen Sie die Gleichung.

a) $\frac{9}{x-8} = x$
b) $\frac{5}{x-2} - 3 = \frac{2x-4}{5}$
c) $\frac{x+3}{x} - 5 = \frac{x}{x-2}$
d) $\frac{2x+1}{3} + \frac{10}{2x+1} = 4$
e) $2 \cdot \frac{x-2}{5} + \frac{5}{x-2} = 3$
f) $\frac{2x+1}{2} + \frac{10}{3-2x} = 2$

11 a) $\frac{x+3}{x} + \frac{x}{x-2} = 5$
b) $\frac{7-x}{x} - \frac{x}{x+8} = 5$
c) $\frac{x+1}{x-1} - \frac{9}{5} = \frac{x-2}{x+2}$
d) $\frac{x+11}{2x+1} - \frac{x+3}{x+5} = 0$

12 a) $\frac{x}{2x-3} - \frac{1}{2x} = \frac{3}{4x-6}$
b) $\frac{2x}{x-4} + \frac{3x}{x+4} = \frac{4(x^2-x+4)}{x^2-16}$

Hier finden Sie die Lösungsmengen zu den Aufgaben 11 und 12: $\{-4; 13\}$, $\{1\}$, $\{-7; \frac{8}{7}\}$, $\{\frac{2}{3}; 3\}$, $\{-\frac{2}{3}; 3\}$, $\{\}$

13 In der folgenden Gleichung sei x die Lösungsvariable. Geben Sie die Lösungsmenge in Abhängigkeit von a (mit $a \neq 0$ und $x \neq 0$) an.

a) $\frac{x}{a} - \frac{a}{x} = \frac{3}{2}$
b) $x - \frac{1}{x} = a - \frac{1}{a}$
c) $\frac{4ax+4}{ax} - 2 = \frac{ax}{2}$

Lineare Ungleichungen

Mit linearen Ungleichungen rechnet man so wie mit linearen Gleichungen. Wird aber eine Ungleichung mit einer negativen Zahl multipliziert oder durch eine negative Zahl dividiert, dann ändert sich die Richtung des Größerzeichens bzw. Kleinerzeichens.

Beispiel

Auflösen der lineare Ungleichung $2x - 9 < 4x - 1$ nach x und bestimmen der Lösungsmenge.

$2x - 9 < 4x - 1$ | $-4x + 9$
$-2x < 8$ | $:(-2)$, dabei wird aus dem Kleinerzeichen ein Größerzeichen
$x > -4$

$L = \{x \mid x > -4\}$ oder $L = \,]-4; \infty[$

Die Lösungen finden Sie auf Seite L 24.

Aufgaben **14** Lösen Sie die Ungleichung nach x auf und bestimmen Sie die Lösungsmenge.
a) $4x + 17 > -x - 3$
b) $-4 \cdot (3x - 2) < 6 \cdot (1 - 2x)$

15 Bestimmen Sie die Lösungsmenge für x in Abhängigkeit der Formvariablen.
a) $5 \cdot (3 + x) > p \cdot (1 - x) + 3 \cdot (x + 5)$
b) $t \cdot (x - t - 2) < 1 - x$

16 Dosen zu je 300 g sollen verpackt werden. Für die Verpackung muss man 500 g rechnen. Insgesamt soll das Paket höchstens 12 kg wiegen. Wie viele Dosen darf man höchstens einpacken?

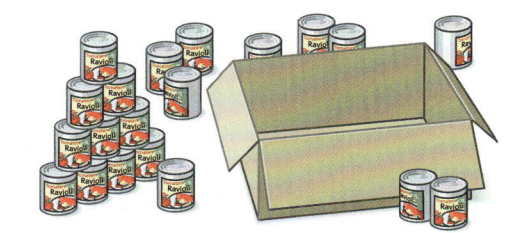

Betragsgleichungen und Betragsungleichungen

Es sei $x \in \mathbb{R}$. Dann macht man eine Fallunterscheidung, da für den Betrag von x gilt:
$|x| = \begin{cases} x \text{ für } x \geq 0 \\ -x \text{ für } x < 0 \end{cases}$

Auf einer Zahlengeraden entspricht der Betrag einer Zahl dem positiven Abstand der Zahl von 0, also dem Ursprung.

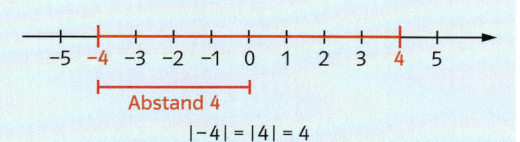

Abstand 4
$|-4| = |4| = 4$

Zum Lösen einer Betragsgleichung oder Betragsungleichung wird stets eine Fallunterscheidung nach folgendem Prinzip durchgeführt:

I) Der Term zwischen den Betragsstrichen ist **größer null**: Betragsstriche durch Klammern ersetzen.
$x - 2 > 0$ d.h. $|x - 2| = (x - 2)$

II) Der Term zwischen den Betragsstrichen ist **kleiner null**: Betragsstriche durch Klammern ersetzen und dann ein Minuszeichen vor die Klammer setzen.
$x - 2 < 0$ d.h. $|x - 2| = -(x - 2)$

Beispiel 1
$|2x - 4| = 6$
Fallunterscheidung:

I) $2x - 4 \geq 0$, also $x \geq 2$
$2x - 4 = 6$ d.h. $x = 5$

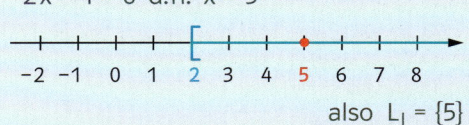

II) $2x - 4 < 0$, also $x < 2$
$-(2x - 4) = 6$ d.h. $x = -1$

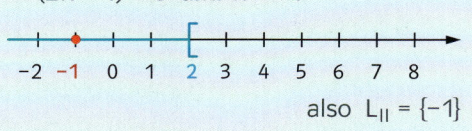

also $L_I = \{5\}$
also $L_{II} = \{-1\}$

gesamte Lösungsmenge: $L = L_I \cup L_{II} = \{-1; 5\}$

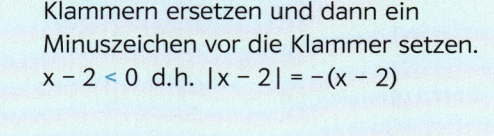

$\geq$ bedeutet > oder =
$\leq$ bedeutet < oder =

Aufgabe **17** Lösen Sie die Betragsgleichung.
a) $|2x + 9| = 1$
b) $|3x + 5| = 4$
c) $|6x - 15| = 0$
d) $|3x - 6| = x$
e) $|3x - 4| = 4x - 3$
f) $|-18 - 3x| = 6x + 12$

🔑 Die Lösungen finden Sie auf Seite L 24.

Basiswissen

Beispiel 2

$-|x + 4| = 3x$

Fallunterscheidung:

I) $x + 4 \geq 0$, also $x \geq -4$
$-(x + 4) = 3x$
$-x - 4 = 3x$ d.h. $x = -1$

also $L_I = \{-1\}$

II) $x + 4 < 0$, also $x < -4$
$+(x + 4) = 3x$
$x + 4 = 3x$ d.h. $x = 2$

also $L_{II} = \emptyset$

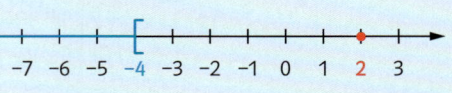

gesamte Lösungsmenge: $L = L_I \cup L_{II} = \{-1\}$

Betragsungleichung

Beispiel 3

$4 \cdot |3x + 9| > 24$

Fallunterscheidung:

I) $3x + 9 \geq 0$, also $x \geq -3$
$4 \cdot (3x + 9) > 24$ $|: 4$
$3x + 9 > 6$ d.h. $x > -1$

also $L_I = \{x \mid x > -1\}$

II) $3x + 9 < 0$, also $x < -3$
$-4 \cdot (3x + 9) > 24$ $| :(-4)$
$3x + 9 < -6$ d.h. $x < -5$

also $L_{II} = \{x \mid x < -5\}$

gesamte Lösungsmenge: $L = L_I \cup L_{II} = \{x \mid x > -1 \vee x < -5\} = \mathbb{R} \setminus (-5; -1]$

Aufgabe 18 Lösen Sie die Betragsungleichung und veranschaulichen Sie die Lösungsmenge an der Zahlengeraden.

a) $|2x - 3| < 3$ b) $|3x + 4| \geq 8$ c) $|8x - 12| \leq 4 + x$

Potenzgleichungen

Die Gleichung $x^n = a$ nennt man **Potenzgleichung**; z.B. $x^3 = 125$.

Für die Lösungen von Potenzgleichungen der Form $x^n = a$; $n \in \mathbb{N} \setminus \{0; 1\}$ gilt:

	n gerade	n ungerade
a > 0	$\sqrt[n]{a}$ und $-\sqrt[n]{a}$	$\sqrt[n]{a}$
a = 0	0	0
a < 0	keine Lösung	$-\sqrt[n]{|a|}$

Beispiel

Die Potenzgleichung wird gelöst.

a) $x^4 = 5$
$x^4 = 5$ | 4. Wurzel
$x_1 = \sqrt[4]{5}$ und $x_2 = -\sqrt[4]{5}$
$L = \{-\sqrt[4]{5}; \sqrt[4]{5}\}$

b) $x^6 = 0$
$x^6 = 0$ | 6. Wurzel
$x = 0$
$L = \{0\}$

c) $x^3 = -8$
$x^3 = -8$ | 3. Wurzel
$x = -\sqrt[3]{|-8|} = -\sqrt[3]{8} = -2$
$L = \{-2\}$

Die Lösungen finden Sie auf Seite L 25.

Wurzelgleichungen

Steht die Variable unter der Wurzel, spricht man von einer **Wurzelgleichung**. Beim Lösen von Wurzelgleichungen ist Folgendes zu beachten:

- Der Wert des Terms unter der Wurzel (Radikand) darf keine negative Zahl sein. Dies muss bei der Definitionsmenge D berücksichtigt werden.
- Eine Wurzelgleichung der Form $\sqrt[n]{x} = a$ hat für $a < 0$ keine Lösung.
- Oft wird die gegebene Wurzelgleichung potenziert, um sie lösen zu können. Allerdings ist das Potenzieren keine Äquivalenzumformung; diese neue Gleichung hat dann manchmal Lösungen, die nicht für die Wurzelgleichung zutreffen.
- Jede dieser Lösungen muss als Probe in die Ausgangsgleichung eingesetzt werden; wenn die Probe stimmt, werden die berechneten Zahlen in die Lösungsmenge L aufgenommen.

💡 $\sqrt{x} = 2$ daraus folgt $x = 4$ ($D = \mathbb{R}_+$)
aber:
$x^2 = 4$ daraus folgt $x = 2$ oder $x = -2$.

Beispiel
Lösen der Wurzelgleichung.

a) $\sqrt[3]{x} = 4$ Radikand ist x
   I $D = \mathbb{R}_+^*$
   II $x = 4^3 = 64$
   III Probe: $\sqrt[3]{64} = 4$ (wahr)
       $L = \{64\}$

b) $\sqrt{x + 2} = x$ Radikand ist $x + 2$
   I $D = [-2; \infty[$
   II $x + 2 = x^2$ d.h. $x^2 - x - 2 = 0$
       es folgt: $x_1 = 2$; $x_2 = -1$
   III Probe: $\sqrt{2 + 2} = \sqrt{4} = 2$ (wahr)
       $\sqrt{-1 + 2} = \sqrt{1} = -1$ (falsch)
       $L = \{2\}$

💡 Die Gleichung $\sqrt{x} = -1$ hat keine Lösung.

Aufgaben

19 Entscheiden Sie, ob die Definitionsmenge D eingeschränkt werden muss, und lösen Sie die Gleichung.

a) $x^4 = 625$
b) $2x^3 + 0{,}25 = 0$
c) $\frac{x^4}{8} + 2 = 0$
d) $(x - 3)^5 = -\frac{1}{32}$
e) $\sqrt[3]{x} = -8$
f) $\sqrt[5]{x - 1} = 2$
g) $\sqrt[5]{x^2} = 4$
h) $x^{-1} = 5 \cdot \sqrt{x^3}$
i) $\sqrt[4]{x + 3} = 1$

20 Geben Sie die Definitionsmenge an und lösen Sie die Wurzelgleichung. Machen Sie die Probe.

a) $x + \sqrt{x} = 20$
b) $2x - \sqrt{x} = 3$
c) $\sqrt{x - 1} = x - 1$
d) $2x + \sqrt{x + 1} = 8$
e) $3 - \sqrt{12 - 33x} = 6x$
f) $\sqrt{13 - 4x} = 2 - x$
g) $\sqrt{x - 5} = 5 - \sqrt{x}$
h) $\sqrt{x + 5} = \sqrt{30}$
i) $2 + \sqrt{x} = x$

🔑 Die Lösungen finden Sie auf Seite L 25.

Basiswissen

4 Arbeiten im Koordinatensystem

Kartesische Koordinaten

Ein **kartesisches Koordinatensystem** besteht aus zwei orthogonalen Zahlengeraden, der x-Achse und der y-Achse, die sich in ihren Nullpunkten – dem Ursprung O – schneiden. Die Abstandsteilung ist in waagerechter und in senkrechter Richtung gleichmäßig, man sagt **äquidistant**. Durch die beiden Koordinatenachsen wird die Zeichenebene in **vier Quadranten** oder vier **Felder** geteilt, die entgegen dem Uhrzeigersinn durchnummeriert werden.

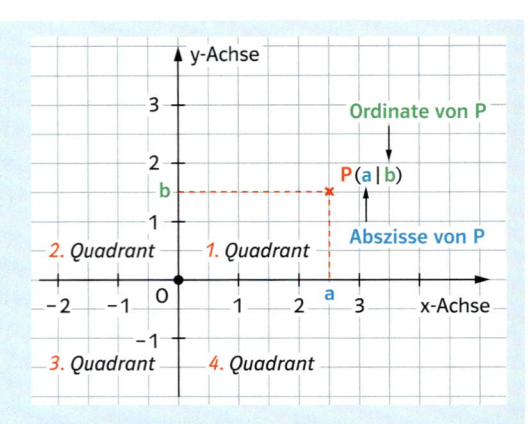

René Descartes (lat. Cartesius, 1596–1650) beschrieb Punkte, indem er ihnen Zahlen zuordnete oder „koordinierte".

Ein **Punkt P(a|b)** ist durch seine x-Koordinate oder **Abszisse a** und durch seine y-Koordinate oder **Ordinate b** festgelegt.

Jedem **Zahlenpaar (a; b)** mit a, b ∈ ℝ kann somit in eindeutiger Weise ein **Punkt P(a|b)** in einem kartesischen Koordinatensystem zugeordnet werden und umgekehrt.

Folglich kann man die Lösungsmenge einer Gleichung oder Ungleichung mit zwei Variablen, die aus Zahlenpaaren besteht, als Punkte in einem kartesischen Koordinatensystem veranschaulichen.

Aufgaben

1 Welche der Punkte A bis H erfüllen die folgende Bedingung?
a) Die x-Koordinate (Abszisse) ist 3.
b) Die y-Koordinate (Ordinate) ist kleiner als 2.
c) Der Punkt gehört zum Schaubild von $y = 0{,}5 x^2$.
d) Das Koordinatenpaar erfüllt die Ungleichung $y > -x$.
e) Die x-Koordinate und die y-Koordinate unterscheiden sich höchstens um 1.

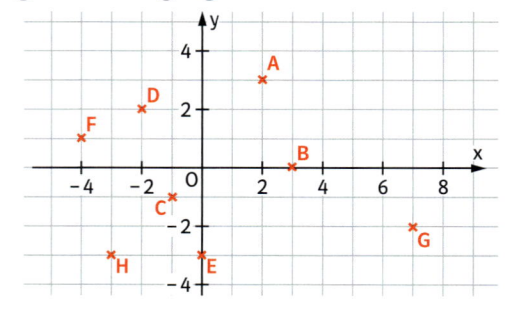

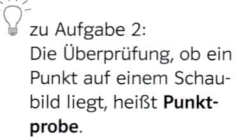

zu Aufgabe 2:
Die Überprüfung, ob ein Punkt auf einem Schaubild liegt, heißt **Punktprobe**.

2 Gehört der Punkt Q(2|−4) zum Schaubild?
a) $x^2 = 0{,}5\,y$
b) $y = -2x^2$
c) $-y = x^2$
d) $-4x = 0{,}5\,y$
e) $x^4 = -2^2 \cdot y$
f) $x = \sqrt{-y}$

3 Zeichnen Sie ein Koordinatensystem in Ihr Heft. Gegeben sind die Punkte A(3|−1), B(2|0) und C(u|v). Geben Sie die Koordinaten der Bildpunkte A', B' und C' bei der folgenden Abbildung an.
a) Spiegelung an der x-Achse
b) Spiegelung an der y-Achse
c) Spiegelung am Ursprung
d) Spiegelung am Punkt Z(0|4)

Die Lösungen finden Sie auf Seite L25.

Länge einer Strecke

Zeichnet man durch zwei Punkte $P(x_P|y_P)$ und $Q(x_Q|y_Q)$ nicht die Gerade, sondern eine Strecke, kann man von dieser die Länge und die Koordinaten des Mittelpunktes $M(x_M|y_M)$ berechnen.
Als Einheit für die Länge dient die Koordinateneinheit. So gemessene Längen werden ohne Einheit geschrieben. Ist die Strecke parallel zu einer Koordinatenachse, gilt: $\overline{AB} = x_B - x_A$ bzw. $\overline{CD} = y_C - y_D$.
Allgemein gilt der Satz des Pythagoras: $\overline{PQ} = (x_Q - x_P)^2 + (y_Q - y_P)^2$.

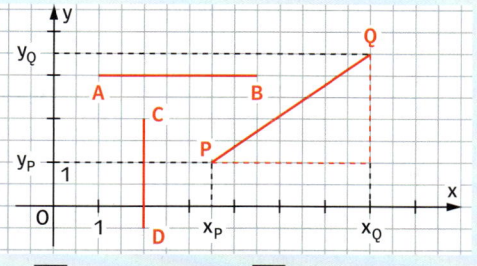

💡 Diese Längenberechnung gilt nur in einem Koordinatensystem mit gleichen Längeneinheiten, wie das bei einem kartesischen Koordinatensystem der Fall ist.

Aufgaben

4 Berechnen Sie die Länge der Strecke AB.
a) A(2|1), B(6|4)
b) A(−13|5), B(−5|11)
c) A(0|0), B(−10|0)
d) A(2|0,5), B(−2|−0,5)

5 Berechnen Sie die Längen der Seiten und der Diagonalen im Viereck ABCD.
a) A(0|−2,5), B(6|0), C(3|4), D(−3|−1,5)
b) A(−3,6|0), B(2,8|−4,8), C(6,4|0), D(0|4,8)

Mittelpunkt einer Strecke

Aus dieser Figur folgt mithilfe des Strahlensatzes: $\frac{\overline{PM}}{\overline{MQ}} = \frac{x_M - x_P}{x_Q - x_M}$.
Da M der Mittelpunkt der Strecke PQ ist, gilt: $x_M - x_P = x_Q - x_M$.
Somit: $x_M = \frac{1}{2}(x_P + x_Q)$.
Entsprechend ergibt sich: $y_M = \frac{1}{2}(y_P + y_Q)$.

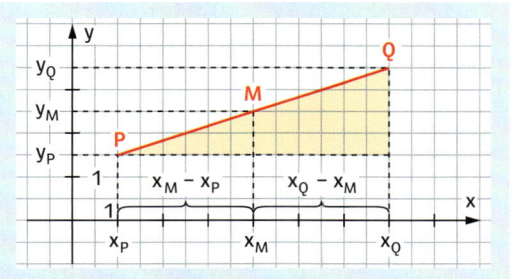

Zusammenfassung:
Für die Strecke PQ mit den Endpunkten $P(x_P|y_P)$ und $Q(x_Q|y_Q)$ gilt:
Länge d der Strecke $\overline{PQ}$: $d = \sqrt{(x_Q - x_P)^2 + (y_Q - y_P)^2}$
Koordinaten des **Mittelpunktes $M(x_M|y_M)$**: $x_M = \frac{x_P + x_Q}{2}$; $y_M = \frac{y_P + y_Q}{2}$

Beispiel
Gegeben ist das Dreieck ABC mit A(−2|−2), B(4|−1) und C(2|2). Die Länge der Seitenhalbierenden s_c wird berechnet.
Mittelpunkt M von AB:
$x_M = \frac{x_A + x_B}{2} = \frac{-2 + 4}{2} = 1$
$y_M = \frac{y_A + y_B}{2} = \frac{-2 - 1}{2} = -1{,}5$
Der Mittelpunkt von AB ist M(1|−1,5).
Länge von s_c:
$s_c = \overline{MC} = \sqrt{(x_C - x_M)^2 + (y_C - y_M)^2}$
$s_c = \sqrt{(2 - 1)^2 + (2 - (-1{,}5))^2}$
$s_c = \sqrt{13{,}25} \approx 3{,}64$ 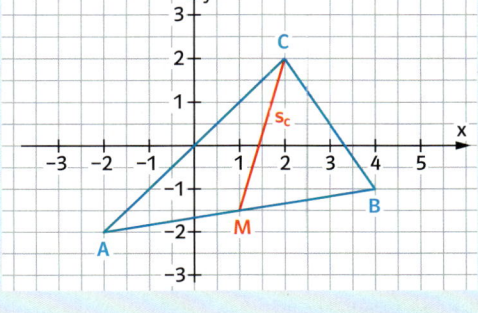
Die Länge der Seitenhalbierenden s_c beträgt also 3,64.

🔑 Die Lösungen finden Sie auf Seite L 25.

Basiswissen

Aufgaben

6 Berechnen Sie die Koordinaten des Mittelpunktes M der Strecke AB.

a) $A(2|1)$, $B(6|7)$
b) $A(4|-2)$, $B(-4|-5)$
c) $A\left(\frac{1}{2}\Big|-\frac{3}{4}\right)$, $B\left(-2\frac{1}{2}\Big|\frac{1}{3}\right)$

d) $A(-\sqrt{2}|1)$, $B(2|-\sqrt{2})$
e) $A(3|2)$, $B(7|8)$
f) $A(-2|3)$, $B(-5|-4)$

g) $A\left(-\frac{1}{3}\Big|\frac{2}{7}\right)$, $B\left(-\frac{3}{8}\Big|3\frac{3}{5}\right)$
h) $A(\sqrt{3}|-\sqrt{2})$, $B\left(-\frac{1}{2}\sqrt{2}\Big|1\right)$
i) $A(0|0)$, $B(\sqrt{400}|\sqrt{16})$

7 Berechnen Sie für das Dreieck ABC die Seitenlängen sowie die Koordinaten der Seitenmitten.

a) $A(0|0)$, $B(0|7)$, $C(3|4)$
b) $A(0|1)$, $B(4|5)$, $C(2|2)$

c) $A(-1|-1)$, $B(3,5|-1)$, $C(0,5|3)$
d) $A\left(-2\Big|-\frac{7}{4}\right)$, $B(4|0)$, $C(0|2)$

e) $A(0|0)$, $B(3\sqrt{2}|-3)$, $C(\sqrt{3}|\sqrt{6})$

f) $A\left(1+\sqrt{2}\Big|\frac{1}{2}\sqrt{3}\right)$, $B\left(1-\sqrt{2}\Big|\frac{1}{2}\sqrt{2}\right)$, $C(5|\sqrt{6})$

8 Wie lang sind die Seitenhalbierenden im Dreieck ABC?

a) $A(-1|0)$, $B(2|1)$, $C(0,5|4)$
b) $A(-0,75|1)$, $B(0|-2)$, $C(6|1)$

9 Prüfen Sie, um welche Vierecke es sich handelt.

a) Ist das Viereck PQRS mit $P(-1|0)$, $Q(4|2)$, $R(4|7)$, $S(0|4)$ eine Raute?

b) Ist das Viereck PQRS mit $P(9|-9)$, $Q(21|-9)$, $R(23|-2)$, $S(11|-2)$ ein Parallelogramm?

10 Welche Punkte auf den Koordinatenachsen haben von P den Abstand r?

a) $P(3|3)$; $r = 5$
b) $P(2,5|2)$; $r = 2,5$
c) $P(2|4)$; $r = 3,8$
d) $P(2|2)$; $r = 2$

11 a) Zeigen Sie rechnerisch, dass $A(-8|6)$ und $B(5\sqrt{3}|5)$ vom Ursprung den gleichen Abstand haben. Wo liegen alle Punkte, die vom Ursprung den Abstand 10 haben?

b) Welche Bedingung erfüllen die Koordinaten eines Punktes $P(x|y)$, falls P vom Ursprung den Abstand 10 hat?

12 a) Liegt $P(-2,8|2,1)$ auf dem Kreis um den Ursprung O mit Radius 3,5?

b) Gibt es einen Kreis um $M(3|1)$, auf dem $Q(0|-8)$ und $R(7|9,5)$ liegen?

13 Den folgenden Koordinaten liegt ein kartesisches Koordinatensystem zugrunde, dessen Ursprung in der ehemaligen Sternwarte Tübingen ist. Die x-Achse zeigt nach Osten, die y-Achse nach Norden (1 LE = 1km).

Ravensburg	(Blaserturm)	$R(42,191|-81,870)$
Stuttgart	(Stiftskirchenturm)	$S(9,324|28,561)$
Tübingen	(Stiftskirchenturm)	$T(0,365|0,028)$
Ulm	(Münsterturm)	$U(69,682|-13,052)$

Berechnen Sie die Entfernungen $\overline{RS}$, $\overline{ST}$, $\overline{TU}$ und $\overline{RU}$.

Zur Erhebung der Grundsteuer wurde das 1806 gebildete Königreich Württemberg neu vermessen. Als Nullpunkt wählte der Tübinger Astronom, Mathematiker und Geodät *Johann G. F. von Bohnenberger* (1765–1831) die Sternwarte auf dem nordöstlichen Eckturm des Tübinger Schlosses. Heute ist dieses Koordinatensystem durch ein einheitliches System ersetzt worden, das in ganz Deutschland (und weiteren Ländern) verwendet wird.

Die Lösungen finden Sie auf Seite L25.

5 Geraden

Steigung von Geraden

Um die Richtung einer Geraden angeben zu können, benötigt man ein Bezugssystem. In einem kartesischen Koordinatensystem wird die Richtung bezüglich der positiven x-Achse festgelegt.
Die Gerade g schließt beim Punkt P den **Steigungswinkel** α mit der Parallelen zur x-Achse ein (0° ≤ α < 180°).
Im **Steigungsdreieck** PRQ gilt: $\tan(\alpha) = \frac{\overline{RQ}}{\overline{PR}}$.

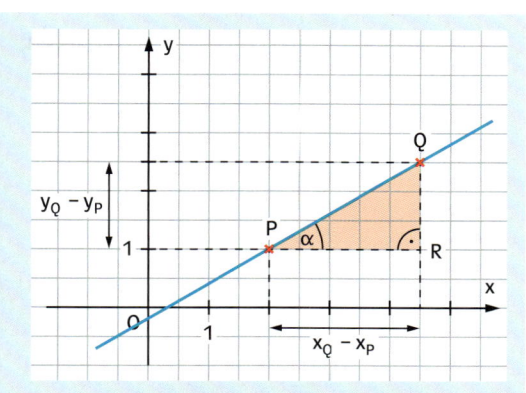

💡 $\tan(\alpha) = \frac{\text{Gegenkathete}}{\text{Ankathete}}$

💡 Eine Gerade parallel zur x-Achse besitzt die Steigung m = 0.

Die Zahl tan(α) heißt **Steigung m** der Geraden.
Mit den Koordinaten der Punkte P und Q gilt: $m = \tan(\alpha) = \frac{y_Q - y_P}{x_Q - x_P}$; $x_P \neq x_Q$.

Beispiel
Gegeben sind die Punkte P(−2|3) und Q(2|1). Die Steigung und den Steigungswinkel der Geraden g durch P und Q bestimmen.

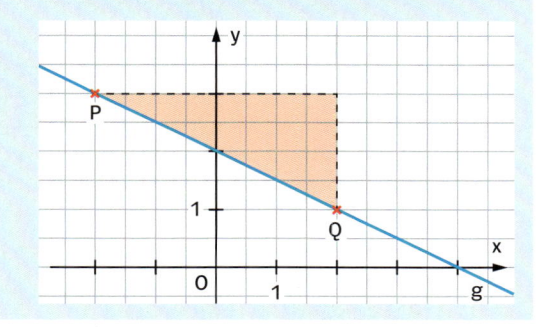

Steigung von g: $m_{PQ} = \frac{1-3}{2-(-2)} = -\frac{1}{2}$;
für den Steigungswinkel α gilt:
$\tan(\alpha) = -\frac{1}{2}$.
Hieraus ergibt sich α ≈ 153,4°.

💡 Manche Taschenrechner geben hier α ≈ −26,6° an. Da der Steigungswinkel positiv angegeben wird, muss 180° zu α addiert werden.
−26,6° + 180° = 153,4°

Aufgaben

1 Bestimmen Sie die Steigung m und den Steigungswinkel α der Geraden durch P und Q.
a) P(−1|1), Q(5|4)
b) P(−1|−5), Q(5|4)
c) P(4|−2), Q(6|10)
d) P(2,5|1,1), Q(5|1,35)
e) $P\left(\frac{1}{2}\big|-\frac{1}{2}\right)$, $Q\left(2\big|-\frac{3}{4}\right)$
f) $P(\sqrt{2}|\sqrt{2})$, $Q\left(2\sqrt{2}\big|-\frac{1}{2}\sqrt{2}\right)$

Orthogonale Geraden

Dreht man eine gegebene Ursprungsgerade g um 90° um den Ursprung O, so erhält man die zu g **orthogonale** Gerade h.
Ist $P_1(a|b)$ ein Punkt auf g, dann liegt $P_2(-b|a)$ auf h.
Die Steigung von g ist $m_1 = \frac{b}{a}$,
die Steigung von h ist $m_2 = \frac{a-0}{-b-0} = -\frac{a}{b}$.
Somit gilt $m_1 \cdot m_2 = -1$.
Umgekehrt kann man aus $m_1 \cdot m_2 = -1$ auf Orthogonalität schließen.

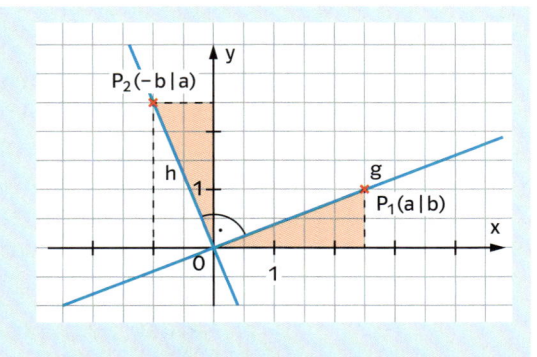

💡 Da sich die Steigung einer Geraden bei Verschiebungen nicht ändert, gilt diese Überlegung für beliebige Geraden (außer bei Geraden, die parallel zur y-Achse oder x-Achse sind).

🔑 Die Lösungen finden Sie auf Seite L 26.

Basiswissen

Besondere Vierecke

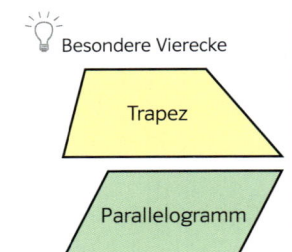

Trapez

Parallelogramm

Beispiel
Untersuchung auf Parallelität und Orthogonalität:
Gegeben ist das Viereck ABCD mit A(−1|3), B(1|−1), C(3,5|1,5), D(2|4,5).
Es wird geprüft, ob das Viereck orthogonale oder parallele Seiten hat.
Um welche Art von Viereck handelt es sich?

Die Steigungen der Geraden durch die Eckpunkte sind:
$m_{AB} = -2$; $m_{BC} = 1$; $m_{CD} = -2$; $m_{AD} = 0{,}5$.
Damit sind $\overline{AB}$ und $\overline{CD}$ parallel.
Da $m_{AB} \cdot m_{AD} = -1$ ist, sind $\overline{AB}$ und $\overline{AD}$ orthogonal.
Wegen $m_{AB} \cdot m_{BC} = -2$ sind $\overline{AB}$ und $\overline{BC}$ nicht orthogonal.
Das Viereck ist ein Trapez.

Aufgaben

2 Berechnen Sie die Steigung einer Geraden, die zu der Geraden durch A und B orthogonal ist.
a) A(5|2), B(8|5)   b) A(0|−1), B(−2|2)   c) A(−1,4|1), B(−1|1,75)

3 Untersuchen Sie, ob es sich bei dem Viereck ABCD um ein Parallelogramm, ein Trapez oder um keines von beiden handelt.
a) A(0|0), B(2|−5), C(7|−3), D(5|2)   b) A(1|0), B(8|−2), C(7|1), D(−1|3)
c) A(0|−4), B(3|−3), C(1|3), D(−2|2)   d) A(2|0), B(8|−1), C(9|0), D(6|0,5)

4 Bei Straßen wird die Steigung in Prozent angegeben. Die steilsten Teilstücke der San-Bernardino-Passstraße haben 15% Steigung.
Wie groß ist der Steigungswinkel?

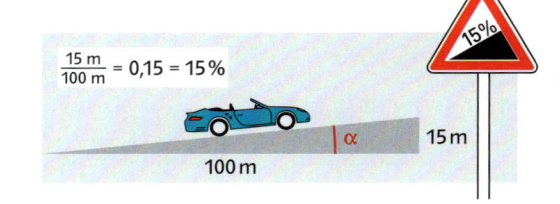

$\frac{15\,m}{100\,m} = 0{,}15 = 15\%$

Formen der Geradengleichung

Hauptform der Geradengleichung
Geht eine Gerade g mit der Steigung m durch den Ursprung O(0|0), so gilt für die Punkte P(x|y) mit x ≠ 0 auf g: $m = \frac{y-0}{x-0}$.
Hieraus folgt: $y = m \cdot x$.
Eine Gerade, die durch einen beliebigen Punkt A(0|c) der y-Achse verläuft, entsteht durch eine Verschiebung um c aus der Ursprungsgeraden.
Man erhält: $y = m \cdot x + b$.
(Hauptform der Geradengleichung)

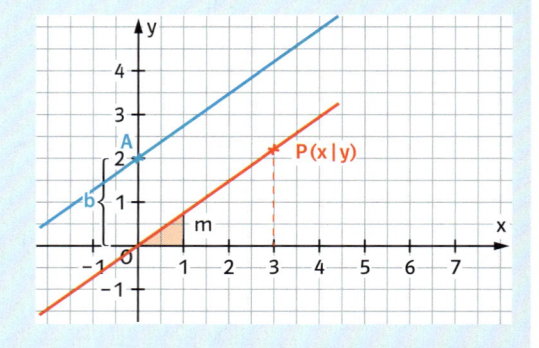

Besondere Geraden parallel zu den Koordinatenachsen
a) Parallele zur x-Achse: Geraden der Form y = b
b) Parallele zur y-Achse: Geraden der Form x = a

Die Lösungen finden Sie auf Seite L 26.

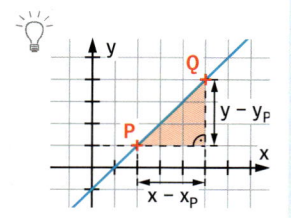

Punkt-Steigungs-Form
Von einer Geraden g sind **ein Punkt** $P(x_P|y_P)$ und die **Steigung m** bekannt.
Dann kann die Formel für die Steigung mithilfe des Punktes P und eines weiteren allgemeinen Punktes $Q(x|y)$ aufgestellt werden $m = \frac{y - y_P}{x - x_P}$. Löst man die Formel nach y auf, so erhält man den Ansatz $y = m \cdot (x - x_P) + y_P$. Anschließendes Ausmultiplizieren ergibt die Hauptform, siehe Seite B 21.

Zwei-Punkte-Form
Von einer Geraden g sind **zwei Punkte** $P(x_P|y_P)$ und $Q(x_Q|y_Q)$ mit $x_P \neq x_Q$ bekannt.
Man erhält die **Steigung** durch $m = \frac{y_Q - y_P}{x_Q - x_P}$, die in den Ansatz $y = m \cdot (x - x_P) + y_P$ eingesetzt wird.
Anschließendes Ausmultiplizieren liefert die Hauptform, siehe Seite B 21.

Beispiel
1 Hauptform der Geradengleichung zeichnen
a) Umschreiben der Geradengleichung $-2x + y = 3$ in der Hauptform.
b) Zeichnen der Geraden.
a) $y = 2x + 3$
b) Man trägt am y-Achsenabschnitt 3 ein Steigungsdreieck mit der Steigung 2 ein.

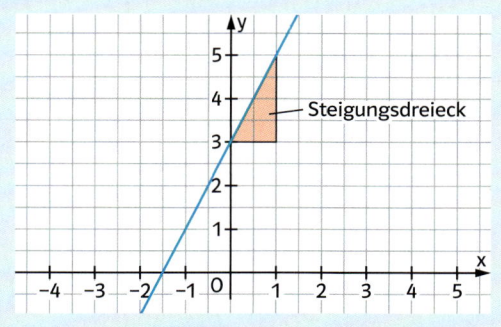

2 Geradengleichung bestimmen
a) Bestimmen der Hauptform der Geradengleichung für die Gerade g, die durch den Punkt $P(2|-1)$ verläuft und die Steigung $m = 1{,}5$ besitzt.
b) Bestimmen der Hauptform der Geradengleichung für die Gerade g, die durch die Punkte $P(-2|3)$ und $Q(4|-1)$ verläuft.
a) $y = 1{,}5 \cdot (x - 2) - 1$ bzw. $y = 1{,}5x - 4$
b) Mit $m = \frac{-1 - 3}{4 - (-2)} = -\frac{2}{3}$ ergibt sich $y = -\frac{2}{3} \cdot (x + 2) + 3$ bzw. $y = -\frac{2}{3} \cdot x + \frac{5}{3}$.

Aufgaben

5 Ermitteln Sie die Hauptform der Geraden, die durch A geht und die Steigung m hat.
a) $A(0|3)$; $m = 0{,}4$
b) $A(1|1{,}5)$; $m = -2{,}5$
c) $A(-3|-1)$; $m = \sqrt{2}$

6 Geben Sie die Steigung m und den y-Achsenabschnitt b der Geraden g an.
a) g: $y = 3x + 4$
b) g: $y = -0{,}5x - 2{,}4$
c) g: $y = 5$
d) g: $y = x$
e) g: $y = -x$
f) g: $y = \frac{1}{3}(-x + 9)$

7 Ermitteln Sie, wenn möglich, die Hauptform der Geradengleichung. Zeichnen Sie die Gerade.
a) $4x - 5y + 3 = 0$
b) $\frac{1}{2}x + \frac{2}{3}y + 2 = 0$
c) $-3 - 2x = 0$
d) $x = \frac{4}{5}y + \frac{8}{5}$

Die Lösungen finden Sie auf Seite L 27.

Basiswissen

8 Geben Sie die Gleichungen der Geraden g, h, i und j in der Figur rechts an.

9 Untersuchen Sie rechnerisch.
a) Liegt P(10|12) auf der Geraden durch den Ursprung O(0|0) und Q(0,25|0,2)?
b) Geht die Orthogonale zu der Geraden mit der Gleichung $y = 7x - 21$ durch P(0|3) auch durch Q(14|1)?
c) Ist die Gerade mit der Geradengleichung $-x + 4y - 6 = 0$ die Parallele zur Geraden $y = -0,25x$ durch den Punkt P(-6|0)?

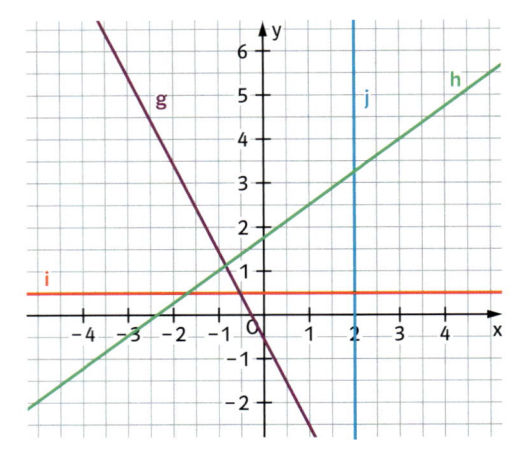

10 a) Bestimmen Sie b so, dass die Gerade $y = \frac{1}{3}x + b$ durch den Punkt P(-5|-4) geht.
b) Bestimmen Sie m und b so, dass die Gerade $y = mx + b$ durch P(7|-2) und Q(2|4) geht.

zu Aufgabe 13:

$B(x_B | y_B)$

$M(x_M | y_M)$

$A(x_A | y_A)$

Für die Koordinaten des **Mittelpunktes** $M(x_M | y_M)$ einer Strecke AB gilt:
$x_M = \frac{1}{2}(x_A + x_B)$;
$y_M = \frac{1}{2}(y_A + y_B)$.

11 Ermitteln Sie die Hauptform der Geraden, die durch P geht und die Steigung m hat.
a) $P(0 | \frac{3}{2})$; $m = -1$
b) $P(2,4 | -1,2)$; $m = 0,9$
c) $P(4|0)$; $m = \sqrt{2}$

12 Gegeben ist das Dreieck ABC mit A(3|3), B(-3|1) und C(0|-2). Bestimmen Sie eine Gleichung der Parallelen
a) zur Strecke BC durch A,
b) zur Strecke CA durch B,
c) zur Strecke AB durch C.

13 a) Wie lautet eine Gleichung einer Geraden, die den Steigungswinkel 45° hat und durch P(2|-5) geht?
b) Wie lautet die Gleichung einer Geraden, die durch die Mitte der Strecke PQ mit P(2|3) und Q(4|1) geht und die Steigung 0,5 hat?

6 Lineare Gleichungssysteme mit zwei Variablen

Von der linearen Gleichung zum linearen Gleichungssystem

Eine Gleichung, die sich auf die Form **Ax + By = C** (A und B nicht beide gleich 0) bringen lässt, heißt **lineare Gleichung mit zwei Variablen**.
Durch das Zusammenkoppeln von mehreren linearen Gleichungen entsteht ein **lineares Gleichungssystem** oder kurz **LGS**.
Ein Zahlenpaar (x; y) heißt **Lösung eines LGS** mit zwei Variablen, falls das Paar **jede Gleichung** des Systems erfüllt.

Da die Lösungsmenge jeder einzelnen Gleichung durch die Punkte einer Geraden veranschaulicht werden kann, wird die Lösung eines LGS durch diejenigen Punkte repräsentiert, die sowohl auf der einen als auch auf der anderen Geraden liegen.

🗝 Die Lösungen finden Sie auf Seite L 27.

Für die Lösungsmenge eines linearen Gleichungssystems mit zwei Variablen ergeben sich anhand der Veranschaulichung folgende drei Möglichkeiten:

Die Geraden schneiden sich in einem Punkt; das Gleichungssystem hat **genau eine** Lösung.	Die Geraden sind parallel und verschieden; das Gleichungssystem hat **keine** Lösung.	Die Geraden fallen zusammen; das Gleichungssystem hat **unendlich viele** Lösungen.
$y + 2x = 4$ $y - x = 1$	$2y - x = 4$ $2y - x = 2$	$x + y = 2$ $2{,}5x + 2{,}5y = 5$

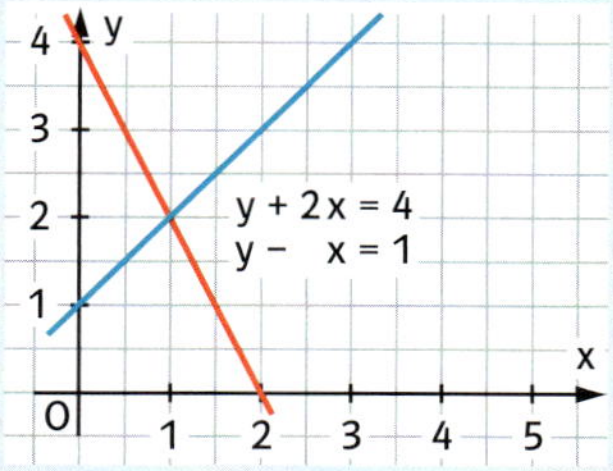

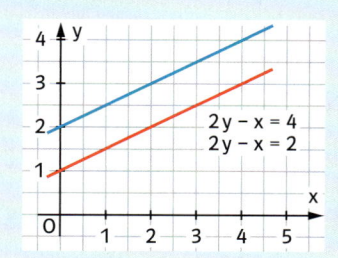

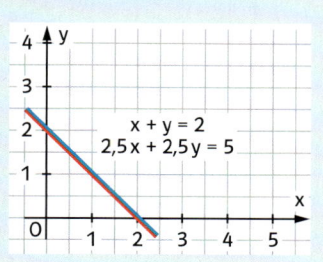

Aufgaben

1 Veranschaulichen Sie die Lösungsmenge der linearen Gleichung im Koordinatensystem. Geben Sie ggf. Steigung und y-Achsenabschnitt der zugehörigen Geraden an.
a) $y = -x - 2$ b) $2y - x = 2$ c) $x - 3y = 4$ d) $3x = 2 - 4y$
e) $0 = 4x - 10y - 5$ f) $2x - 4 = 0$ g) $9 = -3y$ h) $5 = 2(x + y)$
i) $y - \frac{x-1}{4} = 0$ j) $3(x - y) = 5 - 3y$ k) $\frac{x}{2} - \frac{y}{4} - \frac{3}{8} = 0$ l) $-\frac{2-y}{3} = 2x$

2 Prüfen Sie, ob das Zahlenpaar eine Lösung des linearen Gleichungssystems ist.
a) $x + y = 10$
   $x - y = 9$ $\left(9\tfrac{1}{2};\tfrac{1}{2}\right)$
b) $2x + y = -1$
   $x + 2y = 5$ $(-2; 3)$
c) $4x - 3y = 10$
   $6x + y = 0$ $\left(\tfrac{1}{2}; -3\right)$
d) $2x - 5y + 2{,}5 = 0$
   $60x + 140y + 17 = 0$ $\left(-\tfrac{3}{4}; \tfrac{1}{5}\right)$

3 Lösen Sie das LGS zeichnerisch. Überprüfen Sie Ihr Ergebnis durch Einsetzen.
a) $y = 2x - 3$
   $y = -\tfrac{1}{2}x + 2$
b) $2x + 5y = -4$
   $5x + 2y = 11$
c) $2x = 3y - 3$
   $4x - 5y + 7 = 0$

4 Entscheiden Sie zeichnerisch, wie viele Lösungen das System hat.
a) $2y - x = 1$
   $y - 0{,}5x = -4$
b) $2y - 3x = -2$
   $4y + x = 7$
c) $y - 2x = 1{,}5$
   $2y - 4x = 3$
d) $x - 1 = 0$
   $y - 1 = 0$

Das Additionsverfahren

Die Gegenzahl von 3 ist -3 und die Gegenzahl von $-\tfrac{2}{3}$ ist $\tfrac{2}{3}$.

Die Lösungen finden Sie auf Seite L 27.

Ein lineares Gleichungssystem mit zwei Variablen kann rechnerisch nach dem **Additionsverfahren** gelöst werden:
1. Jede Gleichung wird so umgeformt, dass der x-Koeffizient oder y-Koeffizient der ersten Gleichung und der entsprechende Koeffizient in der zweiten Gleichung Gegenzahlen sind.
2. Die zweite Gleichung wird durch die Summe beider Gleichungen ersetzt. Dabei wird eine Variable beseitigt.
3. Aus der erhaltenen **Stufenform** wird die Lösungsmenge des Systems bestimmt.

Basiswissen

Beispiele

a)
$$5x - 2y = 24 \quad (I)$$
$$x + 3y = 2 \quad (II)$$
$$\overline{5x - 12y = 24} \quad (I)$$
$$-5x - 15y = 10 \quad (III)$$
$$\overline{5x - 12y = 24} \quad (I)$$
$$-17y = 34 \quad (IV)$$
$$y = -2$$
$$5x - 2 \cdot (-2) = 24$$
Lösung: $(4; -2)$

Die Koeffizienten von x sollen Gegenzahlen werden.
1. Schritt: Man schreibt (I) ab; durch Multiplikation von (II) mit −5 erhält man Gleichung (III).
2. Schritt: Man ersetzt (III) durch die „Summe" der Gleichungen: (IV) = (I) + (III).
3. Schritt: Aus (IV) berechnet man den y-Wert und durch Einsetzen in (I) auch den x-Wert.

b)
$$6x + 5y = -36 \quad (I)$$
$$-7x + 3y = -11 \quad (II)$$
$$\overline{42x + 35y = -252} \quad (III) = (I) \cdot 7$$
$$-42x + 18y = -66 \quad (IV) = (II) \cdot 6$$
$$\overline{6x + 5y = -36} \quad (I)$$
$$53y = -318 \quad (V) = (III) + (IV)$$
$$y = -6 \quad (VI) = (V) : 53$$
$$x = -1 \quad (VI) \text{ in } (I)$$
Lösung: $(-1; -6)$

c)
$$4x - y = -23 \quad (I)$$
$$3x + 4y = -3 \quad (II)$$
$$\overline{16x - 4y = -92} \quad (III) = (I) \cdot 4$$
$$3x + 4y = -3 \quad (II)$$
$$\overline{4x - y = -23} \quad (I)$$
$$19x - y = -95 \quad (VI) = (II) + (III)$$
$$x = -5 \quad (V) = (IV) : 19$$
$$y = 3 \quad (V) \text{ in } (I)$$
Lösung: $(-5; 3)$

Bemerkung: In Beispiel c) wird anders als bei den Beispielen a) und b) nicht die Variable x, sondern die Variable y eliminiert. Manchmal führt dies schneller zum Ziel.

Aufgaben

5 Bestimmen Sie die Lösung des LGS mit dem Additionsverfahren.

a) $4x - 4y = 28$
   $-2x - 3y = -4$

b) $2x - 3y = 2$
   $x - 4y = -4$

c) $5x - 6y = 8$
   $2x + 3y = 5$

d) $3x + 2y = 0$
   $7x + 10y = 4$

6 a) $4x + 7y = 21$
   $3x - 4y = 25$

b) $2x - 6y = 3$
   $3x - 4y = 11$

c) $7x + 3y = 69$
   $5x - 2y = 12$

d) $-5x + 2y = 25$
   $3x - 5y = 23$

7 Bestimmen Sie zunächst die Gleichungen so, dass die Koeffizienten ganzzahlig werden, und lösen Sie dann das Gleichungssystem.

a) $\frac{1}{3}x - \frac{1}{5}y = -2$
   $\frac{1}{2}x + \frac{1}{4}y = -\frac{1}{4}$

b) $\frac{2}{5}x + \frac{1}{2}y = 3$
   $x - \frac{3}{2}y = 2$

c) $0{,}4x + 0{,}5y = -0{,}2$
   $1{,}5x - 0{,}2y = 3{,}4$

Das Einsetzungsverfahren

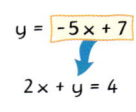

$y = \boxed{-5x + 7}$

$2x + y = 4$

🔑 Die Lösungen finden Sie auf Seite L 28.

Beispiel
$$y = -5x + 7$$
$$2x + y = 4$$
$$\overline{2x + (-5x + 7) = 4}$$
$$-3x = -3$$
$$x = 1$$
$$y = -5 \cdot 1 + 7 = 2$$
Lösung: $(1; 2)$

Die erste Gleichung des LGS ist bereits nach y aufgelöst.
Somit kann die rechte Seite der ersten Gleichung in die zweite Gleichung eingesetzt werden. Es ergibt sich dann eine Gleichung für die Variable x.
Durch Einsetzen des x-Wertes in die erste Gleichung erhält man den y-Wert.

Aufgaben

8 Bestimmen Sie die Lösung des linearen Gleichungssystems mit dem Einsetzungsverfahren.

a) $y = 2x + 6$
$3x + y = 1$

b) $3x - y = 9$
$y = 2x - 6$

c) $4x - 2y = 12$
$y = 3x + 1$

d) $y = 2x + 5$
$-4x + 2y = 12$

Das Gleichsetzungsverfahren

Beispiel

$y = 3x + 4$
$y = -2x - 1$
$3x + 4 = -2x - 1$
$5x = -5$
$x = -1$
$y = 3 \cdot (-1) + 4 = 1$

Lösung: $(-1; 1)$

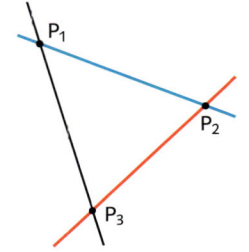

Sind beide Gleichungen nach y aufgelöst, können die rechten Seiten einander gleichgesetzt werden.
Man erhält somit eine Gleichung für die Variable x.
Wie beim Einsetzungsverfahren erhält man durch Einsetzen des berechneten x-Wertes in eine der beiden Gleichungen den y-Wert.

Bemerkung
- Das Einsetzungsverfahren ist dann vorteilhaft, wenn eine Gleichung des linearen Gleichungssystems bereits nach y aufgelöst ist.
- Alternativ könnte eine Gleichung auch nach x aufgelöst sein. Dann wären gewissermaßen die Rollen von x und y vertauscht, das heißt nach dem Einsetzen würde sich eine Gleichung für die Variable y ergeben.
- Das Gleichsetzungsverfahren ist günstig, wenn beide Gleichungen des linearen Gleichungssystems nach y aufgelöst sind.
- Das Gleichsetzungsverfahren wird auch verwendet, wenn der Schnittpunkt zweier Geraden rechnerisch bestimmt werden soll und beide Geraden in der Hauptform gegeben sind.

Aufgaben

9 Bestimmen Sie die Lösung des linearen Gleichungssystems mit dem Gleichsetzungsverfahren.

a) $y = 2x + 10$
$y = -x + 1$

b) $y = -3x + 6$
$y = 2x + 4$

c) $y = 12$
$y = 3x - 3$

d) $y = 3x - 2$
$y = -5x + 2$

10 Lösen Sie das lineare Gleichungssystem mit einem Verfahren Ihrer Wahl.

a) $3x - 4y = 9$
$-x - 2y = -8$

b) $y = 4x - 7$
$-8x + 2y = -14$

c) $y = -4x + 2$
$y = 2x - 0,5$

d) $x = 3y - 1$
$2x - y = 3$

11 Die zu den drei Gleichungen gehörenden Geraden bilden ein Dreieck. Berechnen Sie die Koordinaten der Eckpunkte.

a) $13y + 2x = 32$
$5x + 4y = 80$
$5y = 8x - 14$

b) $15y = -3x + 15$
$y + 2x + 3,5 = 0$
$7y = -5x + 25$

Die Lösungen finden Sie auf Seite L 28.

Basiswissen

7 Quadratische Gleichungen

Rein quadratische Gleichungen

Wenn in einer Gleichung die Variable im Quadrat vorkommt, spricht man von einer **quadratischen Gleichung** oder einer Gleichung 2. Grades. Kommen außer dem Quadrat der Variablen nur Zahlen vor, so ist die Gleichung **rein quadratisch**.

💡 $\sqrt{9} = 3$, aber $x^2 = 9$ hat zwei Lösungen, nämlich $x_1 = +3$ und $x_2 = -3$.

Rein quadratische Gleichungen können immer so umgeformt werden, sodass das Quadrat der Variablen allein steht.
Es gibt zwei Zahlen, die dieses Quadrat ergeben. Deshalb hat die Gleichung auch zwei Lösungen, die mit x_1 und x_2 bezeichnet werden.

$$5x^2 + 12 = 192 \quad |-12$$
$$5x^2 = 180 \quad |:5$$
$$x^2 = 36 \quad |\sqrt{}$$
$$x_{1;2} = \pm\sqrt{36}$$
$$x_1 = +6 \text{ und } x_2 = -6$$

Rein quadratische Gleichungen kann man lösen, indem man die Gleichung nach x^2 auflöst und dann auf beiden Seiten die **Wurzel zieht**.

$$5 \cdot x^2 = -125 \quad |:5$$
$$x^2 = -25 \quad |\sqrt{}$$
$$L = \{\}$$

💡 Der Radikand ist der Wert unter der Wurzel. Bei $\sqrt{100}$ ist der Radikand 100.

Ist der Radikand positiv, hat die Gleichung immer zwei Lösungen.
Ist der Radikand negativ, so hat die Gleichung keine Lösung.
Hat der Radikand den Wert null, so hat die Gleichung nur eine Lösung, nämlich $x = 0$.

Aufgaben

1 Lösen Sie die Gleichung.
a) $5x^2 = 125$
b) $3x^2 = 243$
c) $2x^2 - 50 = 0$
d) $8x^2 - 8 = 0$
e) $\frac{1}{2}x^2 = 8$
f) $\frac{1}{3}x^2 - 27 = 0$

2 Runden Sie auf zwei Nachkommaziffern.
a) $x^2 = 10$
b) $x^2 = 1{,}8$
c) $x^2 = \frac{1}{3}$
d) $x^2 = \frac{16}{7}$
e) $x^2 - 7 = 0$
f) $x^2 - 4{,}5 = 0$

💡 zu Aufgabe 6:

a) Flächeninhalt 144 cm² (L-förmige Figur mit Seiten 5x und x)

b) Flächeninhalt 100 cm² (aus Quadraten der Seitenlänge x zusammengesetzte Figur)

3 Hat die Gleichung eine oder keine Lösung? Wie weit müssen Sie rechnen?
a) $x^2 + 2 = 0$
b) $3x^2 + 3 = 3$
c) $\frac{1}{2}x^2 - \frac{1}{2} = 0$
d) $x^2 + 2 = 3x^2 + 4$
e) $x(x + 2) = 2x$
f) $2x(x - 2) = 1 - 4x$

4 Schreiben Sie als Term.
a) Wenn man vom Quadrat einer Zahl 17 subtrahiert, erhält man 127. Um welche positive Zahl handelt es sich?
b) Multipliziert man das Quadrat einer natürlichen Zahl mit 5, so erhält man 45.
c) Addiert man zum Quadrat einer Zahl 32, so erhält man dasselbe, wie wenn man das Quadrat der Zahl mit 3 multipliziert.

5 Stellen Sie einen Term auf. Ein Quadrat wird auf der einen Seite um 8 cm verlängert und auf der anderen Seite um 8 cm verkürzt. Das entstandene Rechteck hat einen Flächeninhalt von 512 cm². Welche Seitenlänge hatte das Quadrat?

🔑 Die Lösungen finden Sie auf Seite L 28.

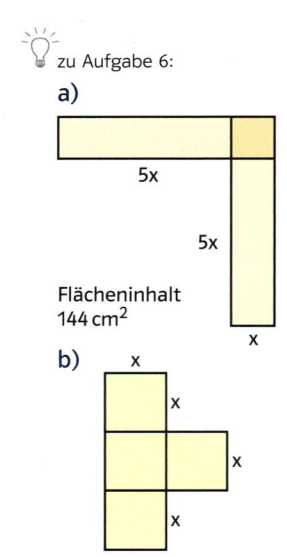

6 Wie lang ist x jeweils in der Figur auf dem Rand?

Gemischt quadratische Gleichung

Quadratische Gleichungen der Form $x^2 + px + q = 0$ bezeichnet man als **gemischt quadratische Gleichungen**, weil die Variable nicht nur als Quadrat, sondern auch in der 1. Potenz vorkommt.

$a^2 + 2ab + b^2 = (a+b)^2$

Die Gleichung $x^2 + 10x + 25 = 64$ lässt sich lösen, indem man den linken Term in ein Binom umwandelt und dann wie beim Lösen einer rein quadratischen Gleichung auf beiden Seiten die Wurzel zieht. Man erhält die beiden Lösungen x_1 und x_2.

$$x^2 + 10x + 25 = 64$$
$$(x+5)^2 = 64 \quad | \sqrt{}$$
$$x + 5 = \pm\sqrt{64}$$
$$x + 5 = \pm 8$$
$$x_{1;2} = -5 \pm 8$$
$$x_1 = 3 \text{ und } x_2 = -13$$

Aufgaben

7 Wandeln Sie den Term mithilfe einer binomischen Formel um.
a) $x^2 + 6x + 9$
b) $b^2 + 10b + 25$
c) $x^2 - 4x + 4$
d) $a^2 - 12a + 36$
e) $y^2 - 5y + 6{,}25$
f) $m^2 + m + 0{,}25$

Gemischt quadratische Gleichungen der Form $x^2 + px + q = 0$ kann man lösen, indem man den Term $x^2 + px$ mit $\left(\frac{p}{2}\right)^2$ **quadratisch ergänzt**.
Um die Gleichung $x^2 + 8x + 7 = 0$ zu lösen, müssen die Summanden mit Variablen auf der einen Seite stehen und die Summanden ohne Variablen auf der anderen Seite des Gleichheitszeichens.
Die linke Seite der Gleichung $x^2 + 8x = -7$ wird zu einem Binom ergänzt. Dazu addiert man auf beiden Seiten den zuerst **halbierten** und dann quadrierten Koeffizienten von x.
Dieses Vorgehen nennt man **quadratische Ergänzung**.
Die umgeformte Gleichung lässt sich wie eine rein quadratische Gleichung lösen.

$$x^2 + 8x + 7 = 0 \quad | -7$$
$$x^2 + 8x = -7 \quad | \text{ quadr. Erg.}$$
$$x^2 + 8x + \left(\frac{8}{2}\right)^2 = -7 + \left(\frac{8}{2}\right)^2$$
$$x^2 + 8x + 16 = -7 + 16$$
$$(x+4)^2 = 9 \quad | \sqrt{}$$
$$x_{1;2} = -4 \pm 3$$
$$x_1 = -1 \text{ und } x_2 = -7$$

Bei 8x ist 8 der **Koeffizient** von x.

Aufgaben

8 Formen Sie mithilfe der quadratischen Ergänzung um.
Beispiel: $x^2 + 4x + 5 = x^2 + 4x + 4 + 1 = (x+2)^2 + 1$
a) $x^2 + 8x + 20$
b) $x^2 + 10x + 50$
c) $x^2 - 6x + 6$
d) $b^2 - 3b - 1$
e) $a^2 + 5a + 3$
f) $y^2 - y + 1$

9 Lösen Sie die Gleichung durch quadratische Ergänzung.
a) $x^2 + 8x + 15 = 0$
b) $x^2 + 14x + 48 = 0$
c) $x^2 + 3x + 1{,}25 = 5{,}25$
d) $x^2 - 2x + 3 = 11$
e) $x^2 - 4x = 12$
f) $x^2 - 5x = 2{,}75$

10 Lösen Sie die Gleichung.
a) $5x^2 + 14 + 4x = 6x^2 + 3x - 6$
b) $9 - 2x - 2x^2 = 8x - 3x^2 - 12$
c) $3x(x+2) = 16 + 2x^2$
d) $(x-3)(x-1) - 48 = 0$
e) $1 - 4(2x+1) = x^2 + 4$
f) $(x+3)(x-3) = 12x + 4$

Die Lösungen finden Sie auf Seite L29.

Basiswissen

8 Trigonometrie

Ähnlichkeit

Wird ein Dreieck D mit einem positiven Faktor k vergrößert (k > 1) oder verkleinert (k < 1), so entsteht ein neues Dreieck D'. Die Winkel bleiben gleich. Das Dreieck D ist **ähnlich** zum Dreieck D'. Zwei ähnliche Dreiecke stimmen in den Verhältnissen der entsprechenden Seiten überein; sie haben – kurz gesagt – dieselbe Form. Auf ihre Größe und Lage kommt es nicht an.

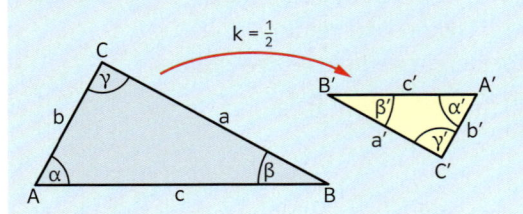

$$a' = \tfrac{1}{2}a; \quad b' = \tfrac{1}{2}b; \quad c' = \tfrac{1}{2}c$$

$$\frac{a}{b} = \frac{a'}{b'}; \quad \frac{b}{c} = \frac{b'}{c'}; \quad \frac{a}{c} = \frac{a'}{c'}$$

$$\alpha = \alpha'; \quad \beta = \beta'; \quad \gamma = \gamma'$$

Strahlensätze

Schneiden zwei parallele Geraden g und g' die Schenkel eines Winkels, so gelten zwei **Strahlensätze**.

1. Strahlensatz:

$$\frac{\overline{SB'}}{\overline{SB}} = \frac{\overline{SA'}}{\overline{SA}}$$

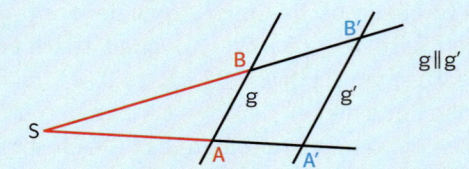

g ∥ g'

2. Strahlensatz:

$$\frac{\overline{A'B'}}{\overline{AB}} = \frac{\overline{SA'}}{\overline{SA}} \quad \text{und} \quad \frac{\overline{A'B'}}{\overline{AB}} = \frac{\overline{SB'}}{\overline{SB}}$$

Der Name Strahlensatz kommt daher, dass man die Schenkel eines Winkels als Strahlen ansehen kann, die vom Scheitelpunkt S ausgehen.

Beispiel
Berechnen der rot markierten Strecke.

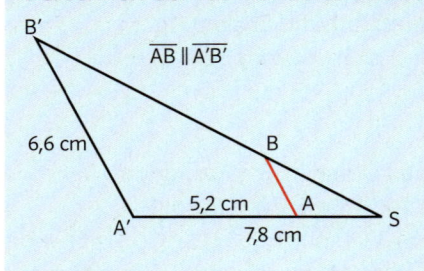

$\overline{AB} \parallel \overline{A'B'}$

Gesucht ist die Strecke AB.
Anwendung des 2. Strahlensatzes:
$$\frac{\overline{A'B'}}{\overline{AB}} = \frac{\overline{SA'}}{\overline{SA}}$$

Aus der Grafik liest man ab:
Länge der Strecke
SA = 7,8 cm − 5,2 cm = 2,6 cm.

$$\frac{6,6}{\overline{AB}} = \frac{7,8}{2,6} \Rightarrow \overline{AB} = \frac{6,6}{\frac{7,8}{2,6}} = \frac{6,6 \cdot 2,6}{7,8} = 2,2$$

Die rot markierte Strecke AB ist 2,2 cm lang.

Aufgaben

1 Berechnen Sie die Länge der Strecke SB'.

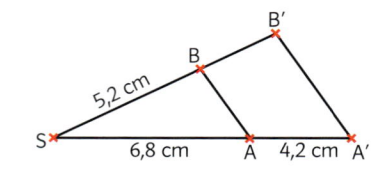

🗝 Die Lösungen finden Sie auf Seite L 29.

2 Sebastian möchte die Höhe eines Turmes berechnen. Der Turm wirft einen Schatten von 20 m. Dazu setzt er einen Stab von 2 m Länge, dessen Spitze in die Schattenlinie des Turmes fällt, in 3 m Entfernung in den Boden. Berechnen Sie die Höhe des Turmes.

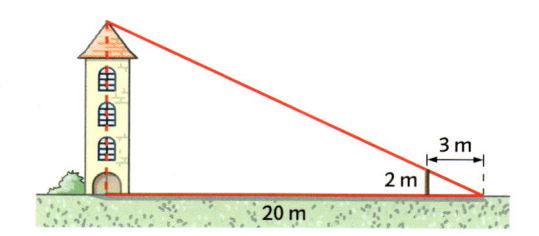

Sinus, Kosinus und Tangens bei rechtwinkligen Dreiecken

Rechtwinklige Dreiecke ABC und A'B'C', die in einem weiteren Winkel (und damit in allen Winkeln) übereinstimmen, sind ähnlich.

Für solche Dreiecke ist das Verhältnis entsprechender Seiten immer dasselbe, unabhängig von der Größe der Dreiecke. Es gilt also:

$\frac{a}{c} = \frac{a'}{c'}$ oder $\frac{a}{a'} = \frac{c}{c'}$ und ebenso $\frac{b}{c} = \frac{b'}{c'}$ und $\frac{a}{b} = \frac{a'}{b'}$.

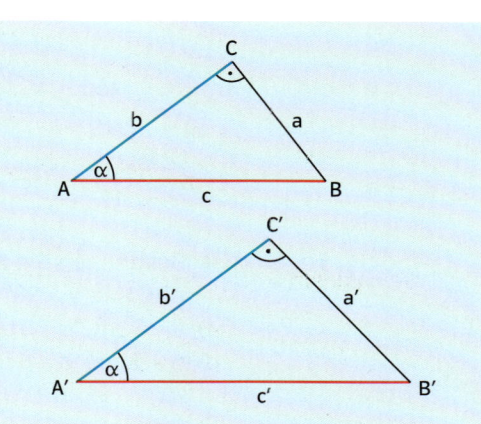

Dies gilt allgemein:
In allen rechtwinkligen Dreiecken, die in einem weiteren Winkel übereinstimmen, sind die **Verhältnisse** entsprechender Seiten **gleich**.

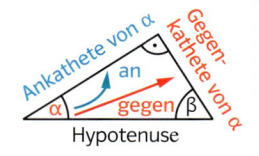

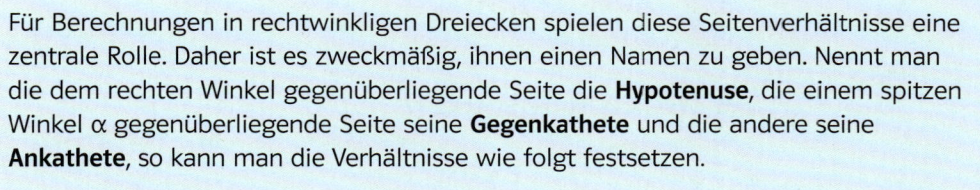

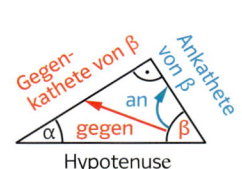

Für Berechnungen in rechtwinkligen Dreiecken spielen diese Seitenverhältnisse eine zentrale Rolle. Daher ist es zweckmäßig, ihnen einen Namen zu geben. Nennt man die dem rechten Winkel gegenüberliegende Seite die **Hypotenuse**, die einem spitzen Winkel α gegenüberliegende Seite seine **Gegenkathete** und die andere seine **Ankathete**, so kann man die Verhältnisse wie folgt festsetzen.

$\sin(\alpha) = \frac{\text{Gegenkathete von }\alpha}{\text{Hypotenuse}}$ (lies: Sinus von α; kurz: Sinus α)

$\cos(\alpha) = \frac{\text{Ankathete von }\alpha}{\text{Hypotenuse}}$ (lies: Kosinus von α; kurz: Kosinus α)

$\tan(\alpha) = \frac{\text{Gegenkathete von }\alpha}{\text{Ankathete von }\alpha}$ (lies: Tangens von α; kurz: Tangens α)

Ist α < 90°, so heißt α **spitzer Winkel**.

Oft müssen Sinus-, Kosinus- und Tangenswerte aus Dreiecken abgelesen werden, die anders liegen oder anders benannt sind als das Dreieck ABC.
In den rechtwinkligen Teildreiecken ADC und DBC gilt

$\sin(\alpha) = \left(\frac{h}{b}\right)$; $\tan(\alpha) = \left(\frac{h}{q}\right)$;

$\cos(\varepsilon) = \left(\frac{h}{b}\right)$ und $\sin(\beta) = \left(\frac{h}{a}\right)$;

$\cos(\beta) = \left(\frac{p}{a}\right)$; $\tan(\beta) = \left(\frac{h}{p}\right)$.

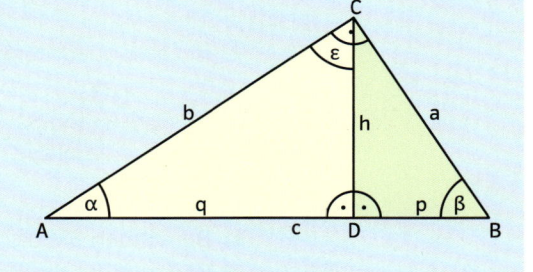

Die Lösungen finden Sie auf Seite L29.

Basiswissen

Aufgaben

3 Berechnen Sie die drei rot markierten Größen.

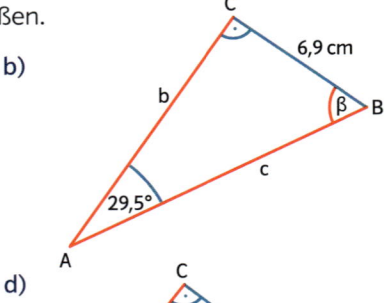

a) Dreieck mit Winkel 27,4° bei A, c = 6,4 cm, rechter Winkel bei C, Seiten a, b, Winkel β bei B.

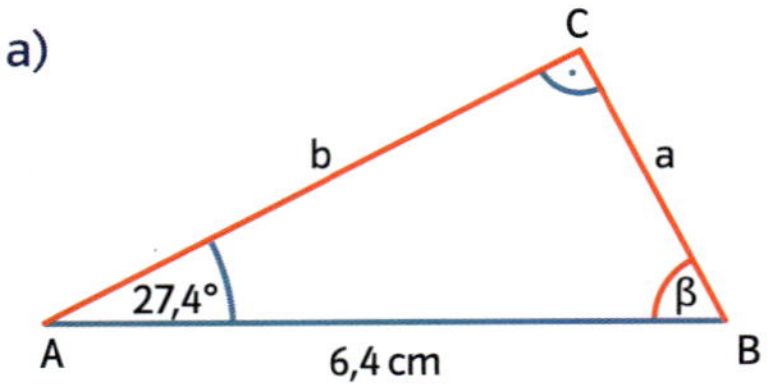

b) Dreieck mit Winkel 29,5° bei A, rechter Winkel bei C, a = 6,9 cm, Seiten b, c, Winkel β bei B.

c) Dreieck mit b = 7 cm, a = 4 cm, rechter Winkel bei C, Winkel α bei A, Winkel β bei B, Seite c.

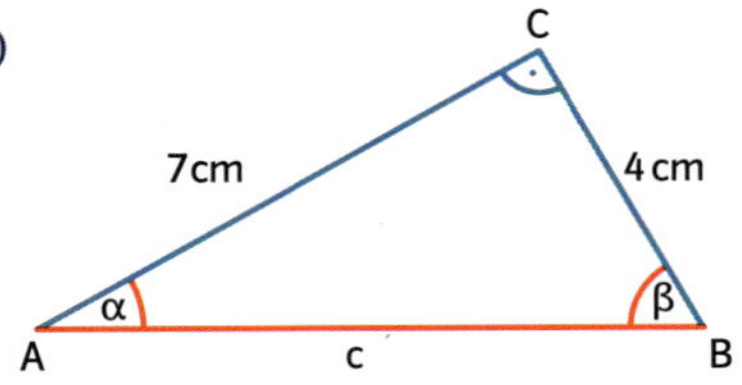

d) Dreieck mit a = 5,7 cm, c = 7,2 cm, rechter Winkel bei C, Winkel α bei A, Winkel β bei B, Seite b.

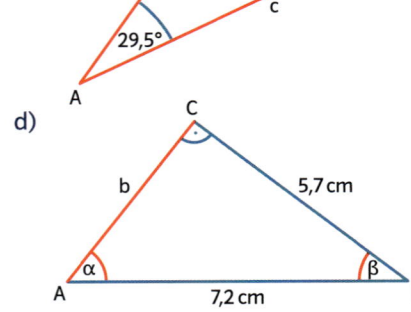

4 Bestimmen Sie zeichnerisch und rechnerisch die Winkel α und β in einem Dreieck ABC mit γ = 90° für:

a) a = 3 cm; c = 6 cm
b) b = 3,6 cm; c = 4,5 cm
c) a = 8 cm; b = 6 cm
d) b = 2 cm; c = 6 cm
e) a = 2,8 cm; b = 4,5 cm
f) a = 3,2 cm; c = 5,6 cm

5 Berechnen Sie die fehlenden Größen.

a) q = 2,5 cm; α = 35,0°
b) h = 6,2 cm; α = 75,0°
c) p = 5,8 cm; β = 31,2°
d) p = 7,6 cm; a = 37,9°
e) h = 8,0 cm; p = 3,0 cm

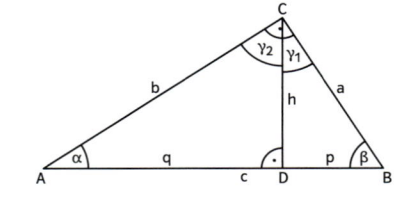

6 Wie lang ist die Strecke x?

a) Figur mit Winkel 54,3°, Seite 5,7 cm, Seite 2,5 cm, Seite 2,8 cm, Winkel 42,9°, Strecke x.

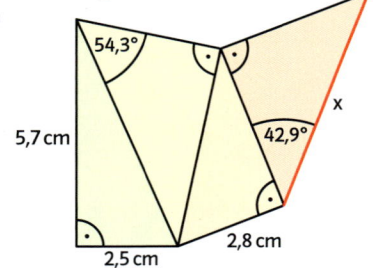

b) Figur mit Seite 7,0 cm, Winkel 42,9°, Seite 2,8 cm, Seite 2,5 cm, Winkel 54,3°, Strecke x.

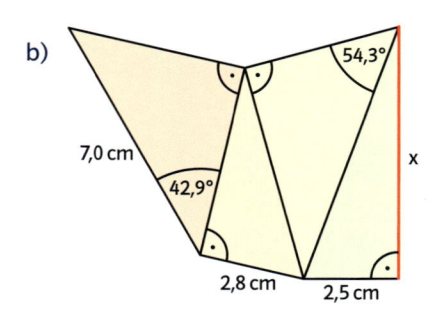

7 In einer quadratischen Pyramide lassen sich unterschiedliche Winkel finden.

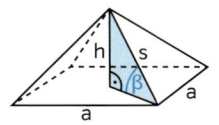

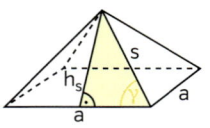

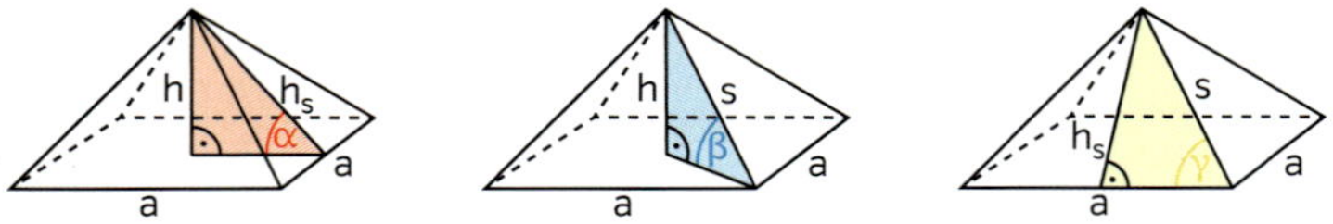

a) Berechnen Sie die drei Winkel α, β und γ für a = 6,0 cm und h = 8,0 cm.
b) Wie groß ist die Mantelfläche für a = 25,0 cm und α = 58,4°?
c) Berechnen Sie die Oberfläche für s = 27,5 cm und β = 78,3°.

Die Lösungen finden Sie auf Seite L29.

Lösungen

1 Funktionen und Anwendungen
Standpunkt, Seite 8

1

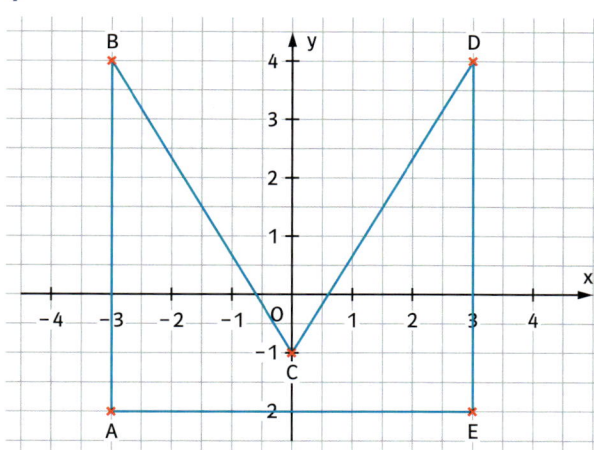

2
a)

x	−1	0	2	3	4
y	−1,3	1	−3,1	−3,5	1

b) Die Punkte sind $P(-1,1 | -2)$, $Q(1,6 | -2)$, $R(3,5 | -2)$.

3
a) Die Gerade g hat die Steigung $m = 2,5$ und den y-Achsenabschnitt $b = -3$.
Die Gerade h hat die Steigung $m = -1$ und den y-Achsenabschnitt $b = 2,75$.

💡 Eine Geradengleichung hat die Form $y = mx + b$, wobei m die Steigung und b der Achsenachsenabschnitt ist.

b)

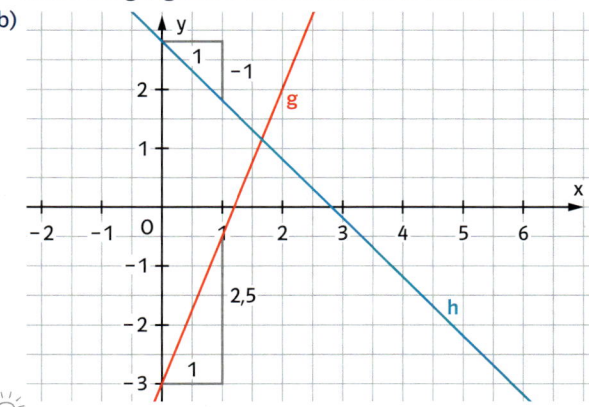

💡 Beim Zeichnen der Geraden helfen der Achsenabschnitt und ein Steigungsdreieck.

4
Die Geradengleichungen sind
für die Gerade g: $y = 2x - 2$ und
für die Gerade h: $y = -\frac{1}{3}x + 2$.

5
a) Mit dem Gleichsetzungsverfahren:
$$4x + 1 = -x + 3,5 \quad | -1 \quad | +x$$
$$5x = 2,5 \quad | :5$$
$$x = 0,5$$
Einsetzen von x in die erste Gleichung ergibt:
$y = 4 \cdot 0,5 + 1$
$y = 3$ D.h. die Lösung ist $(0,5; 3)$.

b) Mit dem Einsetzungsverfahren:
$$2 \cdot (2y + 8) + 3y = 2 \quad | \text{ausmultiplizieren}$$
$$4y + 16 + 3y = 2 \quad | \text{zusammenfassen}$$
$$7y + 16 = 2 \quad | -16$$
$$7y = -14 \quad | :7$$
$$y = -2$$
Einsetzen von y in die zweite Gleichung ergibt:
$$x = 2 \cdot (-2) + 8 \quad | \text{ausmultiplizieren}$$
$$x = -4 + 8 \quad | \text{zusammenfassen}$$
$$x = 4 \quad \text{D.h. die Lösung ist } (4; -2).$$

c) Mit dem Additionsverfahren:
$$2x + 6y = -8$$
$$+ (-2x) - 3y = 10 \quad | \text{addieren}$$
$$+ 3y = 2 \quad | :3$$
$$y = \frac{2}{3}$$
Einsetzen von y in die zweite Gleichung ergibt:
$-2x - 3 \cdot \frac{2}{3} = 10$
$-2x - 2 = 10 \quad | +2$
$-2x = 12 \quad | :(-2)$
$x = -6 \quad$ D.h. die Lösung ist $\left(-6; \frac{2}{3}\right)$.

💡 Es sind bei jedem Gleichungssystem verschiedene Verfahren zum Lösen des Gleichungssystems möglich.

Haltepunkt, Seite 12

5
a) Das Volumen nimmt beim Erwärmen von 0 °C bis 4 °C um 120 mm³ ab, ehe es dann stark zunimmt. Bei 14 °C ist das Volumen um 600 mm³ größer als bei 0 °C.

b) $1000 \text{ cm}^3 - 120 \text{ mm}^3 = 1\,000\,000 \text{ mm}^3 - 120 \text{ mm}^3$
$= 999\,880 \text{ mm}^3$
Bei 4 °C ist das Volumen mit 999 880 mm³ am kleinsten.

c) Das Volumen von 1 kg Wasser nimmt um 600 mm³ zu, für 1000 kg Wasser beträgt die Zunahme 600 cm³.

💡 Vor dem Rechnen in dieselbe Einheit umwandeln.

6

Da 1 sm = 1,852 km ist, ist 1 km = $\frac{1}{1,852}$ sm.

Die zugehörige Funktion ist $f(x) = \frac{1}{1,852} \cdot x$.

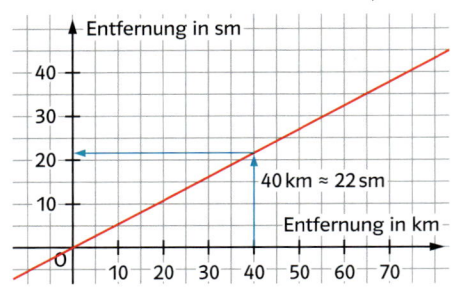

Diagramm: Entfernung in sm (y-Achse) gegen Entfernung in km (x-Achse); 40 km ≈ 22 sm

Haltepunkt, Seite 16

8
a) $g(-2) = 7$
b) $f(x) = 7$ für alle $x \in D_f$
c) $h(2) = 5$
d) $f(x) > g(x)$
e) $D_h = \mathbb{R}^+$

9
a) Der Funktionswert der Funktion f an der Stelle $x = 3$ ist -5.
b) Die Wertemenge der Funktion f umfasst alle reellen Zahlen, die größer oder gleich -5 sind und kleiner oder gleich 5 sind.
c) Die Funktionswerte der Funktion f sind an jeder Stelle aus dem Definitionsbereich von f gleich 0. Das Schaubild von f ist die x-Achse.
d) Der Funktionswert der Funktion f an der Stelle $x = 4$ ist negativ.

10
a)

x	-4	-3	-2	-1	0
f(x)	8	6,5	5	3,5	2
g(x)	-9	-2	3	6	7

x	0,5	1	2	3	4
f(x)	1,25	0,5	-1	-2,5	-4
g(x)	6,75	6	3	-2	-9

💡 Die Skalen an der x-Achse und an der y-Achse könnten unterschiedlich gewählt werden. Z. B. an der x-Achse werden 2 Kästchen pro Einheit gewählt, an der y-Achse nur 1 Kästchen.

zu a)

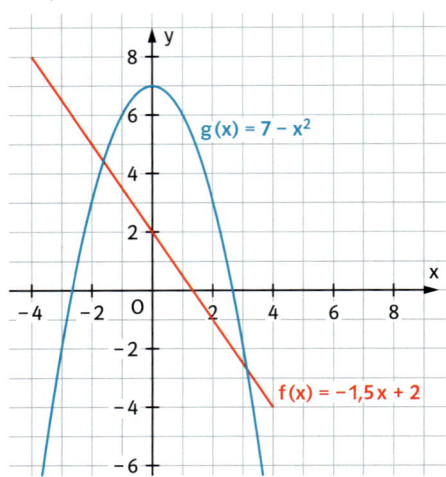

Diagramm: Parabel $g(x) = 7 - x^2$ und Gerade $f(x) = -1,5x + 2$

b) Funktion f: $f(-4) = 8$ und $f(4) = -4$.
Daher ist die Wertemenge $W = [-4; 8]$.
Funktion g: $g(-4) = g(4) = -9$.
Der Scheitelpunkt der Parabel ist $S(0|7)$.
Daher ist die Wertemenge $W = [-9; 7]$.

Haltepunkt, Seite 20

8
a) (a) ist das Schaubild von $g(x) = -x - 1$
(b) ist das Schaubild von $g(x) = -\frac{1}{4}x + 1$
(c) $g(x) = 4x + b$; den Punkt $P(-2|-1)$ in die Funktionsgleichung einsetzen, ergibt $-1 = 4 \cdot (-2) + b$ und somit $b = 7$. Also ist $f(x) = 4x + 7$
(d) ist das Schaubild von (3); $g(x) = 6x + 2$.
(e) $g(x) = -3x + b$; den Punkt $Q(1|3)$ in die Funktionsgleichung einsetzen, ergibt $3 = -3 \cdot 1 + b$ und somit $b = 6$. Also ist (e) das Schaubild von (2); $g(x) = -3x + 6$.
(f) ist das Schaubild von (4); $g(x) = 2$.

💡 Da man den Achsenabstand b nicht ablesen kann, liest man einen anderen Punkt auf der linearen Funktion ab und berechnet b.

b)

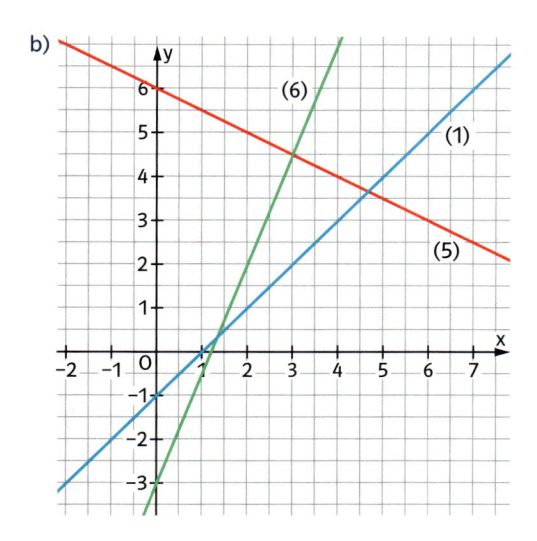

9
a) $m = 0{,}3$ und den Punkt $P(2|-3)$ in $y = mx + b$ einsetzen ergibt $-3 = 0{,}3 \cdot 2 + b$ und somit $b = -3{,}6$.
Also ist $f(x) = 0{,}3x - 3{,}6$.
b) $f(-4) = m \cdot (-4) + b$ und somit $3 = -4m + b$.
$f(1) = m \cdot 1 + b$ und somit ist $-2 = m + b$.
Auflösen des Gleichungssystems

$$\begin{array}{rl} 3 = & -4m + b \\ -2 = & m + b \quad | \text{ subtrahieren} \\ \hline 5 = & -5m \quad | :(-5) \quad | \text{ Seiten tauschen} \\ m = & -1 \end{array}$$

Einsetzen in die erste Gleichung:
$3 = -4 \cdot (-1) + b$
$3 = 4 + b \qquad |-4 \quad |$ Seiten tauschen
$b = -1$
und somit ist $f(x) = -x - 1$.
c) Aus $m = \tan(45°)$ folgt $m = 1$ und somit $f(x) = 1 \cdot x + 1{,}5 = x + 1{,}5$.

10
a) Bei 12 000 km wird 1 mm abgefahren, d. h. bei 1 km wird $\frac{1}{12\,000}$ mm abgefahren. Für die Funktion f gilt:
$f(x) = -\frac{1}{12\,000} \cdot x + b$.
Damit gilt nach 20 000 km die Funktion:
$f(20\,000) = -\frac{1}{12\,000} \cdot 20\,000 + b = 4$; x in km, f(x) in mm.
Somit ist $b = \frac{17}{3}$ und $f(x) = -\frac{1}{12\,000} \cdot x + \frac{17}{3}$
$f(x) = 1{,}6$ ergibt $x = 48\,800$.
$48\,800 - 32\,000 = 16\,800$.
Der Autofahrer kann mit dem Reifen nun noch 16 800 km fahren.

b) $\frac{1}{12\,000} \cdot 10\,000 = \frac{10}{12} = \frac{5}{6} \approx 0{,}83$
Die Profiltiefe nimmt alle 10 000 km um 0,83 mm ab.
c) $f(0) = \frac{17}{3} \approx 5{,}7$
Profiltiefe betrug beim Kauf etwa 5,7 mm.

Haltepunkt, Seite 23

6
a) $\quad g(x) = h(x)$
$\quad 2x - 3 = -x + 3 \qquad |+3 \quad |+x$
$\quad 3x = 6 \qquad\qquad\qquad |:3$
$\quad x = 2$
Einsetzen in den Term der Funktion g:
$g(2) = 2 \cdot 2 - 3 = 1$
g und h schneiden sich im Punkt $S(2|1)$.
b) $1{,}5x + 18 = 5 - \frac{4}{6}x \qquad |+\frac{4}{6}x \quad |-18$
$\quad \frac{13}{6}x = -13 \qquad\qquad |\cdot \frac{6}{13}$
$\quad x = -6$
Einsetzen ergibt $g(-6) = 1{,}5 \cdot (-6) + 18 = 9$.
Da $m_g \cdot m_h = 1{,}5 \cdot \left(-\frac{4}{6}\right) = -1$, sind die Geraden g und h orthogonal; die Geraden schneiden sich im Punkt $S(-6|9)$.
c) $g(x) = 2x - 0{,}5$ und $h(x) = 2x - \frac{3}{5}$.
Die Geraden g und h haben die gleiche Steigung, sie sind parallel. Da die Geraden verschiedene Achsenabschnitte haben, sind sie verschieden.

💡 Die Geradengleichungen werden zunächst nach y aufgelöst.

7
a) $\quad 3x - 2 = x + 4 \qquad |-x \quad |+2$
$\quad 2x = 6 \qquad\qquad\qquad |:2$
$\quad x = 3$
Einsetzen in die Funktionsgleichung von g:
$g(3) = 3 \cdot 3 - 2 = 7$.
Der Schnittpunkt der Geraden g und h ist $S(3|7)$.
Wegen $\tan(\alpha_g) = 3$ ist $\alpha_g \approx 71{,}6°$ der Steigungswinkel von g; wegen $\tan(\alpha_h) = 1$ ist $\alpha_h = 45°$ der Steigungswinkel von h.
Der Schnittwinkel der Geraden g und h ist also
$\varphi = \alpha_g - \alpha_h \approx 26{,}6°$.
b) $g(x) = \frac{3}{4}x - \frac{27}{4}$ und $h(x) = x - 8$.
Gleichsetzen: $g(x) = h(x)$.
$\quad \frac{3}{4}x - \frac{27}{4} = x - 8 \qquad |-x \quad |+\frac{27}{4}$
$\quad -\frac{1}{4}x = -\frac{5}{4} \qquad\qquad |\cdot(-4)$
$\quad x = 5$
$h(5) = 5 - 8 = -3$

Der Schnittpunkt ist S(5|−3).
Der Steigungswinkel von g ist $\alpha_g \approx 36{,}9°$, der Steigungswinkel von h ist $\alpha_h = 45°$, der Schnittwinkel der Geraden g und h ist $\varphi = \alpha_h - \alpha_g \approx 45° - 36{,}9° \approx 8{,}1°$.

💡 Die Geradengleichungen werden zunächst nach y aufgelöst.

c)
$$2x + 1 = -x + 2 \quad | +x \quad |-1$$
$$3x = 1 \quad | :3$$
$$x = \tfrac{1}{3}$$
$g\left(\tfrac{1}{3}\right) = 2 \cdot \tfrac{1}{3} + 1 = 1\tfrac{2}{3}$

Der Schnittpunkt ist $S\left(\tfrac{1}{3} \mid 1\tfrac{2}{3}\right)$.
Der Steigungswinkel von g ist $\alpha_g = 63{,}4°$,
der Steigungswinkel von h ist $\alpha_h = -45°$.
Der Schnittwinkel ist der kleinere Winkel von
$\varphi_1 = \alpha_g - \alpha_h \approx 63{,}4° - (-45°) = 108{,}4°$ und
$\varphi_2 = 180° - \varphi_1 \approx 180° - 108{,}4° = 71{,}6°$,
also ist $\varphi \approx 71{,}6°$ der Schnittwinkel von g und h.

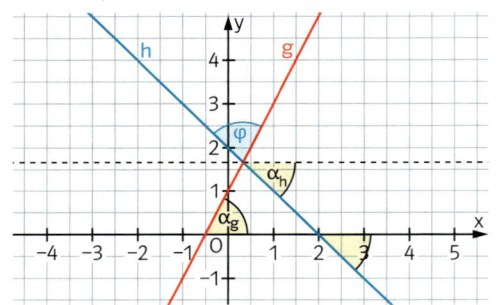

8
Kosten (K in €) als Funktion der Zeit (t in h) betragen:
bei CityWagen K(t) = 50 + 8t
bei StadtCar K(t) = 10t

Das Angebot von StadtCar ist für wenige Stunden vorteilhafter, weil bei diesem Angebot keine Grundgebühr erhoben wird. Der höhere Stundenpreis bei CityWagen macht das Angebot von StadtCar günstiger ab dem Zeitpunkt t, an dem beide Angebote gleich teuer sind:

$$50 + 8t = 10t \quad | -8t$$
$$50 = 2t \quad | :2 \quad | \text{Seiten tauschen}$$
$$t = 25$$

Bei 25 Stunden sind beide Angebote gleich teuer.
Wird der Wagen mehr als 25 Stunden genutzt, ist das Angebot von CityWagen vorteilhafter.

Sammelpunkt, Seite 25

1
a) f(0) = 20 ergibt den Achsenabschnitt b = 20.
f(1) = 24 und somit 24 = m · 1 + 20, also m = 4.
Daher ist f(t) = 4t + 20.

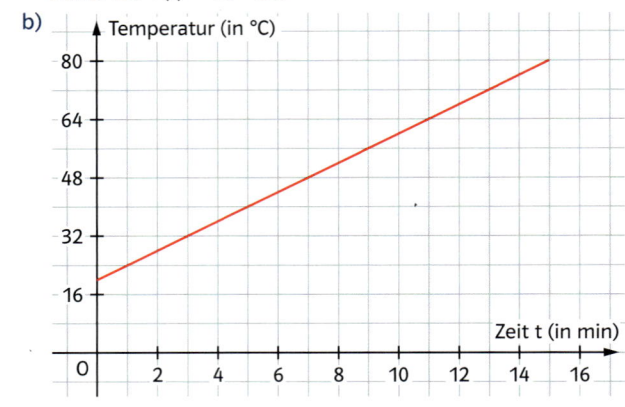

b)

c) f(12) = 68
Nach 12 Minuten wird das Wasser eine Temperatur von 68 °C haben.

d) f(t) = 50 ergibt t = 7,5. Nach 7 min und 30 s hat das Wasser eine Temperatur von 50 °C.

2
a) Der Funktionswert von f an der Stelle 3 ist 4.
b) An der Stelle 2 ist der Funktionswert von g größer als der Funktionswert von h.
c) Für jeden Wert aus dem Intervall von 0 bis 5 (je einschließlich) ist der Funktionswert von f kleiner als der von g.
d) Die Definitionsmenge von f besteht aus allen reellen Zahlen außer der Zahl 3.
e) Für alle Zahlen, die größer als null und kleiner oder gleich zehn sind, ist der Funktionswert von f ungleich null.

3

4

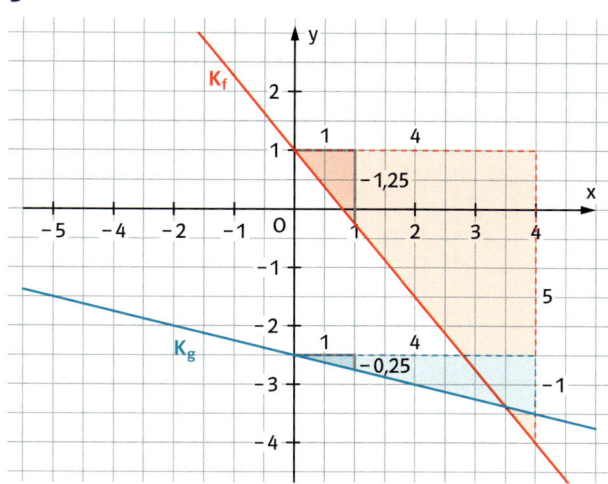

a) $m = 2$ und $P(-1|0{,}25)$
   Einsetzen in $y = m \cdot x + b$ ergibt $0{,}25 = 2 \cdot (-1) + b$,
   d.h. $b = 2{,}25$.
   Also ist $f(x) = 2x + 2{,}25$.

b) $A(-2|1)$ und $B(0{,}5|-1{,}5)$ in $f(x) = mx + b$ einsetzen
   ergibt $1 = -2m + b$
   und $-1{,}5 = 0{,}5m + b$.
   Auflösen des Gleichungssystems ergibt
   $m = -1$ und $b = -1$. D.h. $f(x) = -x - 1$.

5

Die Steigungen der Geraden sind $m_f = -5$; $m_g = 0{,}4 = \frac{2}{5}$;
$m_h = \frac{2}{5}$ und $m_k = -2{,}5 = -\frac{5}{2}$.
Da $m_g = m_h$, sind die Geraden g und h parallel.
Da $m_k \cdot m_g = \frac{2}{5} \cdot \left(-\frac{5}{2}\right) = -1$, sind die Geraden g und k orthogonal zueinander. Auch die Geraden h und k sind orthogonal zueinander.

6

Gerade f: Es ist $\tan(\alpha) = -1{,}25$.
Der Taschenrechner liefert $\alpha_1 \approx -51{,}34°$.
Somit ist $\alpha_f = 180° - 51{,}34° \approx 128{,}66°$.

💡 Ist das Vorzeichen des Winkels negativ, so entspricht dies dem gegen den Uhrzeigersinn gemessenen Winkel.

Der Steigungswinkel der Geraden g beträgt $\alpha_g \approx 165{,}96°$.

7

a) Das Gleichsetzen von $f(x)$ und $g(x)$ ergibt
   $-1{,}25x + 1 = -0{,}25x - 2{,}5$ $\;|\; +2{,}5$
   $-1{,}25x + 3{,}5 = -0{,}25x$ $\;|\; +1{,}25x$
   $3{,}5 = x$
   Einsetzen in $f(x)$ ergibt: $f(3{,}5) = -3{,}375$.
   Somit ist der Schnittpunkt $S(3{,}5|-3{,}375)$.
   Es ist $\alpha = \alpha_g - \alpha_f = 165{,}96° - 128{,}66° = 37{,}3°$.

b) Die 1. Winkelhalbierende ist $g(x) = x$.
   Gleichsetzen von $f(x)$ und $g(x)$ ergibt: $3 = x$.
   Einsetzen in $f(x)$ ergibt $f(3) = 3$.
   Somit ist der Schnittpunkt $S(3|3)$.
   Die Steigung der Geraden f ist $m = 0$,
   somit ist $\tan(\alpha_f) = 0$ und $\alpha_f = 0$.
   Die Steigung der 1. Winkelhalbierenden ist
   $m = 1$, somit ist $\tan(\alpha_g) = 1$ und $\alpha_g = 45°$.
   Der Schnittwinkel ist $\alpha = \alpha_g - \alpha_f = 45°$.

Test, Seite 29

1

a)

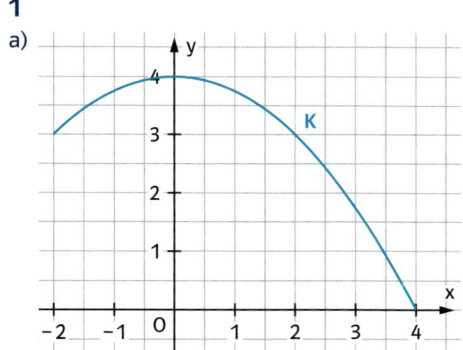

b) $D = \mathbb{R}$; $W =]-\infty; 4]$

c) $f(3) = 4 - 0{,}25 \cdot 3^2 = 1{,}75$
   $f(-0{,}8) = 4 - 0{,}25 \cdot (-0{,}8)^2 = 3{,}84$

d) $f(x) = 4 - 0{,}25 x^2$ und somit
   $4 - 0{,}25 x^2 = -2{,}25$ $\;|\; +0{,}25 x^2$
   $4 = -2{,}25 + 0{,}25 x^2$ $\;|\; +2{,}25$
   $6{,}25 = 0{,}25 x^2$ $\;|\; :0{,}25$
   $25 = x^2$ $\;|\; \sqrt{}$
   $x_1 = -5$; $x_2 = 5$
   $f(-5) = -2{,}25$ und $f(5) = -2{,}25$.

2

a) $f(x) = -\frac{2}{3}x + 1$; $g(x) = -2$; h: $x = 3$

💡 h ist eine Gerade, aber keine Funktion.

b) Da die Geraden f und k parallel sind, gilt
$m_f = m_k = -\frac{2}{3}$. Einsetzen von m und P in $k(x) = mx + b$
ergibt $0 = -\frac{2}{3} \cdot (4,5) + b$ und somit $b = 3$.
Also ist $k(x) = -\frac{2}{3}x + 3$.

3

a) Schnittpunkt mit der y-Achse: $g(0) = 1,5$, also $S_y(0|1,5)$;
Schnittpunkt mit der x-Achse:
$g(x) = 0$ ergibt $x = -6$, also $N(-6|0)$.

b) $h(x) = 1$ ergibt $-2x - \frac{3}{4} = 1$ $\quad | \cdot 4$
$\qquad\qquad\qquad -8x - 3 = 4$ $\quad | + 3$
$\qquad\qquad\qquad -8x = 7$ $\quad | :(-8)$
$\qquad\qquad\qquad x = -\frac{7}{8}$

Der Punkt ist $P\left(-\frac{7}{8}\middle|1\right)$.

c) $g(x) = h(x)$ ergibt
$0,25x + 1,5 = -2x - \frac{3}{4}$ $\quad |$ umwandeln in Brüche
$\frac{1}{4}x + \frac{3}{2} = -2x - \frac{3}{4}$ $\quad | \cdot 4$
$x + 6 = -8x - 3$ $\quad | - 6$
$x = -8x - 9$ $\quad | + 8x$
$9x = -9$ $\quad | :9$
$x = -1$

y-Wert des Schnittpunkts berechnen durch Einsetzen von $x = -1$ in $g(x)$: $g(-1) = 1,25$. Also ist der Schnittpunkt der Geraden g und h der Punkt $S(-1|1,25)$.

d) Gleichsetzen von $h(x)$ und der 2. Winkelhalbierenden
$h(x) = -x$ ergibt
$-2x - \frac{3}{4} = -x$ $\quad | \cdot 4$
$-8x - 3 = -4x$ $\quad | + 8x$
$-3 = 4x$ $\quad | :4 \quad |$ Seiten tauschen
$x = -\frac{3}{4}$

Einsetzen von $x = -\frac{3}{4}$ ergibt $f\left(-\frac{3}{4}\right) = \frac{3}{4}$.
Somit ist $S\left(-\frac{3}{4}\middle|\frac{3}{4}\right)$.

e) Steigungswinkel α_g von g: $\tan(\alpha_g) = 0,25$.
Die Umkehrung ergibt $\alpha_g \approx 14,04°$.
Steigungswinkel von h: $\tan(\alpha) = -2$.
Die Umkehrung ergibt $\alpha_g \approx -63,43°$ und somit
$\alpha_h = 180,00° - 63,43° \approx 116,57°$.
Schnittwinkel von g und h: $\alpha = \alpha_h - \alpha_g = 102,53°$. Da dieser Winkel größer ist als 90°, ist der gesuchte Winkel der Nebenwinkel von α:
$\alpha_{Schnitt} = 180° - 102,53° = 77,47°$.

4

a) A und B in $g(x) = mx + b$ einsetzen liefert
$m \cdot (-1) + b = \frac{9}{5}$ und $2m + b = \frac{3}{5}$.
Auflösen des Gleichungssystems ergibt
$m = -0,4$ und $b = 1,4$. Somit ist $g(x) = -0,4x + 1,4$.

b) Für die Steigung von h gilt $m_h = -\frac{1}{m_f} = -\frac{4}{3}$.
m_h und die Koordinaten vom Punkt $A\left(-1\middle|\frac{9}{5}\right)$ in
$h(x) = mx + b$ einsetzen ergibt $\frac{9}{5} = -\frac{4}{3} \cdot (-1) + b$
und somit $b = \frac{7}{15}$.

Also ist $h(x) = -\frac{4}{3}x + \frac{7}{15}$.

c) Die Parallele zur y-Achse hat die Gleichung $x = 2$.

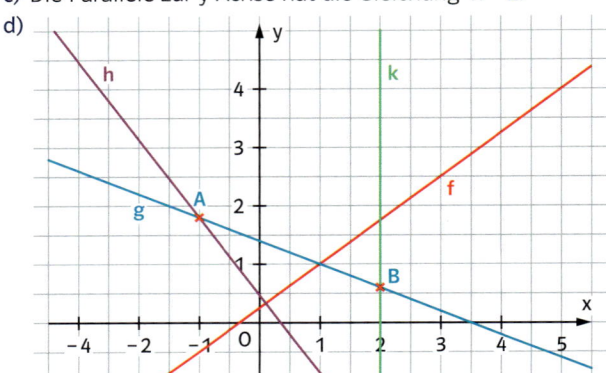

d)

5

a) Falsch. So schneidet beispielsweise die Parallele mit dem Funktionsterm $f(x) = 4$ das Schaubild der Funktion g mit $g(x) = x^2$ an zwei Stellen, nämlich an $x_1 = 2$ und an $x_2 = -2$.

b) Richtig. Da eine Funktion einen bestimmten x-Wert höchstens einmal annehmen kann, kann ihr Schaubild eine Parallele zur y-Achse auch nur maximal einmal schneiden.

c) $m = \frac{0,2 - 0}{0,25 - 0} - 0 = \frac{4}{5}$; $b = 0$

$f(x) = \frac{4}{5}x$; $f(10) = 8 \neq 9$

Also liegt P nicht auf dieser Ursprungsgeraden.
Die Aussage ist falsch.

d) Umformen der Geradengleichung $x = 3y - 2,4$ in die Hauptform, also auflösen nach y, ergibt $y = \frac{1}{3}x + 0,8$.
Die Geraden g und h sind identisch. Da die Funktionen alle Punkte gemeinsam haben, ist die Aussage falsch.

6

a) 1. Kerze: $f(x) = 15 - 1{,}2x$
2. Kerze: $g(x) = 28 - 3{,}5x$

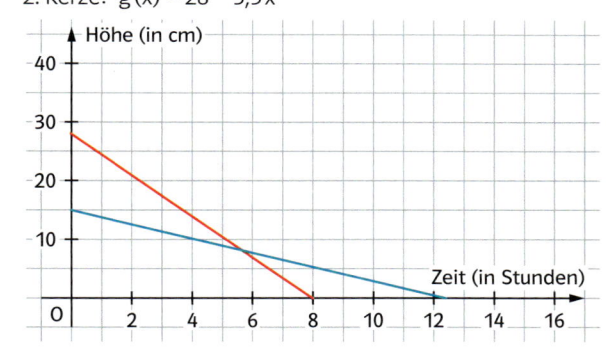

b) $f(4) = 15 - 1{,}2 \cdot 4 = 10{,}2$
$g(4) = 28 - 3{,}5 \cdot 4 = 14$
Nach 4 Stunden ist die 1. Kerze 10,2 cm lang und die 2. Kerze ist 14 cm lang.

c) Eine Kerze ist abgebrannt, wenn sie die Höhe 0 cm hat.
1. Kerze: $f(x) = 0$ ergibt $x = 12{,}5$.
2. Kerze: $g(x) = 0$ ergibt $x = 8$.
Die 2. Kerze ist nach 8 Stunden abgebrannt, die 1. Kerze erst nach 12,5 Stunden. Also ist die 2. Kerze zuerst abgebrannt.

d) Die Kerzen sind gleich lang, wenn sie die gleiche Höhe haben: $f(x) = g(x)$ bzw. $15 - 1{,}2x = 28 - 3{,}5x$
Dies ergibt $x \approx 5{,}65$ h.

💡 $0{,}65\,h = 0{,}65 \cdot 60\,min = 39\,min$

Nach etwa 5 Stunden und 39 Minuten sind beide Kerzen gleich lang.

e) Die Kerzenlängen unterscheiden sich um 5 cm, wenn $f(x) - g(x) = 5$ oder $g(x) - f(x) = 5$.
$f(x) - g(x) = 15 - 1{,}2x - (28 - 3{,}5x)$. Es gilt, die Gleichung $f(x) - g(x) = -13 + 2{,}3x = 5$ zu lösen.
Dies ergibt $x \approx 7{,}83$.
Nach etwa 7 Stunden und 50 Minuten ist die 1. Kerze um 5 cm länger als die 2. Kerze.
Entsprechend löst man die Gleichung $g(x) - f(x) = 5$ und erhält $x \approx 3{,}48$.
Nach etwa 3 Stunden und 29 Minuten ist die 2. Kerze 5 cm länger als die 1. Kerze.
Kerze 2 brennt schneller ab als Kerze 1.

II Polynomfunktionen

Standpunkt, Seite 30

1
a) $(x + 2)^2 = x^2 + 4x + 4$
b) $(2x - 3)^2 = 4x^2 - 12x + 9$
c) $2(x + 1{,}5)^2 = 2x^2 + 6x + 4{,}5$
d) $-2(x - 2{,}5)^2 = -2x^2 + 10x - 12{,}5$
e) $(x + 5)(x - 5) = x^2 - 25$
f) $2(x + 1{,}5)(x - 1{,}5) = 2x^2 - 4{,}5$
g) $-(2x - 1)(2x + 1) = -4x^2 + 1$
h) $-(x - 3)^2 = -x^2 + 6x - 9$

2
a) $3x(x + 4)$
b) $0{,}5x(x - 8)$
c) $(x + 3)^2$
d) $2(x + 2)^2$
e) $-(x - 4)^2$
f) $(x - 5)(x + 5)$

💡 Klammern Sie so viel wie möglich aus oder wenden Sie die binomischen Formeln an.

3
a) $x = -6$; Lösungsmenge $L = \{-6\}$
b) $x = -3$; Lösungsmenge $L = \{-3\}$
c) $x_1 = -2$; $x_2 = 2$; Lösungsmenge $L = \{-2; 2\}$
d) $x = -0{,}2$; Lösungsmenge $L = \{-0{,}2\}$
e) $x = 0$; Lösungsmenge $L = \{0\}$
f) $x_1 = -2$; $x_2 = 8$; Lösungsmenge $L = \{-2; 8\}$

4
a) $f(-2) = -11$; $f(0) = -5$; $f(10) = 25$
b) $f(-2) = 2$; $f(0) = \frac{1}{2}$; $f(10) = -7$
c) $f(-2) = 2$; $f(0) = -2$; $f(10) = 98$

5
a) $\frac{3}{2}x - 6 = 0 \quad | \cdot \frac{2}{3}$
$\quad x - 4 = 0 \quad | + 4$
$\quad\quad x = 4$
Der Punkt $P(4|0)$ liegt auf der Funktion f mit $f(x) = \frac{3}{2}x - 6$.

b) Aus $-\frac{1}{2}x - 3 = 0$ folgt $x = -6$.
Der Punkt $P(-6|0)$ liegt auf der Funktion f mit $f(x) = -\frac{1}{2} - 3$.

c) Aus $\frac{1}{2}x^2 - 2 = 0$ folgt $x_1 = -2$ und $x_2 = +2$.
Die Punkte $P_1(-2|0)$ und $P_2(2|0)$ liegen auf der Funktion f mit $f(x) = \frac{1}{2}x^2 - 2$.

6

a) $-x + 2 = 2x - 4$
und damit $3x - 6 = 0$.
Folglich ist $x = 2$.
Einsetzen ergibt $y = 0$.
Schnittpunkt $S(2\,|\,0)$.

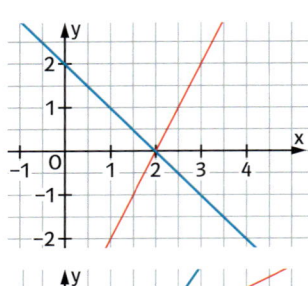

b) $3x - 1 = x + 3$
und somit $2x - 4 = 0$.
Folglich ist $x = 2$.
Einsetzen ergibt $y = 5$.
Schnittpunkt $S(2\,|\,5)$.

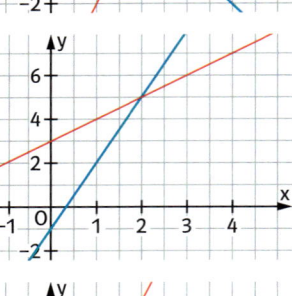

c) $-\frac{1}{2}x + 1 = 2x - \frac{3}{2}$
und somit $-\frac{5}{2}x + \frac{5}{2} = 0$.
Folglich ist $x = 1$.
Einsetzen ergibt $y = 0{,}5$.
Schnittpunkt $S(1\,|\,0{,}5)$.

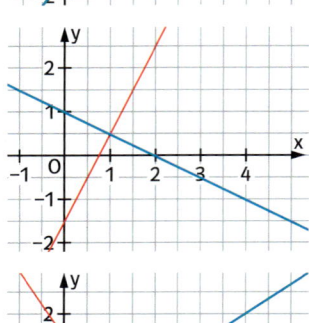

d) $\frac{2}{3}x - \frac{2}{3} = -\frac{3}{2}x + \frac{3}{2}$
und damit $\frac{13}{6}x - \frac{13}{6} = 0$.
Folglich ist $x = 1$.
Einsetzen ergibt $y = 0$.
Schnittpunkt $S(1\,|\,0)$.

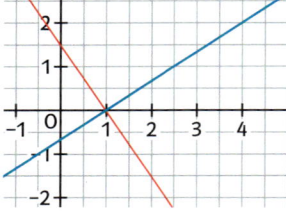

Haltepunkt, Seite 37

9

a) Die Normalparabel wurde an der x-Achse gespiegelt, dann mit dem Faktor 2 in y-Richtung gestreckt, um eine Einheit nach rechts in x-Richtung und um eine Einheit nach oben in y-Richtung verschoben.
b) Die Normalparabel wurde mit dem Faktor 0,5 in y-Richtung gestreckt und um 2 Einheiten nach links und eine Einheit nach unten verschoben.
c) Die Normalparabel wurde an der x-Achse gespiegelt und um 1,5 Einheiten nach links verschoben.

10

a) $f(x) = -0{,}5(x - 1)^2 + 2$
Probe: $P(3\,|\,0)$;
$f(3) = -0{,}5(3 - 1)^2 + 2 = -0{,}5 \cdot 4 + 2$
$= -2 + 2 = 0$

b) $f(x) = 3(x - 1)^2 - 1$
Probe: $P(0\,|\,2)$; $f(0) = 3(0 - 1)^2 - 1 = 3 \cdot 1 - 1 = 2$

c) $f(x) = 0{,}25(x - 1)^2 - 1$
Probe: $P(-1\,|\,0)$; $f(-1) = 0{,}25(-1 - 1)^2 - 1 = 0{,}25(-2)^2 - 1$
$= 0{,}25 \cdot 4 - 1 = 1 - 1 = 0$

Haltepunkt, Seite 39

5

a) Einsetzen in die Scheitelpunktform ergibt:
$f(x) = a(x + 1)^2 + 4$.
Setzt man den Punkt $A(0\,|\,3)$ in die Gleichung ein, so erhält man den Streckfaktor a.
$3 = a(0 + 1)^2 + 4 \qquad |\,- 4$
$-1 = a$, folglich ist $f(x) = -(x + 1)^2 + 4$

b) $f(x) = a(x - 2)^2 - 1$
Punktprobe für $A(4\,|\,0)$ ergibt $a = \frac{1}{4}$, folglich ist
$f(x) = \frac{1}{4}(x - 2)^2 - 1$

c) $f(x) = a(x + 1)^2 - 1$
Punktprobe für $A(1\,|\,1)$ ergibt $a = \frac{1}{2}$, folglich ist
$f(x) = \frac{1}{2}(x + 1)^2 - 1$

6

$P_1\ f(x) = \frac{1}{2}(x + 1)^2 + 1$, Hauptform: $f(x) = \frac{1}{2}x^2 + x + 1{,}5$
$P_2\ f(x) = (x - 1)^2 - 1$, Hauptform: $f(x) = x^2 - 2x$
$P_3\ f(x) = -\frac{1}{2}(x - 1)^2 + 2$, Hauptform: $f(x) = -\frac{1}{2}x^2 + x + 1{,}5$
$P_4\ f(x) = -x^2 - 1$ (Hauptform)

💡 Das Ausmultiplizieren führt von der Scheitelpunktform zur Hauptform.

Haltepunkt, Seite 44

7

a) $x^2 - 2x - 4 = 0$
mit pq-Formel: $\qquad x_{1;\,2} = 1 \pm \sqrt{5}$
mit abc-Formel: $\qquad x_{1;\,2} = \dfrac{2 \pm \sqrt{4 + 16}}{2}$
$x_{1;\,2} = \dfrac{2 \pm 2\sqrt{5}}{2}$
$x_{1;\,2} = 1 \pm \sqrt{5}$

b) $-\frac{1}{4}x^2 + 2x - 2 = 0$
mit abc-Formel
$$x_{1,2} = \frac{-2 \pm \sqrt{4-2}}{-0,5}$$
$x_{1;2} = -2(-2 \pm \sqrt{2})$
$x_{1;2} = 4 \pm 2\sqrt{2}$
mit pq-Formel $0 = x^2 - 8x + 8$
$x_{1;2} = 4 \pm \sqrt{8}$
$x_{1;2} = 4 \pm 2\sqrt{2}$

8

a) $f(x) = -x^2 + 3x$
$f(x) = -x(x-3)$
Nullstellen $N_1(0|0)$
und $N_2(3|0)$
Scheitelpunkt $S(1,5|2,25)$

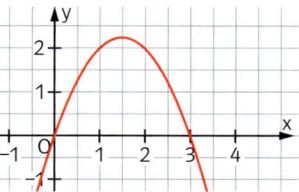

b) $f(x) = \frac{1}{2}(x^2 + 6x + 9)$
$f(x) = \frac{1}{2}(x+3)^2$
Einzige Nullstelle
$N(-3|0)$ ist der Scheitelpunkt.

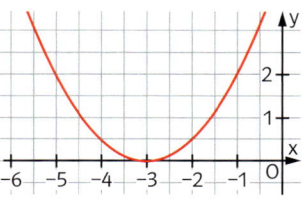

c) $f(x) = -\frac{1}{4}x^2 + 4$
$f(x) = -\frac{1}{4}(x^2 - 16)$
$f(x) = -\frac{1}{4}(x-4)(x+4)$
Nullstellen $N_1(4|0)$
und $N_2(-4|0)$,
Scheitelpunkt $S(0|4)$

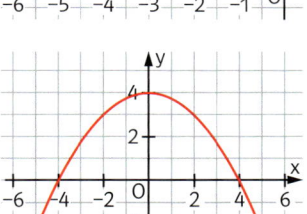

💡 Bei diesen Umformungen ist es hilfreich nach Termen zu suchen, bei denen man die binomischen Formeln anwenden kann.

9
$f(x) = -2x^2 + 16x - 24;$ $f(x) = -2(x^2 - 8x + 12)$
Nullstellen: $x^2 - 8x + 12 = 0$
pq-Formel: $x_{1;2} = 4 \pm \sqrt{16 - 12}$
$x_{1;2} = 4 \pm 2$ also $x_1 = 2$ und $x_2 = 6$
abc-Formel: $x_{1;2} = \frac{8 \pm \sqrt{64-48}}{2}$
$x_{1;2} = \frac{8 \pm 4}{2}$ also $x_1 = 2$ und $x_2 = 6$

Skizze:

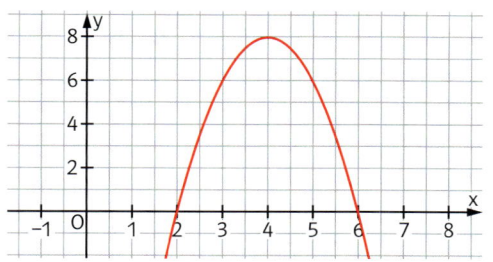

Im Intervall $]2; 6[$ gibt es positive Funktionswerte.

💡 Bei Parabeln liegt der Teil des Schaubilds, der zwischen den zwei Nullstellen liegt, immer oberhalb der x-Achse, wenn der Streckfaktor negativ ist. Ist der Streckfaktor positiv, so liegt der Teil der Parabel, der sich zwischen den zwei Nullstellen befindet, unterhalb der x-Achse.

Haltepunkt, Seite 48

4

a) $\frac{1}{2}x^2 + x = \frac{3}{2}x + 1$
$\frac{1}{2}x^2 - \frac{1}{2}x - 1 = 0;$ $x^2 - x - 2 = 0$
pq-Formel $x_{1,2} = 0,5 \pm \sqrt{0,25 + 2}$
$x_{1,2} = 0,5 \pm 1,5;$ $x_1 = 2$ und $x_2 = -1$
Berechnung der jeweiligen y-Koordinaten:
$y_1 = \frac{3}{2} \cdot 2 + 1 = 4;$ $y_2 = \frac{3}{2} \cdot (-1) + 1 = -\frac{1}{2}$
Also ist die Gerade eine Sekante mit den Schnittpunkten $S_1(2|4)$ und $S_2(-1|-0,5)$.

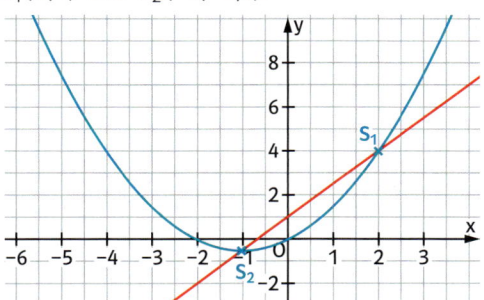

b) $\frac{1}{4}x^2 - 2x + 1 = -x$
$x^2 - 4x + 4 = 0$ hat die einzige Lösung bei $x = 2$.
Die Gerade ist eine Tangente mit Berührpunkt $B(2|-2)$.

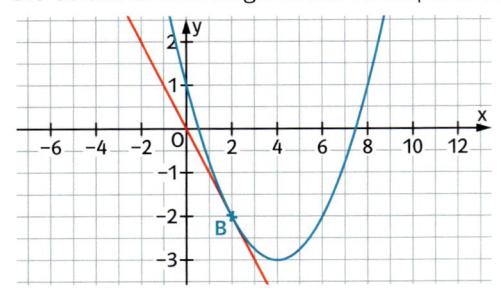

c) $2x^2 - 2 = x - 4$
$2x^2 - x + 2 = 0$ hat keine Lösung.
Die Gerade ist eine Passante, es gibt keine gemeinsamen Punkte.

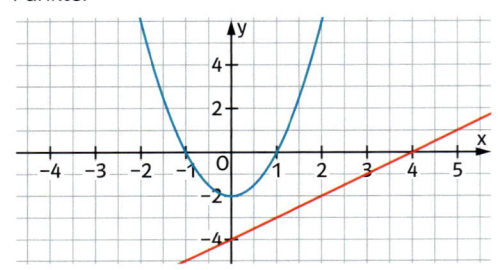

d) $4x^2 - 80x + 280 = -16x + 24$
$4x^2 - 64x + 256 = 0$
$x^2 - 16x + 64 = 0$ hat die einzige Lösung $x = 8$.
Die Gerade ist eine Tangente mit Berührpunkt $B(8|-104)$.

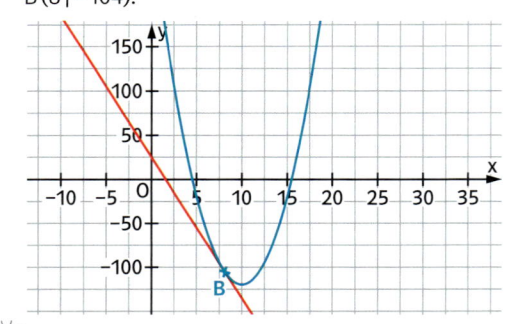

💡 Die Passante läuft an der Parabel vorbei, die Tangente berührt sie in einem Punkt, die Sekante schneidet sie in zwei Punkten.

5
a)
$$\frac{1}{2}x^2 + 3 = x + b$$
$$\frac{1}{2}x^2 - x + (3 - b) = 0 \quad | \cdot 2$$
$$x^2 - 2x + (6 - 2b) = 0$$

Bestimmen der Diskriminante D:
$1^2 - (6 - 2b) = 0$
$-5 + 2b = 0 \quad | +5$
$2b = 5 \quad | :2$
$b = 2,5$
$g(x) = x + 2,5$

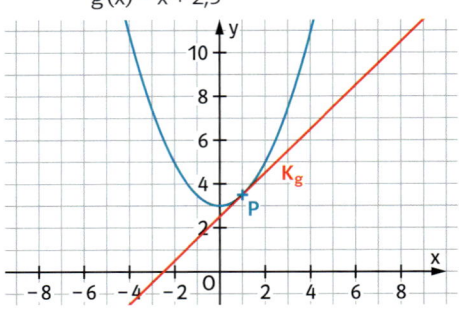

Berechnung des Berührpunkts:
$\frac{1}{2}x^2 + 3 = x + 2,5 \quad | -x - 2,5$
$\frac{1}{2}x^2 - x + \frac{1}{2} = 0 \quad | \cdot 2$
$x^2 - 2x + 1 = 0$
$x_{1;2} = -\frac{-2}{2} \pm \sqrt{\left(\frac{-2}{2}\right)^2 - 1}$
$x_{1;2} = \pm 0$

Einsetzen von $x = 1$ in $g(x) = x$:
$g(1) = 2,5 + 1 = 3,5$
Der Berührpunkt ist $P(1|3,5)$.

b) $4x^2 + 3x + 2 = 3x + b \quad | -3x$
$4x^2 + 2 = b \quad | -b$
$4x^2 - b + 2 = 0 \quad | :4$
$x^2 - \frac{b-2}{4} = 0$

Bestimmen der Diskriminante D:
$0^2 - \frac{b-2}{8} = 0 \quad | \cdot 8$
$b - 2 = 0 \quad | +2$
$b = 2$
$g(x) = 3x + 2$

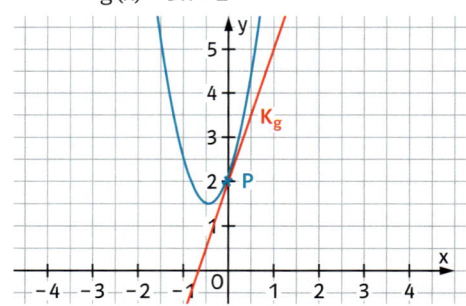

$4x^2 + 3x + 2 = 3x + 2 \quad | -3x - 2$
$4x^2 = 0$
$x = 0$

Einsetzen von $x = 0$ in $f(x)$ oder $g(x)$ ergibt: $f(0) = g(0) = 2$.
Der Berührpunkt ist $P(0|2)$.

c) $\frac{1}{4}x^2 = x + b$
$\frac{1}{4}x^2 - x - b = 0 \quad | \cdot 4$
$x^2 - 4x + 4b = 0$
Bestimmen der Diskriminante D:
$(-2)^2 - (-4b) = 0 \quad | \text{ausrechnen}$
$4 + 4b = 0 \quad | -4 \quad | :4$
$b = -1$
$g(x) = x - 1$

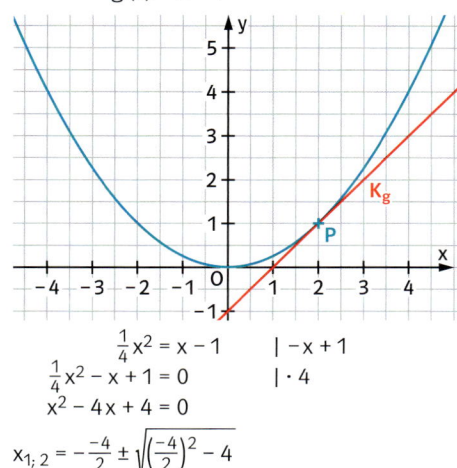

$\frac{1}{4}x^2 = x - 1 \quad | -x + 1$
$\frac{1}{4}x^2 - x + 1 = 0 \quad | \cdot 4$
$x^2 - 4x + 4 = 0$
$x_{1;2} = -\frac{-4}{2} \pm \sqrt{\left(\frac{-4}{2}\right)^2 - 4}$
$x_{1;2} = 2 \pm 0$
Einsetzen von $x = 2$ in $g(x)$ ergibt: $g(2) = 1$
Der Berührpunkt ist $P(2|1)$.

Haltepunkt, Seite 51

9

a) Alle Schaubilder gehen durch den Punkt $P(1|1)$.
Die Schaubilder von f und g
 – gehen durch den Punkt $Q(-1|1)$,
 – liegen im I. und II. Quadranten,
 – liegen achsensymmetrisch zur y-Achse.
Die Schaubilder von h und i
 – gehen durch $R(-1|-1)$,
 – liegen im I. und III. Quadranten,
 – liegen punktsymmetrisch zum Ursprung.
Für $-1 < x < 0$ liegt das Schaubild von g unter dem Schaubild von f und das Schaubild von i unter dem Schaubild von h.
Für $x < -1$ liegen die jeweiligen Schaubilder genau anders herum zueinander.
Für $0 < x < 1$ liegt das Schaubild von i unter dem Schaubild von f, das Schaubild von g unter demjenigen von i und das Schaubild von h unter dem Schaubild von g.

Für $1 < x$ ist die Reihenfolge der Schaubilder genau anders herum: also das Schaubild von f liegt unter jenem von i, dieses unter dem Schaubild von g und das Schaubild von g unter jenem von h.

b) B gehört zu f, A gehört zu h, C gehört zu g.

10

$f(x) = a \cdot x^n$

a) $f(1) = 0{,}3$, d.h. $a \cdot 1^n = 0{,}3$, also $a = 0{,}3$
$f(-2) = -9{,}6$, d.h. $a \cdot (-2)^n = -9{,}6$,
damit ist $(-2)^n = -32$, d.h. $n = 5$.
$f(x) = 0{,}3 \cdot x^5$

b) $f(1) = -2$, d.h. $a \cdot 1^n = -2$, also $a = -2$,
$f(3) = -162$, d.h. $a \cdot 3^n = -162$,
damit ist $3^n = 81$, d.h. $n = 4$.
$f(x) = -2 \cdot x^4$

Haltepunkt, Seite 54

7

a) $f(x) = x^6 + x^3 - 2x + 1$
Das Schaubild von f verhält sich für $x \to +\infty$ und für $x \to -\infty$ wie das Schaubild von $p(x) = x^6$, d.h. für $x \to \infty$ gilt $f(x) \to \infty$ und für $x \to -\infty$ gilt auch $f(x) \to \infty$.

b) $f(x) = -2x^4 + 1{,}5x^2 - 3$
Das Schaubild von f verhält sich für $x \to +\infty$ und für $x \to -\infty$ wie das Schaubild von $p(x) = -2x^4$, d.h. für $x \to +\infty$ gilt $f(x) \to -\infty$ und für $x \to -\infty$ gilt $f(x) \to -\infty$.

c) $f(x) = 4(x^2 - 2)(x + 3) \quad | \text{ausmultiplizieren}$
$f(x) = 4x^3 + 12x^2 - 8x - 24$
Das Schaubild von f verhält sich für $x \to +\infty$ und für $x \to -\infty$ wie das Schaubild von $p(x) = 4x^3$, d.h. für $x \to +\infty$ gilt $f(x) \to +\infty$ und für $x \to -\infty$ gilt $f(x) \, x \to -\infty$.

8

f_2 gehört zu A. f_1 gehört zu B. f_5 gehört zu C. f_4 gehört zu D.

💡 So sehen die restlichen Schaubilder aus:

Das Schaubild zu f_3:

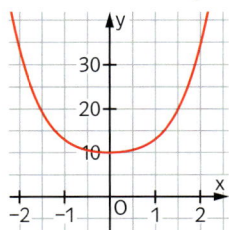

Das Schaubild zu f_6:

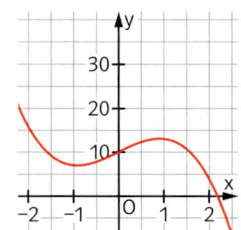

Haltepunkt, Seite 57

15

a) Da nur gerade Hochzahlen vorkommen, ist f gerade.
b) Da nur ungerade Hochzahlen vorkommen, ist f ungerade.
c) Es ist $f(1) = -2$; $f(-1) = 6$. Damit gilt weder $f(-1) = f(1)$ noch $f(-1) = -f(1)$. Also ist f weder gerade noch ungerade.
d) Da nur ungerade Hochzahlen vorkommen, ist die Polynomfunktion f ungerade.
e) Es ist $f(x) = -x^6 + 3x^4 + 5$. Da nur gerade Hochzahlen vorkommen, ist f gerade.
f) $f(-x) = 4 - (-x)^3 = 4 + x^3 \ne -f(x)$ (und auch $f(-x) \ne f(x)$); f ist also weder gerade noch ungerade.

Haltepunkt, Seite 61

8

a) Wurzelziehen:
$2x^4 - 12 = 0 \quad |:2$
$x^4 - 6 = 0 \quad |+6 \quad |\sqrt[4]{}$
$x_1 = \sqrt[4]{6}$ und $x_2 = -\sqrt[4]{6}$.

b) Ablesen und Wurzelziehen:
$f(x) = x(x+2)(x^2 - 3)$
$x_1 = 0$;
$x + 2 = 0$ d.h. $x_2 = -2$;
$x^2 - 3 = 0$ d.h. $x_3 = \sqrt{3}$ und $x_4 = -\sqrt{3}$

c) Ablesen aus den Linearfaktoren:
$f(x) = 5(x-1)(x+3)(x-4)$
$x - 1 = 0$ d.h. $x_1 = 1$;
$x + 3 = 0$ d.h. $x_2 = -3$;
$x - 4 = 0$ d.h. $x_3 = 4$

d) Anwenden der binomischen Formel:
$f(x) = -7x(x+3)^2$.
Ablesen: 0; -3

e) $x^4 - 41x^2 + 180 = 0$
Substitution: $z = x^2$
$z^2 - 41z + 180 = 0$
$z_1 = 5$; $z_2 = 36$
$x^2 = 5$ hat die Lösungen $x_1 = \sqrt{5}$; $x_2 = -\sqrt{5}$
$x^2 = 36$ hat die Lösungen $x_3 = 6$; $x_4 = -6$
Nullstellen sind also $\sqrt{5}$; $-\sqrt{5}$; 6 und -6.

f) $(x^4 - 1)(x^2 + 4) = 0$ führt auf die Gleichungen $x^4 - 1 = 0$ und $x^2 + 4 = 0$.
Die erste Gleichung hat die Lösungen $x_1 = 1$; $x_2 = -1$, die zweite Gleichung hat keine Lösung. Die Nullstellen sind 1 und -1.

9

Mögliche Lösungen:

a) $f(x) = x(x-2)(x-5)$; $g(x) = 3x(x-2)(x-5)$
b) $f(x) = x(x^2 - 3)$; $g(x) = 4x^2(x^2 - 3)$
c) $f(x) = (x-2)(x^2 + 4)$; $g(x) = 5(x-2)(x^2 + 9)$
d) $f(x) = x^2(x-1)$; $g(x) = 3x(x-1)^2$

Haltepunkt, Seite 67

5

a) Grad von f: 3
Alle Nullstellen sind einfache Nullstellen.

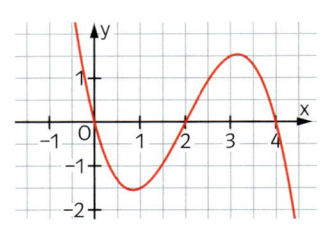

b) Grad von f: 3
Nullstelle $x = -1$: einfach;
Nullstelle $x = 1$: doppelt

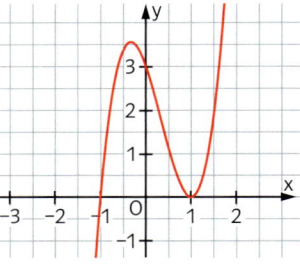

c) Grad von f: 4
Nullstelle $x = 1$: einfach;
Nullstelle $x = 3$: dreifach

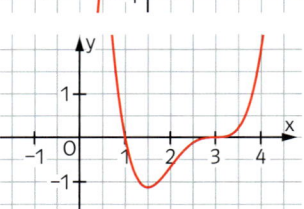

6

Linkes Schaubild:
Nullstelle $x = 0$: einfach; Nullstelle $x = 1$: dreifach
Ansatz: $f(x) = ax(x-1)^3$
Der Punkt $P(0,5|-1)$ liegt auf dem Schaubild, also gilt $f(0,5) = -1$,
d.h. $a \cdot 0,5(0,5 - 1)^3 = -1$, d.h. $a = 16$.
$f(x) = 16x(x-1)^3$

Rechtes Schaubild:
Nullstelle $x = 3$: doppelt; Nullstelle $x = 5$: einfach
Ansatz: $f(x) = a(x-3)^2(x-5)$
Der Punkt $P(4|1)$ liegt auf dem Schaubild und $x \to -\infty$,

also gilt $f(4) = 1$,
d.h. $a \cdot (4-3)^2 (4-5) = 1$, d.h. $a = -1$.
$f(x) = -(x-3)^2 (x-5)$

Sammelpunkt, Seite 71

1

a) $f(x) = x^2$: Spiegelung an x-Achse ergibt den Term $-x^2$, Verschiebung um 2 in y-Richtung ergibt $-x^2 + 2$. Damit ist $f_1(x) = -x^2 + 2$.
$g(x) = 0{,}25 x^3$: Spiegelung an x-Achse ergibt den Term $-0{,}25 x^3$, Verschiebung um 2 in y-Richtung ergibt $g_1(x) = -0{,}25 x^3 + 2$.

b) $f(x) = x^2$: Streckung mit Faktor 4 in y-Richtung ergibt den Term $4x^2$, Verschiebung um $-1{,}5$ in x-Richtung ergibt den Term $4x^2 - 1{,}5$. Damit: $f_2(x) = 4x^2 - 1{,}5$. Analog bei $g(x)$: damit: $g_2(x) = x^3 - 1{,}5$.

💡 Achten Sie auf die Reihenfolge von Spiegelung, Streckung und Verschiebung.

2

a) Verhalten für $x \to +\infty$ und $x \to -\infty$ wie von $g(x) = -1{,}5 x^2$, d.h. $f(x) \to -\infty$; für $x \to +\infty$ und $f(x) \to -\infty$ für $x \to -\infty$; das Schaubild kommt von links unten und geht nach rechts unten; doppelte Nullstelle bei $x = 2$.
Schaubild:

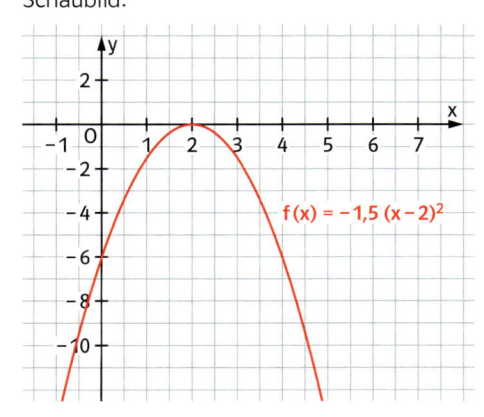

b) Verhalten für $x \to +\infty$ wie $g(x) = \frac{1}{4} x^3$, daher gilt $f(x) \to +\infty$ für $x \to +\infty$ und $f(x) \to -\infty$ für $x \to -\infty$; das Schaubild kommt von links unten und geht nach rechts oben; doppelte Nullstelle bei $x = -1$ und einfache Nullstelle bei $x = 2{,}5$.

Schaubild:

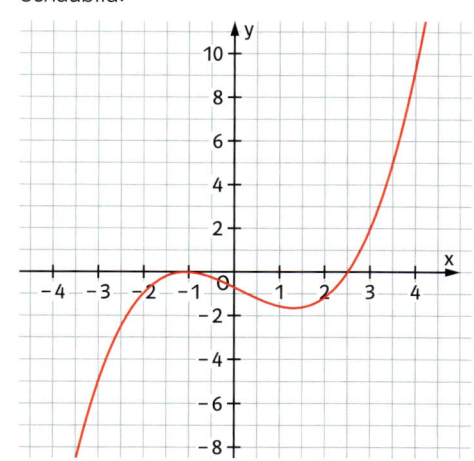

c) Verhalten für $x \to +\infty$ und $x \to -\infty$ wie $g(x) = -x^4$, d.h. $f(x) \to -\infty$ für $x \to +\infty$ und für $x \to -\infty$; das Schaubild kommt von links unten und geht nach rechts unten; einfache Nullstelle bei $x = 0$ und dreifache Nullstelle bei $x = -4$.
Schaubild:

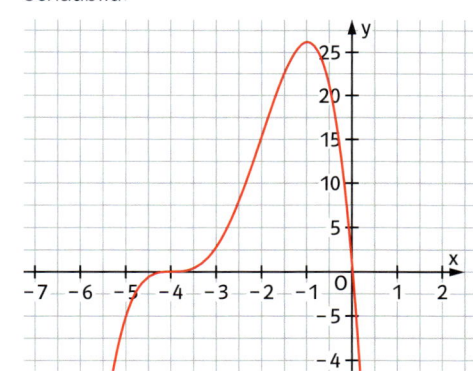

3

a) $x^3 - 8 = 0 \qquad |+8$
$ x^3 = 8 \qquad |\sqrt[3]{}$
$ x = 2$
Eine dreifache Nullstelle liegt bei 2.

b) $3x^4 - 4{,}5 x^3 = 0 \qquad | x^3$ ausklammern
$x^3 (3x - 4{,}5) = 0$
Der Satz vom Nullprodukt ergibt
$x^3 = 0$ oder $3x - 4{,}5 = 0$, d.h.
$x_1 = 0$ ist dreifache Nullstelle und $x_2 = 1{,}5$.

c) Betrachten der Linearfaktoren ergibt
$0{,}5 x = 0$ oder $(x + 1{,}5)^2 = 0$.
Damit sind die Nullstellen $x_1 = 0$ und $x_2 = -1{,}5$.

d) $2x^4 + 2x^2 - 12 = 0$
Substitution von $x^2 = z$ ergibt $2z^2 + 2z - 12 = 0$.
Anwenden der abc-Formel ergibt
$z_1 = -3$ und $z_2 = 2$.
Die Rücksubstitution von $z = x^2$ führt auf $x^2 = 2$ und $x^2 = -3$. Es ergibt:
$x_1 = +\sqrt{2}$ und $x_2 = -\sqrt{2}$.
Es gibt kein x, für das gilt $x^2 = -3$.

4

a) Das Schaubild zeigt eine Funktion vom Grad 3 mit einer einfachen Nullstelle bei $x = 0$ und einer doppelten Nullstelle bei $x = 3$: $f(x) = a\, x\,(x-3)^2$.
Man kann einen Punkt P ablesen, z. B. $P(2|1)$, dies ergibt $1 = a \cdot 2(2-3)^2$, d.h. $1 = a \cdot 2$, d.h. $a = 0{,}5$; damit ist $f(x) = 0{,}5\,x\,(x-3)^2$.

b) Das Schaubild zeigt eine Funktion vom Grad 4 mit einer einfachen Nullstelle bei $x = -2$ und einer dreifachen Nullstelle bei $x = 1$: $f(x) = a(x+2)(x-1)^3$.
Man kann einen Punkt ablesen und einsetzen, z. B. $P(-1|-2)$, dies ergibt
$-2 = a \cdot (-1+2)(-1-1)^3$ | zusammenfassen
$-2 = a \cdot 1 \cdot (-8)$ | $:(-8)$
$0{,}25 = a$
Damit ist $f(x) = 0{,}25\,(x+2)(x-1)^3$.

c) Das Schaubild zeigt eine Funktion vierten Grades mit einer doppelten Nullstelle bei $x = -1{,}5$ und einer doppelten Nullstelle bei $x = 1{,}5$, damit ist
$f(x) = a(x+1{,}5)^2(x-1{,}5)^2$; ablesen des Punktes $P(0|2)$ und einsetzen in die Funktionsgleichung ergibt
$2 = a\,(0+1{,}5)^2\,(0-1{,}5)^2$
$2 = a \cdot 1{,}5^4$ | Seiten tauschen | $:1{,}5^4$
$a = \dfrac{2}{\left(\tfrac{3}{2}\right)^4} = \dfrac{2^5}{3^4} = \dfrac{32}{81}$
Damit ist $f(x) = \dfrac{32}{81}(x+1{,}5)^2(x-1{,}5)^2$.

5

a) Schaubilder:

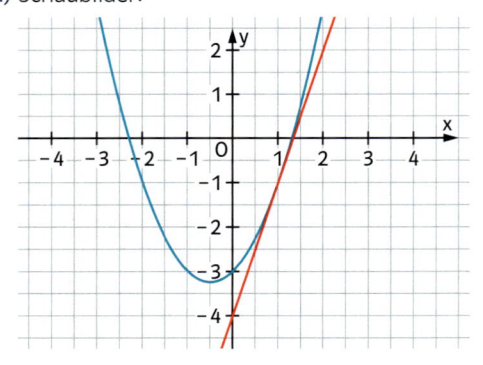

Schnittpunkt abgelesen: $S(1|-1)$
Rechnerisch:
$x^2 + x - 3 = 3x - 4$ | $-3x$ | $+4$
$x^2 - 2x + 1 = 0$ | binomische Formel
$(x-1)^2 = 0$
$x = 1$
Einsetzen in $g(x) = 3x - 4$ ergibt:
$g(1) = 3 \cdot 1 - 4 = -1$
D.h. $y = -1$; der Schnittpunkt ist $S(1|-1)$.

b) Schaubilder:

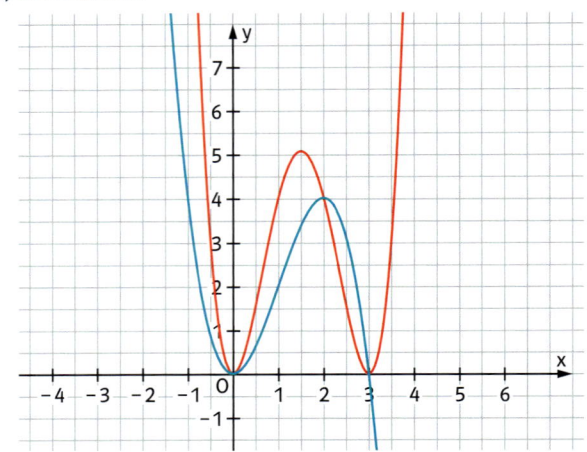

Schnittpunkte abgelesen:
$S_1(0|0)$, $S_2(2|4)$, $S_3(3|0)$
Rechnerisch:
$x^4 - 6x^3 + 9x^2 = -x^3 + 3x^2$ | $+x^3 - 3x^2$
$x^4 - 5x^3 + 6x^2 = 0$ | x^2 ausklammern
$x^2(x^2 - 5x + 6) = 0$
Ausklammern und Anwenden der pq-Formel ergeben die Nullstellen $x_1 = 0$, $x_2 = 2$ und $x_3 = 3$.
Einsetzen der Nullstellen in f(x) oder g(x) ergeben die Schnittpunkte $S_1(0|0)$, $S_2(2|4)$ und $S_3(3|0)$.

6

a) Ansatz: $y = ax^2 + bx + c$
Legt man ein Koordinatensystem mit dem Ursprung auf den Freistoßpunkt, so kann man aus dem Text die Punkte auf der Kurve herauslesen:
Freistoßpunkt: $P_1(0|0)$
Höchster Punkt der Flugbahn: $P_2(25|5)$
Aufprall nach 50 Metern: $P_3(50|0)$

Einsetzen der Punkte ergibt:
$P_1(0|0)$: $0 = c$
$P_2(25|5)$: $5 = a \cdot 25^2 + b \cdot 25 + 0$
$P_3(50|0)$: $0 = a \cdot 50^2 + b \cdot 50 + 0$

Multipliziert man die 2. Gleichung mit 2 und zieht die 3. Gleichung davon ab, so erhält man:

$10 = 2 \cdot a \cdot 25^2 - a \cdot 50^2$ | zusammenfassen
$10 = a \cdot (-1250)$ | : (-1250)
$-\frac{1}{125} = a$

Einsetzen in die 3. Gleichung ergibt:

$0 = -\frac{1}{125} \cdot 50^2 + b \cdot 50$ | vereinfachen
$0 = -20 + b \cdot 50$ | + 20
$20 = 50\,b$ | : 50
$\frac{2}{5} = b$

Damit ist $a = -\frac{1}{125}$ und $b = \frac{2}{5}$.
Die Gleichung der Polynomfunktion lautet:
$f(x) = -\frac{1}{125}x^2 + \frac{2}{5}x$

Schaubild des Ballflugs:

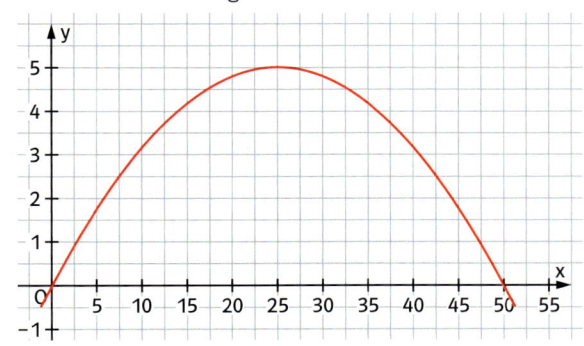

b) Kopfballspieler:
$f(45) = -\frac{1}{125} \cdot (45)^2 + \frac{2}{5} \cdot (45) = 1\frac{4}{5} = 1{,}8$
Ja, er kann einen Kopfball spielen, weil sich der Ball in einer Höhe von 1,8 m befindet.

💡 Achten Sie darauf, den Ursprung des Koordinatensystems geeignet in einen der genannten Punkte zu legen.

Test, Seite 75

1
– Verschiebung in x-Richtung um 3,5 ergibt $(x - 3{,}5)^4$;
  Verschiebung in y-Richtung um –1,5 ergibt
  $3(x - 3{,}5)^4 - 1{,}5$
– Streckung in y-Richtung mit dem Faktor 2:
  $2 \cdot (3(x - 3{,}5)^4 - 1{,}5) = 6(x - 3{,}5)^4 - 3$
– Spiegelung an x-Achse:
  $-(6(x - 3{,}5)^4 - 3) = -6(x - 3{,}5)^4 + 3$
Der neue Funktionsterm lautet $f(x) = -6(x - 3{,}5)^4 + 3$.

2
a) Schnittpunkt mit der x-Achse, d.h. Nullstellen bestimmen:

$0 = \frac{5}{4}\left(x - \frac{2}{5}\right)^2 - \frac{1}{5}$ | binomische Formel
$0 = \left(\frac{5}{4}x^2 - \frac{4}{5}x + \frac{4}{25}\right) - \frac{1}{5}$ | ausmultiplizieren
$0 = \frac{5}{4}x^2 - x + \frac{1}{5} - \frac{1}{5}$ | zusammenfassen
$0 = \frac{5}{4}x^2 - x$ | x ausklammern
$0 = x\left(\frac{5}{4}x - 1\right)$

Dies ergibt: $x_1 = 0$ und $x_2 = \frac{4}{5}$.
Die Nullstellen sind $N_1(0|0)$ und $N_2\left(\frac{4}{5}\big|0\right)$.
Schnittpunkt mit der y-Achse S_y:

$f(0) = \frac{5}{4} \cdot \left(0 - \frac{2}{5}\right)^2 - \frac{1}{5}$
$= \frac{5}{4} \cdot \left(-\frac{2}{5}\right)^2 - \frac{1}{5} = \frac{5}{4} \cdot \frac{4}{25} - \frac{1}{5} = \frac{1}{5} - \frac{1}{5} = 0$

Der Schnittpunkt mit der y-Achse ist $S_y(0|0)$.

b) Schnittpunkte mit der x-Achse, d.h. Nullstellen bestimmen:
$0 = (x^2 + 2)(x - 2)^2$
Nach dem Satz vom Nullprodukt ist:
$0 = (x^2 + 2)$ oder $0 = (x - 2)^2$.
Der erste Faktor kann nicht 0 werden, der zweite Faktor ergibt $x = 2$.
Die Nullstelle ist $N(2|0)$.
Schnittpunkt mit der y-Achse S_y:
$f(0) = (0^2 + 2)(0 - 2)^2 = 2 \cdot (-2)^2 = 8$
Der Schnittpunkt mit der y-Achse ist $S_y(0|8)$.

c) Schnittpunkt mit der x-Achse, d.h. Nullstellen bestimmen:
$f(x) = -\frac{1}{9}x^4 + \frac{2}{3}x^2 - 1$
Da nur gerade Potenzen von x vorkommen, ist die Substitution geeignet: $z = x^2$
$f(x) = -\frac{1}{9}z^2 + \frac{2}{3}z - 1 = -\left(\frac{1}{3}z - 1\right)^2$
Aus $\frac{1}{3}z - 1 = 0$ folgt $z = 3$.
Die Rücksubstitution ergibt
$x_1 = +\sqrt{3}$ und $x_2 = -\sqrt{3}$.
Die Nullstellen lauten $N_1(\sqrt{3}|0)$ und $N_2(-\sqrt{3}|0)$.
Schnittpunkt mit der y-Achse S_y:
$f(0) = -\frac{1}{9} \cdot 0^4 + \frac{2}{3} \cdot 0^2 - 1 = -1$
Der Schnittpunkt mit der y-Achse ist $S_y(0|-1)$.

💡 Die Schnittpunkte mit der x-Achse entsprechen den Nullstellen. Der Schnittpunkt mit der y-Achse wird als $S_y(0|y)$ bezeichnet.

3

a) Die gegenseitige Lage zweier Funktionen kann man z.B. über das Zeichnen der Schaubilder ermitteln:

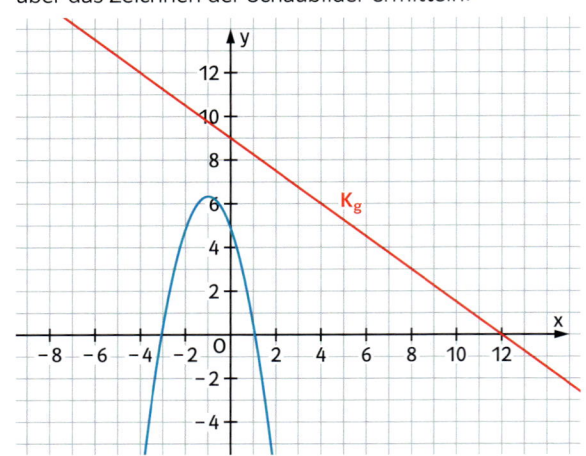

Die Gerade K_g ist Passante der Parabel K_f.

b) Man kann die gegenseitige Lage von zwei Funktionen auch durch Rechnung ermitteln.
Gleichsetzen der Terme von f und g ergibt:

$\frac{1}{8}x^4 - x^3 + \frac{9}{4}x^2 = \frac{1}{4}x^2$ $\mid -\frac{1}{4}x^2$

$\frac{1}{8}x^4 - x^3 + \frac{8}{4}x^2 = 0$ $\mid$ kürzen

$\frac{1}{8}x^4 - x^3 + 2x^2 = 0$ $\mid x^2$ ausklammern

$x^2\left(\frac{1}{8}x^2 - x + 2\right) = 0$ $\mid \cdot 8$

$x^2(x^2 - 8x + 16) = 0$ $\mid$ binomische Formel

$x^2(x-4)^2 = 0$

Nach dem Satz vom Nullprodukt:
$x^2 = 0$ oder $(x-4)^2 = 0$
Daraus folgt
$x_1 = 0$ oder $x_2 = 4$.
Einsetzen in die Funktionsgleichung von g oder f ergibt: die Schnittpunkte der Funktionen g und f sind $S_1(0|0)$ und $S_2(4|4)$.

Kontrolle durch Schaubilder:

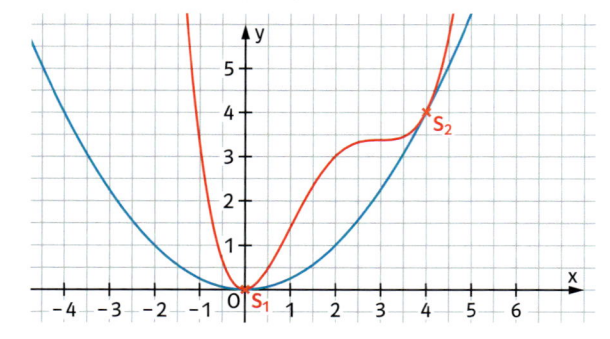

4

a) Die Funktion f hat nur ungerade Hochzahlen, daher ist sie punktsymmetrisch zum Ursprung.

b) Die Funktion f hat nur gerade Hochzahlen, daher ist sie achsensymmetrisch zur y-Achse.

c) Da $f(1) = 5$ und $f(-1) = -7$, ist die Funktion weder achsensymmetrisch zur y-Achse noch punktsymmetrisch zum Ursprung.

d) Zunächst ausmultiplizieren: es ist
$f(x) = (x^2 + 1)(x^4 - 2) = x^6 + x^4 - 2x^2 - 2$.
Somit hat f nur gerade Hochzahlen, also ist das Schaubild von f achsensymmetrisch zur y-Achse.

💡 Manche Terme von Polynomfunktionen müssen zuerst ausmultipliziert werden, damit man erkennen kann, ob die Funktion gerade oder ungerade ist und ob sie Symmetrieeigenschaften hat.

5

a) Die Funktion f hat einfache Nullstellen bei $x_1 = -2$, $x_2 = 2$ und $x_3 = 4$; sie hat den Grad 3.
Der Faktor vor x^3 ist $\frac{1}{4}$, also positiv.
Daher verläuft das Schaubild von f von links unten nach rechts oben.

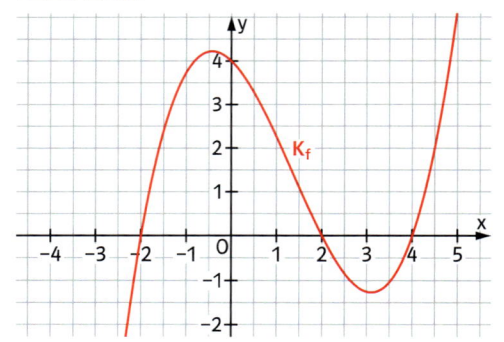

b) Die Funktion f hat eine doppelte Nullstelle bei $x_1 = -1$ und einfache Nullstelle bei $x_2 = 2$; die Funktion hat den Grad 3; der Faktor vor x^3 ist -1, d.h. negativ. Also verläuft das Schaubild von f von links oben nach rechts unten.

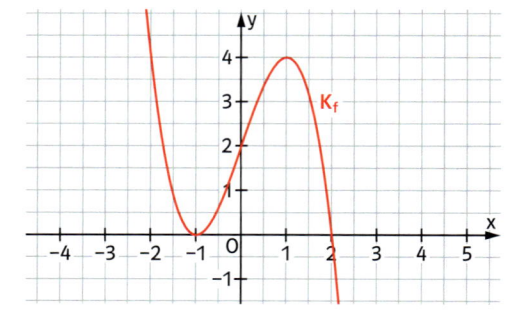

c) $f(x) = 0{,}25(x^2 - 4)^2 = 0{,}25((x+2)(x-2))^2$
Ausmultiplizieren:
$f(x) = 0{,}25(x^4 - 8x^2 + 16) = 0{,}25x^4 - 2x^2 + 4$
Die Funktion f hat zwei doppelte Nullstellen $x_1 = 2$ und $x_2 = -2$; sie hat den Grad 4;
der Faktor vor x^4 ist 0,25, d.h. positiv.
Das Schaubild verläuft daher von links oben nach rechts oben.
Da die Funktion nur gerade Potenzen hat, ist das Schaubild der Funktion achsensymmetrisch zur y-Achse.

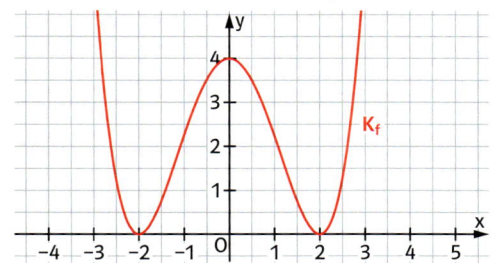

6
a) Das Schaubild gehört zu einer Funktion 3. Grades:
$f(x) = 1{,}6 x^2 (x - 2)$. Dabei entsprechen 2 Kästchen einer Einheit.
b) Das Schaubild gehört zu einer Funktion vom Grad 4.
Die Funktion ist $f(x) = -x^2(x^2 - 3)$.
Dabei entspricht 1 Kästchen einer Einheit.
c) Das Schaubild hat 5 Nullstellen, die zugehörige Funktion hat also mindestens den Grad 5, daher gibt es dazu kein Kärtchen. Wählt man 1 Kästchen als Einheit, so kann man die Nullstellen ablesen:
$x_1 = -1$; $x_2 = 0$; $x_3 = 1$; $x_4 = 2$ und $x_5 = 3$.
Die Funktion hat die Form
$f(x) = a(x+1)x(x-1)(x-2)(x-3)$
Durch Einsetzen eines weiteren Punktes, z.B. $P(0{,}5 | -0{,}7)$, berechnet man $a \approx -0{,}5$.
d) Das Schaubild gehört zu $f(x) = -x^4 + 4x^2 + 3$, wenn 2 Kästchen eine Einheit sind.

💡 Achten Sie darauf, dass Sie für die x-Achse und für die y-Achse die gleiche Skalierung wählen.

7
a) Ansatz: $f(x) = a(x+2)(x-3)(x-5)$ und $f(0) = 10$,
d.h. $a(2)(-3)(-5) = 10$, also $a = \frac{1}{3}$.
b) Wegen der Achsensymmetrie ist $x = -3$ auch doppelte Nullstelle. Da der Grad der Funktion 4 beträgt, hat man damit alle Nulllstellen, es gilt $f(x) = a(x+3)^2(x-3)^2$.
Z.B.: $f(x) = (x+3)^2(x-3)^2$; $f(x) = -0{,}5(x+3)^2(x-3)^2$.

8
a) falsche Aussage: $f(x) = x^2 \cdot (x-1)$ ist vom Grad 3 und besitzt die Nullstellen $x_1 = 0$ und $x_2 = 1$.
b) wahre Aussage: die Anzahl der Nullstellen der Funktion mit
$f(x) = x^4 + 1$ ist 0,
$g(x) = x^4$ ist 1 (Berührstelle),
$h(x) = (x-1)(x+1)(x^2+1)$ ist 2,
$i(x) = (x-1)^2(x+1)(x+2)$ ist 3,
$j(x) = (x-1)(x-2)(x+1)(x+2)$ ist 4.
c) Die Aussage ist richtig, da aus $f(-x) = -f(x)$ die Gleichung $f(-x) + f(x) = 0$ folgt.
d) Diese Aussage ist falsch, denn es könnte ein x geben, für das nicht gilt, dass $f(-x) = f(x)$, z.B. könnte sein, dass $f(-3) \neq f(3)$.

💡 Bei Teilaufgabe d) kann man auch eine Funktion zeichnen für die gilt $f(-4) = f(4)$, die aber nicht achsensymmetrisch zur y-Achse ist.

9
a) Ansatz über die Nullstellenform:
$f(x) = a(x-4)(x+4)$ und Punktprobe mit $S(0|6)$
ergibt $f(0) = 6$: $-16a = 6$ oder $a = -0{,}375$;
$f(x) = -0{,}375(x-4)(x+4) = -0{,}375 x^2 + 6$.
b) Zeichnung:

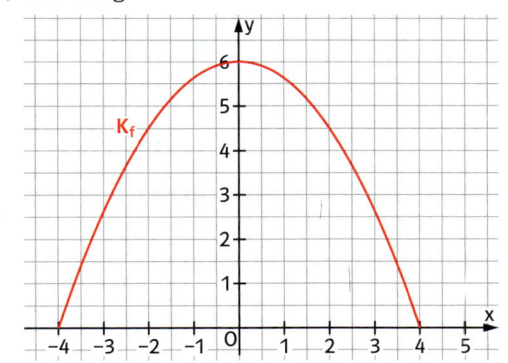

c) Gesucht sind die Lösungen der Gleichung
$f(x) = 3{,}5$: $-0{,}375 x^2 + 6 = 3{,}5$; $-0{,}375 x^2 = -2{,}5$;
$x^2 = \frac{20}{3}$; $x = \pm 2{,}58$.
Der Mindestabstand des Waggons zum Tunnelrand rechts oder links muss also $4\,\text{m} - 2{,}58\,\text{m} = 1{,}42\,\text{m}$ betragen, und somit die Schienenmitte mindestens $1{,}42\,\text{m} + 1{,}6\,\text{m} = 3{,}02\,\text{m}$.

💡 Auch bei dieser Aufgabe ist es wichtig, zu entscheiden, wo der Ursprung des Koordinatensystems liegt.

III Exponentialfunktionen

Standpunkt, Seite 76

1
a) $x^{3+5} = x^8$
b) $a^{7-4} = a^3$
c) $p^{8-3} = p^5$
d) $z^{3 \cdot 7} = z^{21}$
e) $2^3 \cdot r^3 = 8r^3$
f) $\frac{(2 \cdot 3)^9}{6^7} = \frac{6^9}{6^7} = 6^{9-7} = 6^2 = 36$
g) $u^{2 \cdot 3} \cdot v^3 \cdot u^2 \cdot v^{3 \cdot 2} = u^{6+2} \cdot v^{3+6} = u^8 \cdot v^9$
h) $\frac{a^{2 \cdot 7} \cdot b^7}{a^3 \cdot b^{2 \cdot 3}} = a^{14-3} \cdot b^{7-6} = a^{11} \cdot b$

💡 Beachten Sie $\frac{a^m}{a^n} = a^{m-n}$.

2
a) ①6 ②$\frac{2}{3}$ ③2,5 ④4 ⑤3 ⑥2 ⑦0,1
b) ① richtig:
$\sqrt{36} = 6$; $\sqrt{36} = \sqrt{4 \cdot 9} = \sqrt{4} \cdot \sqrt{9} = 2 \cdot 3 = 6$
② falsch:
$\sqrt{3^2 + 4^2} = \sqrt{9+16} = \sqrt{25} = 5$, aber $3 + 4 = 7$

💡 „Aus der Summe zieht die Wurzel nur der Dumme."
Mit dieser Eselsbrücke können Sie sich merken, dass Sie aus der Summe zweier Zahlen nicht getrennt die Wurzel ziehen dürfen.

③ richtig:
$\sqrt{2^6} = \sqrt{64} = 8 = 2^3$
④ richtig:
$\sqrt{3^2 \cdot 4} = \sqrt{9 \cdot 4} = \sqrt{36} = 6$; $3 \cdot \sqrt{4} = 3 \cdot 2 = 6$

c) ① $a^2 b^3$ ② $1 \cdot \sqrt{x} + 3 \cdot \sqrt{x} = 4 \cdot \sqrt{x}$ ③ $p \cdot q^2$
④ $\sqrt{4 \cdot 3 \cdot a} + 1 \cdot \sqrt{3 \cdot a} = 2 \cdot \sqrt{3 \cdot a} + 1 \cdot \sqrt{3 \cdot a} = 3 \cdot \sqrt{3a}$

3
a) Verschiebung in y-Richtung um −5
b) Streckung in y-Richtung mit dem Faktor 3
c) Verschiebung in x-Richtung um −2
d) Spiegelung an der x-Achse (oder Streckung in y-Richtung mit dem Faktor −1)

💡 Bei Teilaufgabe d) gibt es zwei Möglichkeiten, weil die Streckung um −1 in y-Richtung und die Spiegelung an der x-Achse dieselbe Funktion ergeben.

4
a) ① $f(x) = x^3 + 2$ ② $f(x) = (x+3)^3$
③ $f(x) = 0{,}5x^3$ ④ $f(x) = -x^3$
b) $f(x) = 1{,}5(x-5)^2 - 1$
c) $g(x) = -\frac{1}{8}(x-3)^4 + 2$

Haltepunkt, Seite 81

9
a) $3^{-2} = \frac{1}{9} \approx 0{,}11$
b) $0{,}5^{-3} = 2^3 = 8$
c) $0{,}2^{-4} = 5^4 = 625$
d) $10^{\frac{1}{3}} \approx 2{,}15$
e) $2^{\frac{4}{6}} = 2^{\frac{2}{3}} \approx 1{,}59$
f) $9^{-\frac{2}{3}} \approx 0{,}23$
g) $4^{-\frac{6}{3}} = 4^{-2} = \frac{1}{16} = 0{,}0625$

10
a) $9^{\frac{1}{2}} = \sqrt{9} = 3$
b) $1024^{0,2} = 1024^{\frac{1}{5}} = \sqrt[5]{1024} = 4$
c) $81^{-\frac{1}{4}} = \frac{1}{\sqrt[4]{81}} = \frac{1}{3}$
d) $16^{\frac{5}{4}} = (\sqrt[4]{16})^5 = 2^5 = 32$
e) $27^{-\frac{4}{3}} = \frac{1}{(\sqrt[3]{27})^4} = \frac{1}{3^4} = \frac{1}{81}$

11
a) $x = 9^{\frac{1}{3}} \approx 2{,}08$
b) $x = 0{,}9^{\frac{1}{11}} \approx 0{,}990$
c) $x = 8^{\frac{1}{100}} \approx 1{,}021$
d) $x = -0{,}09^{\frac{1}{7}} \approx -0{,}709$

Haltepunkt, Seite 85

7
a) $\frac{f(1)}{f(0)} = 0{,}9$; $\frac{f(2)}{f(1)} = 0{,}9$; $\frac{f(3)}{f(2)} \approx 0{,}9001$; $\frac{f(4)}{f(3)} \approx 0{,}8998$

Der Quotient zweier „aufeinander folgender" Funktionswerte ist (nahezu) konstant. Deshalb liegt hier exponentielles Wachstum vor.

b) $f(1) - f(0) = f(2) - f(1) = f(3) - f(2) = f(4) - f(3) = -0{,}15$
Die Differenz zweier „aufeinander folgender" Funktionswerte ist konstant. Deshalb liegt hier lineares Wachstum vor.

8
Martinas Uhr weist lineares Wachstum auf, weil die Uhr jede Woche 5s mehr vorgeht.
1 min = 60 s; 60 s − 15 s = 45 s;   45 : 5 = 9.
Martinas Uhr geht nach 9 Wochen genau 1 min vor.

9
a)

t (in Jahren)	Wert f(t) (in €)
0	120 000
1	117 600
2	115 200
3	112 800
4	110 400
5	108 000
6	105 600

f(20) = 120 000 − 20 · 2400 = 72 000
In 20 Jahren beträgt der Wert noch 72 000 €.

b)

t (in Jahren)	Wert f(t) (in €)
0	120 000
1	121 800
2	123 627
3	125 481
4	127 364
5	129 274
6	131 213

$f(20) = 120\,000 \cdot 1{,}015^{20} = 161\,623$
In 20 Jahren beträgt der Wert 161 623 €.

Haltepunkt, Seite 92

11
a) Verschiebung um −1 in y-Richtung
b) Streckung in y-Richtung mit dem Faktor −2
   (oder: Streckung in y-Richtung mit dem Faktor 2 und Spiegelung an der x-Achse)
c) Spiegelung an der y-Achse und Verschiebung um 2 in y-Richtung
d) Spiegelung an der y-Achse, Streckung in y-Richtung mit dem Faktor 1,5 und Verschiebung um −4 in y-Richtung

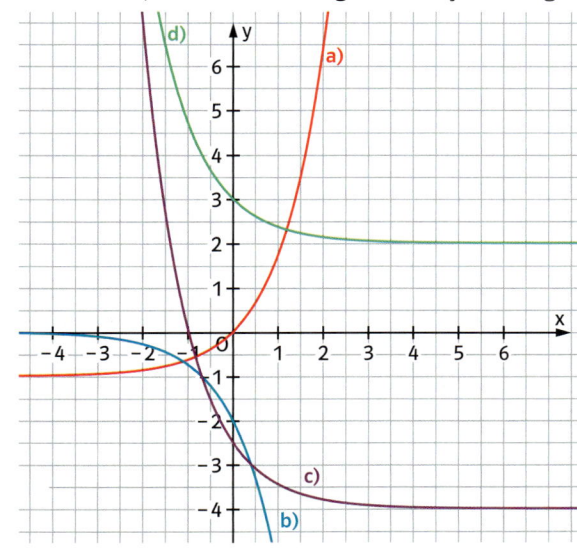

12
A: 2^{-x};
B: $2{,}5 \cdot 2^{-x} - 4$;
C: $3 \cdot 2^x - 1$;
D: $-1{,}5 \cdot 2^{-x} + 1{,}5$

13
a) Einsetzen von P(0|1,5) ergibt: $1{,}5 = a \cdot q^0$, also $1{,}5 = a$.

💡 Beachten Sie $q^0 = 1$.

Einsetzen von Q(2|6) ergibt:
$6 = 1{,}5 \cdot q^2$ | : 1,5
$4 = q^2$ | Wurzel ziehen
$2 = q$ oder $-2 = q$
Da nach einer Exponentialfunktion gefragt ist, muss $q > 0$ sein, also $f(x) = 1{,}5 \cdot 2^x$.

b) Einsetzen von P(−2|50) ergibt: $50 = aq^{-2}$
Auflösen nach a ergibt: $a = 50q^2$
Einsetzen von Q(3|0,512) ergibt: $0{,}512 = aq^3$
Einsetzen von a ergibt: $0{,}512 = 50q^2 \cdot q^3$
$0{,}512 = 50q^5$ |: 50
$0{,}01024 = q^5$ | $\sqrt[5]{}$
$0{,}4 = q$

Berechnung von a: $a = 50 \cdot 0{,}4^2 = 8$.
Damit gilt $f(x) = 50 \cdot (0{,}4)^2 \cdot 0{,}4^x = 8 \cdot 0{,}4^x$.

14
a) $a \cdot 1{,}06^{12{,}5} = 20\,716{,}83 \Rightarrow$
$a = 20\,716{,}83 \cdot 1{,}06^{-12{,}5} = 10\,000{,}00$
Die Tante hatte 10 000,00 € angelegt.
b) $20\,716{,}83 \cdot 1{,}06^{10} = 37\,100{,}69$
Der Neffe könnte nach 10 Jahren 37 100,69 € erhalten.

Haltepunkt, Seite 98

14
a) $81 = 3^4$ d.h. $\log_3(81) = 4$
b) $\sqrt{7} = 7^{\frac{1}{2}}$ d.h. $\log_7(\sqrt{7}) = \frac{1}{2} = 0{,}5$
c) $0{,}25 = \frac{1}{4} = \frac{1}{2^2} = 2^{-2}$ d.h. $\log_2(0{,}25) = -2$
d) $1 = 10^0$ d.h. $\log_{10}(1) = 0$

15
a) $\log_{10}(4) \approx 0{,}602$ b) $\log_{10}(0{,}25) \approx -0{,}602$
c) $\log_4(30) \approx 2{,}453$ d) $\log_{0{,}25}(30) \approx -2{,}453$
e) $\log_4\left(\frac{1}{30}\right) \approx -2{,}453$ f) $\log_3(2) \approx 0{,}631$
g) $\ln(8) \approx 2{,}08$ h) $\log_3(18) \approx 2{,}631$

16
a) $3^x = \frac{1}{81} = 3^{-4} \Rightarrow x = -4$
b) $x = \ln(17) \approx 2{,}83$
c) $10^{1-x} = 2{,}5 \Leftrightarrow 1 - x = \log_{10}(2{,}5)$
$\Leftrightarrow x = 1 - \log_{10}(2{,}5) \approx 0{,}602$

d) $2^x = 9 - 2^{x+3} \Leftrightarrow 2^x + 2^{x+3} = 9 \Leftrightarrow 2^x + 8 \cdot 2^x = 9$
$\Leftrightarrow 9 \cdot 2^x = 9 \Leftrightarrow 2^x = 1 \Leftrightarrow x = 0$

💡 Der mathematische Pfeil $\Rightarrow$ steht für „also" und der mathematische Pfeil $\Leftrightarrow$ für „gleichbedeutend mit".

e) Mit der Substitution $e^x = u$ erhält man $u^2 - 3u + 2 = 0$. Daraus folgt mit der pq-Formel $u_1 = 1$ und $u_2 = 2$. Durch Rücksubstitution erhält man: $e^x = 1$, also $x_1 = 0$ und $e^x = 2$, also $x_2 = \ln(2) \approx 0{,}69$

f) Mit dem Satz vom Nullprodukt gilt
$9 - e^x = 0$ (da $e^x \neq 0$), also $x = \ln(9) \approx 2{,}20$.

g) Satz vom Nullprodukt anwenden:
$2^x - 16 = 0$ (da $2^x + 8 > 0$), also $x = \log_2(16) = 4$.

h) $3^x \cdot (3^x - 5) = 0$
Satz vom Nullprodukt anwenden:
$3^x - 5 = 0$ (da $3^x \neq 0$), also $x = \log_3(5) \approx 1{,}465$

Sammelpunkt, Seite 102

1
a) $\frac{81}{36} = \frac{9}{4} = 2\frac{1}{4}$ b) $\frac{16}{16} = 1$ c) 500 d) 2
e) 1,1 f) 12 g) $a^5 b^{-2}$ h) $p^5 q^{-6} r$
i) $x^{\frac{2}{3}} y^{\frac{1}{2}}$ j) $u^{0{,}9} \cdot v^{2{,}1} = u^{\frac{9}{10}} \cdot v^{\frac{21}{10}}$

2

x	0	1	2	3	4	5	6
y	0,4	1,8	3,2	4,6	6,0	7,4	8,8

+1,4 +1,4 +1,4 +1,4 +1,4 +1,4

Lineares Wachstum: $f(x) = 1{,}4x + 0{,}4$

x	0	1	2	3	4	5	6
y	1,6	2,4	3,6	5,4	8,1	12,15	18,23

·1,5 ·1,5 ·1,5 ·1,5 ·1,5 ·1,5

Exponentielles Wachstum: $f(x) = 1{,}6 \cdot 1{,}5^x$

x	0	1	2	3	4	5	6
y	0,495	0,7	0,99	1,4	1,98	2,8	3,96

·2 ·2

Exponentielles Wachstum: $f(x) = 0{,}495 \cdot \sqrt{2}^{\,x}$

💡 $\cdot \sqrt{2} \quad \cdot \sqrt{2}$ entspricht $\cdot 2$

3
$f(x) = 3 \cdot 2^x + b$; $g(x) = -3^x + 2$; $h(x) = e^{0{,}4x} - 4$

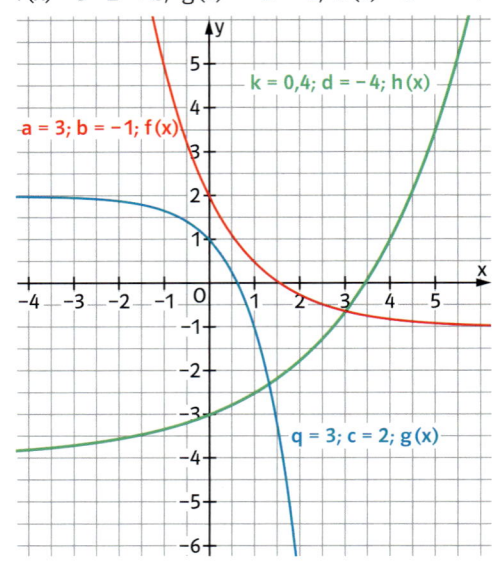

$a = 3$; $b = -1$; $f(x)$
$k = 0{,}4$; $d = -4$; $h(x)$
$q = 3$; $c = 2$; $g(x)$

4
a) 5 b) –3 c) $\frac{3}{2}$ d) –1 e) 0 f) 1

5
a) $x = \log_7(13) \approx 1{,}318$ b) $x = 2 + \ln(0{,}6) \approx 1{,}49$
c) $x = 2$ d) $x = 0$
e) $x_1 = 0$; $x_2 = 1$ f) $x = \log_5(3) \approx 0{,}6826$

Test, Seite 109

1
a) $u^{-4} v^{-5}$ b) $x^5 y^{-5} z^7$ c) $a^{-\frac{1}{6}}$ d) $x^2 y^2$

2
a)

x	0	1	2	3	4	5
lin. y	13,5	36	58,5	81	103,5	126

b)

x	0	1	2	3	4	5
exp. y	24	36	54	81	121,5	182,25

3
a) Die Wachstumsfunktion lautet $f(t) = 50\,000 \cdot 1{,}1^t$.
b) $f(5) = 50\,000 \cdot 1{,}1^5 = 80\,525{,}5$
Nach 5 Tagen sind 80 526 Bakterien in der Nährlösung.
c) $T_V = \log_{1{,}1}(2) = \dfrac{\ln(2)}{\ln(1{,}1)} \approx 7{,}27$
Die Bakterien verdoppeln sich innerhalb von 7,27 Tagen.
$50\,000 \cdot 1{,}1^t = 500\,000 \qquad |:50\,000$
$\qquad 1{,}1^t = 10$
$\qquad t = \log_{1{,}1}(10) = \dfrac{\ln(10)}{\ln(1{,}1)} \approx 24{,}16$
Die Zahl der Bakterien hat sich nach 24,16 Tagen verzehnfacht.

4
a) Verschiebung in y-Richtung um -5
b) Streckung in y-Richtung mit dem Faktor -3
c) Spiegelung an der y-Achse und Verschiebung in y-Richtung um 1
d) Spiegelung an der y-Achse, Streckung in y-Richtung mit dem Faktor 2,5 und Verschiebung in y-Richtung um -3

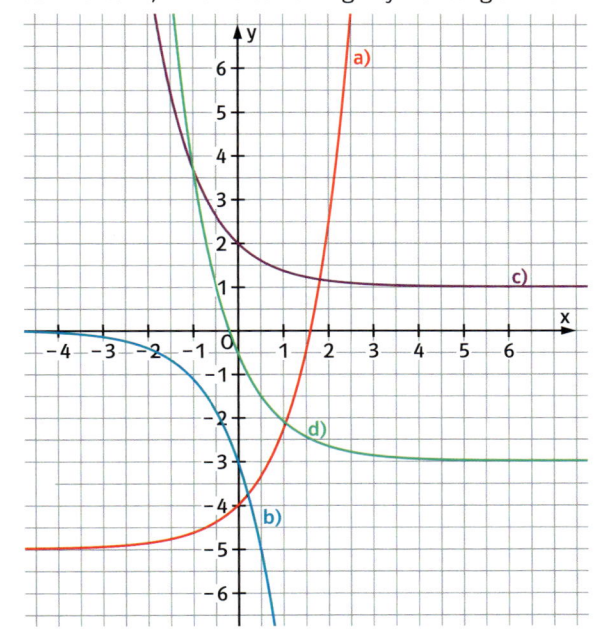

5
schwarz: $f(x) = -1{,}5 \cdot 3^{-0{,}788x} + 3{,}5$
blau: $f(x) = 2 \cdot 3^{-0{,}631x} - 3$
grün: $f(x) = -0{,}5 \cdot 3^{0{,}667x} + 2$
rot: $f(x) = 3^{0{,}5x}$

6
a) $f(x) = 1{,}2 \cdot 2{,}5^x$
b) $f(x) = 7{,}2 \cdot \left(\dfrac{2}{3}\right)^x$

7
Das Schaubild von f kommt von links unten und schmiegt sich nach rechts (wegen dem Exponenten $-x$) der Asymptote $y = 5$ an, es ist also monoton steigend. Der y-Achsenabschnitt ist bei $5 - 2 = 3$, also positiv. Folglich muss die Nullstelle von f negativ sein.

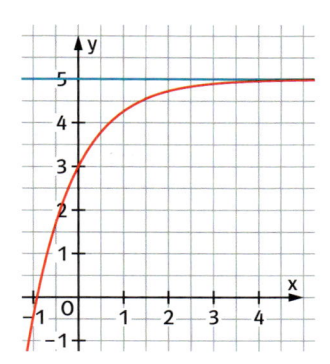

8
a) $\log_3(27) = 3$
b) $\log_2(0{,}125) = -3$
c) $\log_7(\sqrt[3]{7}) = \dfrac{1}{3}$
d) $\log_{10}(0{,}0001) = -4$
e) $\log_9(3) = \dfrac{1}{2}$
f) $\log_4(32) = \dfrac{5}{2}$
g) $\log_6(1) = 0$
h) $\log_8(0{,}25) = -\dfrac{2}{3}$

9
a) $x = \log_3(7) \approx 1{,}77$
b) $x = -1$
c) $x = 1$
d) $x = 3$
e) $x = 0$
f) $x_1 = \ln(2);\ x_2 = \ln(3)$

10
a) $f(t) = 0{,}5 \cdot q^t$;
$f(10) = 0{,}09 \Rightarrow q = \sqrt[10]{0{,}18} \approx 0{,}8424$
Halbwertszeit: $T_H = -\log_{0{,}8424}(2) \approx 4{,}042$ (Stunden)
$f(t) = 0{,}1 \cdot 0{,}5 \Rightarrow 0{,}8424^t = 0{,}1$
$\Rightarrow t = \log_{0{,}8424}(0{,}1) \approx 13{,}43$ (Stunden)
Die Wirkstoffe sind nach 4,042 Stunden zur Hälfte und nach 13,43 Stunden zu 90 % abgebaut.
b) $f(t) = 0{,}5 \cdot 0{,}8424^t$; $g(t) = 1 \cdot 0{,}8424^t$
$f(20 - 9) + g(20 - 15) = f(11) + g(5) \approx 0{,}5$ (Gramm)
Um 20 Uhr sind noch 0,5 g des Wirkstoffs im Körper enthalten.

Basiswissen

1 Mengen, Seite B 2

1
a) $B \cap A = \{2; 4; a\}$
$A \cup C = \{1; 2; 4; 5; 6; 7; 8; a; b; c; d; e\}$
$C \setminus A = \{6; 7; c; d\}$
$B \cup C = \{2; 3; 4; 5; 6; 7; 9; a; b; c; d\}$
$A \cap B \cap C = \{4; a\}$
$B \setminus (A \cap C) = \{2; 3; 6; 9; d\}$
$A \cap (B \cup C) = \{2; 4; 5; a; b\}$
b) $6 \in B \cap A$ (wahr)
$\{5; 7\} \subset A$ (falsch)
$\{5; c\} \subset C \setminus B$ (wahr)
$\{2; 4\} \subset A \cap B$ (wahr)
$\{b; d\} \not\subset (A \cup B) \setminus C$ (wahr)
$9 \notin A \cap (B \cup C)$ (wahr)

Seite B 3

2
A ist die Menge der durch 3 teilbaren natürlichen Zahlen bis einschließlich 15.
B ist die Menge der Quadratzahlen bis einschließlich 49.
C ist die Menge der geraden positiven und negativen Zahlen einschließlich der Zahl 0.
D ist die Menge der Zehnerpotenzen 10^n mit $0 \leq n \leq 4$.
E enthält die Zahlen 1 und 2 und weiterhin alle Zahlen, die als Summe der beiden vorigen Elemente entstehen (Fibonacci-Zahlen).
F ist die Menge der Potenzen $\left(\frac{2}{3}\right)^n$ mit $n \in \mathbb{N}^*$.

3
$A = \{-4; -3; -2; -1; 0; 1; 2; 3; 4\}$
$B = \{1; 3; 5; 7; \ldots\}$
$C = \{1; 2; 3; 4; \ldots; 18\}$

Seite B 4

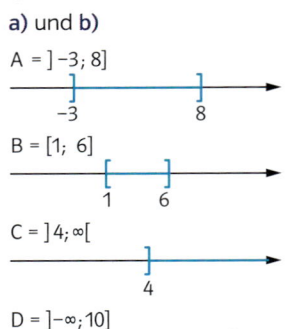

4
a) und b)
$A = \,]-3; 8]$
$B = [1; 6]$
$C = \,]4; \infty[$
$D = \,]-\infty; 10]$

c) $C \cap D = \,]4; 10]$
$B \cup D = \,]-\infty; 10] = D$
$A \setminus C = \,]-3; 4]$
$B \setminus D = \{\,\}$
$A \cup C = \,]-3; \infty[$

2 Rechnen, Seite B 5

1
a) $a - 3b$
b) $-16x + y$
c) $5u - 24$
d) $6a^2 - 15a$
e) $-39a^2 + 23ab + 22a$
f) $12u^2 + 31u + 16uv - 15v$

2
a) $17a^2 + 10ab$
b) $3x^2 + 9x$

3
a) $x(x + 5)$
b) $3x(3x - y + 2z)$
c) $2u(6a^2u + 3a + 1 - 4u)$
d) $\frac{1}{4}uv(3v - u)$

4
a) $9a^2 + 42ab + 49b^2$
b) $81x^2 - 90xy + 25y^2$
c) $4u^2 - 25v^2$
d) $(3x - 2y)^2$
e) $(12m + 1)^2$
f) $(4uv - 9w)(4uv + 9w)$
g) $x^4 - 4y^2$
h) $(7rs - 2t)^2$

5
a) $(3x + 4y)^2 = 9x^2 + 24xy + 16y^2$
b) $(6a^2 - 2b)^2 = 36a^4 - 24a^2b + 4b^2$
c) $\left(\frac{r}{2} + 5s\right)^2 = \frac{r^2}{4} + 5rs + 25s^2$
d) $\left(2x - \frac{y^2}{4}\right)^2 = 4x^2 - xy^2 + \frac{y^4}{16}$
e) $\left(\frac{a}{3} + 9\right)^2 = \frac{a^2}{9} + 6a + 81$
f) $(-4x - (-2))^2 = 16x^2 - 16x + 4$

Seite B 6

6
a) $(a+7)(a+2)$
b) $(x-5)(x-1)$
c) $(u-4)(u+3)$
d) $(x+4a)(x+2a)$
e) $2(x-9)(x-1)$
f) $a(x+3b)(x+b)$
g) $-(y-3)(y-2)$
h) $(ax+6)(ax+2)$

7
a) $\frac{66}{13}$
b) $-\frac{4}{3}$
c) $\frac{43}{36}$
d) $\frac{2}{45}$
e) $\frac{15}{56}$
f) $\frac{215}{24}$
g) $\frac{6}{23}$
h) $\frac{9}{5}$
i) $-\frac{12}{5}$
j) -20
k) $-\frac{3}{2}$
l) $\frac{21}{10}$

Seite B 7

8
a) $\frac{9y}{5}$
b) $\frac{2a}{3b}$
c) $\frac{a-b}{a+b}$
d) $\frac{3}{x+2}$
e) $\frac{y}{3x}$
f) $\frac{2a}{9}$
g) $\frac{3}{y}$
h) $\frac{x-1}{2}$

9
a) $\frac{x}{2y}$
b) $\frac{5b}{6a^2}$
c) $-\frac{4x}{5y}$
d) $\frac{m}{2n}$
e) $\frac{1}{2}$
f) 2
g) 1
h) $\frac{8}{(2-3x)(2+3x)}$

10
a) $3^7 = 2187$
b) 10^{-5}
c) $6^5 = 7776$
d) $3^8 = 6561$
e) 6^{15}
f) $-\frac{8}{27}$
g) $\frac{1}{9}$
h) $-\frac{27}{64}$

11
a) ■ $= x^4$
b) ■ $= x^3$
c) ■ $= y^{-6}$
d) ■ $= 3^{-8}$

12
a) x^{13}
b) a^{2n}
c) u^{2r+6}
d) x
e) $(3x)^4 = 81x^4$
f) $(ab)^{2n}$
g) $(p^2 - q^2)^r$
h) $\left(\frac{x}{2}\right)^{2n}$

💡 Beachten Sie $u = u^1$.

Seite B 8

13
a) $6{,}83 \cdot 10^{-6}$
b) $5{,}4843 \cdot 10^{14}$
c) $3{,}0908 \cdot 10^{12}$
d) $3{,}85 \cdot 10^{-10}$

14
a) $c = 299\,792\,458\,\text{ms}^{-1}$
b) $m_p = 0{,}000\,000\,000\,000\,000\,000\,000\,000\,001\,672\,622\,\text{kg}$
c) $e = 0{,}000\,000\,000\,000\,000\,000\,160\,218\,\text{C}$
d) $h = 0{,}000\,000\,000\,000\,000\,000\,000\,000\,000\,000\,662\,61\,\text{Js}$

15
a) Falsch, da z. B. für $a = 1$ gilt: $\sqrt{5} + \sqrt{8} \approx 5{,}06$, aber $\sqrt{13} \approx 3{,}61$.
b) richtig, da gilt: $\sqrt{2} + 2\sqrt{2} = 3\sqrt{2}$
c) richtig, da gilt: $6\sqrt{a} + 6\sqrt{a} - 2\sqrt{a} = 10\sqrt{a}$

16
a) x^2
b) $\frac{y^4}{4}$
c) $\frac{a^3}{3b}$
d) $(a-2)^2$
e) $a^5 b^4$
f) $\frac{2x}{y}$

3 Gleichungen und Ungleichungen, Seite B 10

1
a) $L = \{-2\}$
b) $L = \{\}$
c) $L = \mathbb{R}$
d) $L = \left\{\frac{1}{3}\right\}$

2
a) $a = 4$, dann ist $L = \mathbb{R}$; $a \neq 4$, dann ist $L = \{2\}$
b) $b = -3$, dann ist $L = \mathbb{R}$; $b \neq -3$, dann ist $L = \{4\}$
c) $a = 2b$, dann ist $L = \mathbb{R}$; $a \neq 2b$, dann ist $L = \{-3a\}$
d) $a = 0 \vee b = 2$, dann ist $L = \mathbb{R}$; $a \neq 0 \wedge b = 2$, dann ist $L = \{0\}$

💡 Das Zeichen $\vee$ steht für oder, das Zeichen $\wedge$ steht für und.

Seite B 11

3
a) $L = \{-5; -1\}$
b) $L = \{-9; 1\}$
c) $L = \left\{-\frac{2}{3}; 2\right\}$
d) $L = \left\{-\frac{7}{2}; 6\right\}$
e) $L = \{-3 - \sqrt{2}; -3 + \sqrt{2}\}$
f) $L = \{-4; 5\}$

4
a) $L = \left\{1; \frac{7}{6}\right\}$
b) $L = \left\{-2 - \frac{1}{2}\sqrt{29}; -2 + \frac{1}{2}\sqrt{29}\right\}$
c) $L = \left\{-\frac{5}{2}; 5\right\}$
d) $L = \{-9; 3\}$
e) $L = \left\{5; \frac{1}{3}\right\}$
f) $L = \left\{-\frac{11}{5}; 3\right\}$
g) $L = \{0; 6\}$
h) $L = \{-5; 2\}$

5
a) Die Lösungen verdoppeln sich.
b) Die Lösungen halbieren sich.
c) Die Lösungen bleiben gleich.

6
a) $x(x+4) = 0$; $L = \{-4; 0\}$
b) $2x(x-5) = 0$; $L = \{0; 5\}$
c) $x(7x-8) = 0$; $L = \{0; \frac{8}{7}\}$
d) $x \cdot (x^2 - \frac{1}{4}) = 0$; $L = \{-\frac{1}{2}; 0; \frac{1}{2}\}$
e) $x(x^2 + 8x - 9) = 0$; $L = \{-9; 0; 1\}$
f) $y(y^2 + 4y - 1) = 0$; $L = \{-2-\sqrt{5}; 0; -2+\sqrt{5}\}$

Seite B 12

7
a) $L = \{-2; 0; 2\}$
b) $L = \{\frac{5-\sqrt{5}}{2}; \frac{5+\sqrt{5}}{2}\}$
c) $L = \{-4; -2\}$
d) $L = \{-2; 2\}$
e) $L = \{-1; 2\}$
f) $L = \{0; 1\}$
g) $L = \{0; 1\}$
h) $L = \{0; \frac{1}{3}\}$
i) $L = \{-2; -\sqrt{\frac{8}{3}}; \sqrt{\frac{8}{3}}\}$
j) $L = \{-\frac{3}{2}; 0; \frac{3}{8}; \frac{5}{4}\}$

8
a) 2 Lösungen für $t > -\frac{1}{4}$: $\frac{-1 \pm \sqrt{1+4t}}{2}$;
genau 1 Lösung für $t = -\frac{1}{4}$: $-\frac{1}{2}$;
keine Lösung für $t < -\frac{1}{4}$

b) 2 Lösungen für $t < 9 \wedge t \neq 0$: $\frac{-3 \pm \sqrt{9-t}}{t}$;
genau 1 Lösung für $t = 9$: $-\frac{1}{3}$
$t = 0$: $-\frac{1}{6}$;
keine Lösung für $t > 9$

💡 Da der Nenner nicht 0 werden darf und der Wert unter der Wurzel nicht negativ werden darf, macht man hier eine Fallunterscheidung.

c) 2 Lösungen für $t \neq 0$: $-2t$; t;
genau 1 Lösung für $t = 0$: 0

d) 2 Lösungen für $t \neq 0$: $-\frac{1}{t}$; $-\frac{1}{3t}$;
keine Lösung für $t = 0$

e) 2 Lösungen für $t < \frac{1}{2} \wedge t \neq 0$:
$2 \cdot \frac{t-1 \pm \sqrt{1-2t}}{t}$;
genau 1 Lösung für $t = \frac{1}{2}$: -2; $t = 0$: 0
keine Lösung für $t > \frac{1}{2}$

f) 2 Lösungen für $t \neq 1$: $-\frac{t+1}{t-1}$; -1;
genau 1 Lösung für $t = 1$: -1

9
a) $k = -3$: $L = \{1\}$; $k = 1$: $L = \{-1\}$
b) $k = 0$: $L = \{0\}$; $k = 4$: $L = \{-2\}$

Seite B 13

10
a) $D = \mathbb{R}\setminus\{8\}$; $L = \{-1; 9\}$
b) $D = \mathbb{R}\setminus\{2\}$; $L = \{-\frac{7}{4} \pm \frac{5}{4}\sqrt{17}\}$
c) $D = \mathbb{R}\setminus\{0; 2\}$; $L = \{1; \frac{6}{5}\}$
d) $D = \mathbb{R}\setminus\{-\frac{1}{2}\}$; $L = \{\frac{5}{2} \pm \frac{1}{2}\sqrt{6}\}$
e) $D = \mathbb{R}\setminus\{2\}$; $L = \{\frac{9}{2}; 7\}$
f) $D = \mathbb{R}\setminus\{\frac{3}{2}\}$; $L = \{\frac{3}{2} \pm \sqrt{5}\}$

💡 Überlegen Sie zuerst, wann der Nenner 0 ist.

11
a) $D = \mathbb{R}\setminus\{0; 2\}$; $L = \{\frac{2}{3}; 3\}$
b) $D = \mathbb{R}\setminus\{-8; 0\}$; $L = \{-7; \frac{8}{7}\}$
c) $D = \mathbb{R}\setminus\{-2; 1\}$; $L = \{-\frac{2}{3}; 3\}$
d) $D = \mathbb{R}\setminus\{-5; -\frac{1}{2}\}$; $L = \{-4; 13\}$

💡 Überlegen Sie zuerst, wann der Nenner 0 ist.

12
a) $D = \mathbb{R}\setminus\{0; \frac{3}{2}\}$; $L = \{1\}$
b) $D = \mathbb{R}\setminus\{-4; 4\}$; $L = \{\}$

💡 Überlegen Sie zuerst, wann der Nenner 0 ist.

13
a) Die Gleichung hat für jedes $a \in \mathbb{R}^*$ zwei Lösungen: $L = \{-\frac{a}{2}; 2a\}$.
b) Die Gleichung hat für jedes $a \in \mathbb{R}^*$ zwei Lösungen: $L = \{-\frac{1}{a}; a\}$.
c) Die Gleichung hat für alle $a, b \in \mathbb{R}^*$ zwei Lösungen: $L = \{-\frac{b}{a}; \frac{b}{2a}\}$.

Seite B 14

14
a) $\quad 4x + 17 > -x - 3 \qquad | -17 \quad | +x$
$\quad\quad 5x > -20 \qquad\qquad\qquad |:5$
$\quad\quad\quad x > -4$
$\quad L = \{x \mid x > -4\} = \,]-4; \infty[$

b) $-4 \cdot (3x - 2) < 6 \cdot (1 - 2x) \qquad |$ ausklammern
$\quad -12x + 8 < 6 - 12x \qquad\qquad | +12x$
$\quad\quad\quad 8 < 6 \quad$ (falsch)
$\quad\quad\quad L = \{\}$

15
a) $p = -2$, dann ist $L = \mathbb{R}$
  $p > -2$, dann ist $L = \left\{x \,\middle|\, x > \dfrac{p}{p+2}\right\}$
  $p < -2$, dann ist $L = \left\{x \,\middle|\, x > \dfrac{p}{p+2}\right\}$

b) $t = -1$, dann ist $L = \mathbb{R}$
  $t > -1$, dann ist $L = \{x \,|\, x \leq t+1\}$
  $t < -1$, dann ist $L = \{x \,|\, x \geq t+1\}$

16
Wenn x die Anzahl der Dosen bezeichnet, folgt der rechnerische Ansatz: $0{,}3 \cdot x + 0{,}5 \leq 12$.
Dies ist äquivalent zu $x \leq \dfrac{115}{3} \approx 38{,}33$.
Man kann also höchstens 38 Dosen einpacken.

17
a) $L = \{-5; -4\}$ b) $L = \left\{-3; -\dfrac{1}{3}\right\}$ c) $L = \{2{,}5\}$
d) $L = \{1{,}5; 3\}$ e) $L = \{1\}$ f) $L = \{2\}$

💡 Machen Sie eine Fallunterscheidung.
Für $|2x + 9| = 1$ lösen sie $2x + 9 = (-1)$ und $2x + 9 = (+1)$.

Seite B15

18
a) $L = \,]0; 3[$
b) $L = \,]-\infty; -4] \cup \left[\dfrac{4}{3}; \infty\right[\,= \mathbb{R} \setminus \left]-4; \dfrac{4}{3}\right[$
c) $L = \left[\dfrac{8}{9}; \dfrac{16}{7}\right]$

💡 $|2x - 3| < 3$ bedeutet $-3 < 2x - 3 < 3$.

Seite B16

19
a) $L = \{-5; 5\}$ b) $L = \{-0{,}5\}$
c) $L = \{\}$ d) $L = \{2{,}5\}$
e) $D = \mathbb{R}_+;\ L = \{\}$ f) $D = [1; \infty[;\ L = \{33\}$
g) $D = \mathbb{R}_+;\ L = \{32\}$ h) $D = \mathbb{R}_+;\ L = \left\{\dfrac{1}{\sqrt[5]{25}}\right\}$

20
a) $D = \mathbb{R}_+;\ L = \{16\}$ b) $D = \mathbb{R}_+;\ L = \left\{\dfrac{9}{4}\right\}$
c) $D = [1; \infty[;\ L = \{1; 2\}$ d) $D = [-1; \infty[;\ L = \{3\}$
e) $D = \left]-\infty; \dfrac{4}{11}\right];\ L = \left\{-\dfrac{1}{4}; \dfrac{1}{3}\right\}$ f) $D = \left]-\infty; \dfrac{13}{4}\right];\ L = \{-3\}$
g) $D = [5; \infty[;\ L = \{9\}$ h) $D = \mathbb{R}_+;\ L = \{25\}$
i) $D = \mathbb{R}_+^*;\ L = \{4\}$

4 Arbeiten im Koordinatensystem, Seite B17

1
a) B b) B, C, E, F, G, H c) D
d) A, B, G e) A, C, D

💡 Die Aufgabe ist einfacher zu lösen, wenn man zuerst die Koordinaten der Punkte abliest. Diese sind $A(2|3)$; $B(3|0)$; $C(-1|-1)$; $D(-2|2)$; $E(0|-3)$; $F(-4|1)$; $G(7|-2)$ und $H(-3|-3)$.

2
a) Nein. b) Nein. c) Ja. d) Nein. e) Ja. f) Ja.

💡 Setzen Sie die Koordinaten des Punktes Q in die Gleichung ein.

3
a) $A'(3|1)$, $B'(2|0)$, $C'(u|-v)$
b) $A'(-3|-1)$, $B'(-2|0)$, $C'(-u|v)$
c) $A'(-3|1)$, $B'(-2|0)$, $C'(-u|-v)$
d) $A'(3|9)$, $B'(-2|8)$, $C'(-u|8-v)$

Seite B18

4
a) 5 b) 10 c) 10 d) $\sqrt{17} \approx 4{,}12$

💡 Zur Überprüfung können Sie ein Koordinatensystem in Ihr Heft zeichnen und die Länge der Strecke nachmessen.

5
a) $\overline{AB} = 6{,}5;\ \overline{AC} = \dfrac{1}{2} \cdot \sqrt{205} \approx 7{,}16;\ \overline{BC} = 5;\ \overline{BD} = \dfrac{1}{2} \cdot \sqrt{333} \approx 9{,}12;\ \overline{CD} = \dfrac{1}{2} \cdot \sqrt{265} \approx 8{,}14;\ \overline{AD} = \sqrt{10} \approx 3{,}16$
b) $\overline{AB} = 8;\ \overline{AC} = 10;\ \overline{BC} = 6;\ \overline{BD} = 10;\ \overline{CD} = 8;\ \overline{AD} = 6$

Seite B19

6
a) $M(4|4)$
b) $M(0|-3{,}5)$
c) $M\left(-1 \,\middle|\, -\dfrac{5}{24} \approx -0{,}21\right)$
d) $M\left(\dfrac{2-\sqrt{2}}{2} \approx 0{,}29 \,\middle|\, \dfrac{1-\sqrt{2}}{2} \approx -0{,}21\right) \approx M(0{,}29|0{,}21)$
e) $M(5|5)$
f) $M(-3{,}5|-0{,}5)$

g) $M\left(-\frac{17}{48} \approx -0{,}35 \mid \approx 1{,}94\right)$

h) $M(0{,}51 \mid -0{,}21)$

i) $M(10 \mid 2)$

💡 Alle Zahlen sind auf zwei Stellen hinter dem Komma gerundet.

7

a) $\overline{AB} = 7$; $M_{AB}(0 \mid 3{,}5)$
$\overline{BC} = \sqrt{18} \approx 4{,}24$; $M_{BC}(1{,}5 \mid 5{,}5)$
$\overline{AC} = 5$; $M_{AC}(1{,}5 \mid 2)$

b) $\overline{AB} = \sqrt{32} \approx 5{,}66$; $M_{AB}(2 \mid 3)$
$\overline{BC} = \sqrt{13} \approx 3{,}61$; $M_{BC}(3 \mid 3{,}5)$
$\overline{AC} = \sqrt{5} \approx 2{,}24$; $M_{AC}(1 \mid 1{,}5)$

c) $\overline{AB} = 4{,}5$; $M_{AB}(1{,}25 \mid -1)$
$\overline{BC} = 5$; $M_{BC}(2 \mid 1)$
$\overline{AC} = 4{,}27$; $M_{AC}(-0{,}25 \mid 1)$

d) $\overline{AB} = 6{,}25$; $M_{AB}\left(1 \mid -\frac{7}{8}\right)$
$\overline{BC} = \sqrt{20} \approx 4{,}47$; $M_{BC}(2 \mid 1)$
$\overline{AC} = 4{,}25$; $M_{AC}\left(-1 \mid \frac{1}{8}\right)$

e) $\overline{AB} = \sqrt{27} \approx 5{,}20$; $M_{AB}\left(\frac{3}{2}\sqrt{2} \approx 2{,}12 \mid -1{,}5\right)$
$\overline{BC} \approx 6$; $M_{BC}(\approx 2{,}99 \mid \approx -0{,}28)$
$\overline{AC} = 3$; $M_{AC}\left(\frac{1}{2}\sqrt{3} \approx 0{,}87 \mid \frac{1}{2}\sqrt{6} \approx 1{,}22\right)$

f) $\overline{AB} \approx 2{,}83$; $M_{AB}(1 \mid \approx 0{,}79)$
$\overline{BC} \approx 5{,}69$; $M_{BC}(\approx 2{,}29 \mid \approx 1{,}58)$
$\overline{AC} \approx 3{,}03$; $M_{AC}(\approx 3{,}71 \mid \approx 1{,}66)$

💡 M_{AB} steht für den Mittelpunkt der Strecke AB.

8

a) $M_{AB}(0{,}5 \mid 0{,}5)$; $s_C = 3{,}5$
$M_{BC}(1{,}25 \mid 2{,}5)$; $s_A \approx 3{,}36$
$M_{AC}(-0{,}25 \mid 2)$; $s_B \approx 2{,}46$

b) $M_{AB}(-0{,}375 \mid -0{,}5)$; $s_C \approx 6{,}55$
$M_{BC}(3 \mid -0{,}5)$; $s_A \approx 4{,}04$
$M_{AC}(2{,}625 \mid 1)$; $s_B \approx 3{,}99$

9

a) $\overline{PQ} = \sqrt{29} \approx 5{,}39$; $\overline{QR} = 5$; $\overline{RS} = 5$; $\overline{PS} = \sqrt{17}$
Keine Raute, da nicht alle Seiten gleich lang sind.

b) $\overline{PQ} = 12$; $\overline{QR} = \sqrt{53}$; $\overline{RS} = 12$; $\overline{PS} = \sqrt{53}$
Das Viereck ist ein Parallelogramm.

💡 Zur Kontrolle können Sie die Punkte in ein Koordinatensystem einzeichnen und diese miteinander verbinden.

10

a) $A(7 \mid 0)$
$B(-1 \mid 0)$
$C(0 \mid 7)$

b) $A(4 \mid 0)$
$B(1 \mid 0)$
$C(0 \mid 2)$

c) $A(0 \mid 7{,}23)$
$B(0 \mid 0{,}77)$

d) $A(2 \mid 0)$
$B(0 \mid 2)$
$D(0 \mid -1)$

💡 Alle Punkte einer Teilaufgabe liegen auf einem Kreis mit Mittelpunkt P und Radius r.

11

a) Mit Punkt A: $d = \sqrt{(-8-0)^2 + (6-0)^2} = 10$;
Mit Punkt B: $d = \sqrt{(5 \cdot \sqrt{3} - 0)^2 + (5-0)^2} = 10$
Alle Punkte mit dem Abstand 10 liegen auf der Kreislinie um den Ursprung mit dem Radius 10.

b) $x^2 + y^2 = 10$

💡 Die Punkte liegen auf einem Kreis um den Ursprung mit Radius 10.

12

a) Ja, denn $\sqrt{(-2{,}8)^2 + 2{,}1^2} = 3{,}5$.

b) $\overline{MQ} = \sqrt{90}$; $\overline{MR} = \sqrt{88{,}25}$. Es gibt keinen Kreis um $M(3 \mid 1)$, auf dem die Punkte Q und R liegen, weil die Punkte P und Q unterschiedlich weit von M entfernt sind.

13

$\overline{RS} \approx 115{,}218$; $\overline{ST} \approx 29{,}906$; $\overline{TU} \approx 70{,}540$; $\overline{RU} \approx 74{,}106$

5 Geraden, Seite B 20

1

a) $m = \frac{1}{2}$; $\alpha \approx 26{,}57°$ b) $m = 1{,}5$; $\alpha \approx 56{,}31°$

c) $m = 6$; $\alpha \approx 80{,}54°$ d) $m = 0{,}1$; $\alpha \approx 5{,}71°$

e) $m = -\frac{1}{6}$; $\alpha \approx 170{,}54°$ f) $m = -1{,}5$; $\alpha \approx 123{,}69°$

Seite B 21

2

a) $m = -1$ b) $m = \frac{2}{3}$ c) $m = -\frac{8}{15}$

💡 Gefragt ist nicht nach der Steigung m_{AB}, sondern nach der Steigung m einer dazu orthogonalen Geraden. Es gilt $m_{AB} \cdot m = -1$.

3

a) $m_{AB} = -2{,}5$
   $m_{BC} = 0{,}4$
   $m_{CD} = -2{,}5$
   $m_{AD} = 0{,}4$
   Parallelogramm

b) $m_{AB} = -\frac{2}{7}$
   $m_{BC} = -3$
   $m_{CD} = -\frac{1}{4}$
   $m_{AD} = -\frac{3}{2}$
   kein Trapez

c) $m_{AB} = \frac{1}{3}$
   $m_{BC} = -3$
   $m_{CD} = \frac{1}{3}$
   $m_{AD} = -3$
   Parallelogramm

d) $m_{AB} = -\frac{1}{6}$
   $m_{BC} = 1$
   $m_{CD} = -\frac{1}{6}$
   $m_{AD} = \frac{1}{8}$
   Trapez

4
15 % Steigung bedeutet: $\tan(\alpha) = 0{,}15$ $\alpha \approx 8{,}53°$

Seite B 22

5
a) $y = 0{,}4x + 3$
b) $y = -2{,}5x + 4$
c) $y = \sqrt{2}\,x + (3\sqrt{2} - 1)$

6
a) $m = 3$; $b = 4$
b) $m = -0{,}5$; $b = -2{,}4$
c) $m = 0$; $b = 5$
d) $m = 1$; $b = 0$
e) $m = -1$; $b = 0$
f) $m = -\frac{1}{3}$; $b = 3$

7

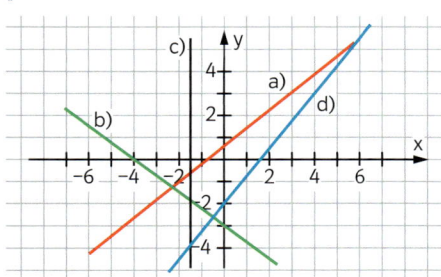

a) $y = \frac{4}{5}x + \frac{3}{5}$
b) $y = -\frac{3}{4}x - 3$
c) $x = -\frac{3}{2}$ (Keine Hauptform möglich.)
d) $y = \frac{5}{4}x - 2$

Seite B 23

8
g: $y = -2x - 0{,}5$;
h: $y = \frac{3}{4}x + \frac{7}{4}$
i: $y = 0{,}5$;
j: $x = 2$

9
a) Gerade g durch Ursprung O und Q: g: $y = \frac{4}{5}x$.
   Einsetzen von P in g ergibt: P liegt nicht auf g.
b) Orthogonale h zu $y = 7x - 21$ durch $P(0\,|\,3)$:
   h: $y = -\frac{1}{7}x + 3$.
   Q liegt auf h.
c) $-x + 4y - 6 = 0$ in Hauptform g: $y = \frac{1}{4}x + 1{,}5$.
   g ist nicht parallel zu $y = -0{,}25x$.

10
a) $b = -\frac{7}{3}$
b) $m = -\frac{6}{5}$; $b = \frac{32}{5}$

11
a) $y = -x + \frac{3}{2}$
b) $y = 0{,}9x - 3{,}36$
c) $y = \sqrt{2}\,x - 4\sqrt{2}$

12
a) $y = -x + 6$
b) $y = \frac{5}{3}x + 6$
c) $y = \frac{1}{3}x - 2$

13
a) $y = x - 7$
b) $y = 0{,}5x + 0{,}5$

6 Lineare Gleichungssysteme mit zwei Variablen, Seite B 24

1
a) $y = -x - 2$: $m = -1$; $c = -2$
b) $y = \frac{1}{2}x + 1$: $m = \frac{1}{2}$; $c = 1$
c) $y = \frac{1}{3}x - \frac{4}{3}$: $m = \frac{1}{3}$; $c = -\frac{4}{3}$
d) $y = -\frac{3}{4}x + \frac{1}{2}$: $m = -\frac{3}{4}$; $c = \frac{1}{2}$

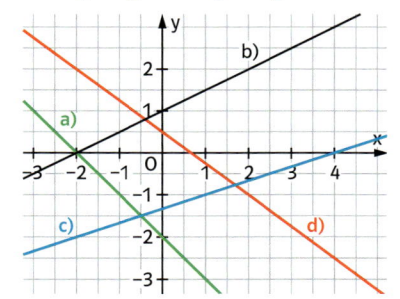

e) $y = 0{,}4x - 0{,}5$: $m = 0{,}4$; $c = -0{,}5$
f) $x = 2$: keine Werte für m und c
g) $y = -3$: $m = 0$; $c = -3$

Lösungen

h) $y = -x + \frac{5}{2}$: $m = -1$; $c = \frac{5}{2}$

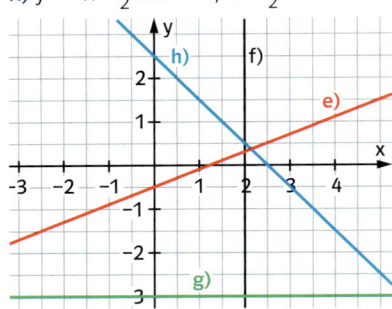

i) $y = \frac{1}{4}x - \frac{1}{4}$: $m = \frac{1}{4}$; $c = -\frac{1}{4}$
j) $x = \frac{5}{3}$: keine Werte für m und c
k) $y = 2x - \frac{3}{2}$: $m = 2$; $c = -\frac{3}{2}$
l) $y = 6x + 2$: $m = 6$; $c = 2$

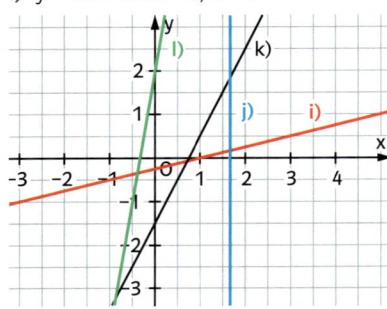

2
a) ja b) nein c) nein d) ja

Setzt man die Lösung in die beiden Gleichungen ein, so müssen beide Gleichungen stimmen.

3
a) (2; 1); Punkt A b) (3; −2); Punkt B
c) (−3; −1); Punkt C

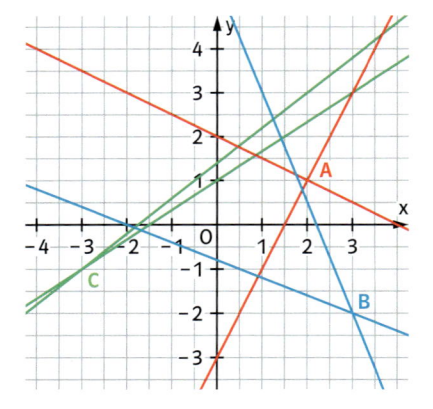

4
a) $y = \frac{1}{2}x + \frac{1}{2}$ b) $y = \frac{3}{2}x - 1$
   $y = \frac{1}{2}x - 4$ $y = -\frac{1}{4}x + \frac{7}{4}$
   keine Lösung   genau eine Lösung
c) $y = 2x + 1{,}5$ d) $x = 1$
   $y = 2x + 1{,}5$ $y = 1$
   unendlich viele Lösungen   genau eine Lösung

Seite B 25

5
a) (5; −2) b) (4; 2) c) $\left(2; \frac{1}{3}\right)$ d) $\left(-\frac{1}{2}; \frac{3}{4}\right)$

6
a) (7; −1) b) (5,4; 1,3) c) (6; 9) d) (−9; −10)

7
a) (−3; 5) b) (5; 2) c) (2; −2)

Seite B 26

8
a) (−1; 4) b) (3; 0) c) (−7; −20) d) L = { }

9
a) (−3; 4) b) (0,4; 4,8) c) (5; 12) d) (0,5; −0,5)

10
a) (5; 1,5)
b) unendlich viele Lösungen: $y = 4x - 7$
c) $\left(\frac{5}{12}; \frac{1}{3}\right)$
d) (2; 1)

11
a) $P_1(16|0)$; $P_2(3|2)$; $P_3(8|10)$
b) $P_1(-2{,}5|1{,}5)$; $P_2(5|0)$; $P_3(-5{,}5|7{,}5)$

7 Quadratische Gleichungen, Seite 27

1
a) $x_{1;2} = \pm 5$ b) $x_{1;2} = \pm 9$
c) $x_{1;2} = \pm 5$ d) $x_{1;2} = \pm 1$
e) $x_{1;2} = \pm 4$ f) $x_{1;2} = \pm 9$

2
a) $x_{1;2} \approx \pm 3{,}16$
b) $x_{1;2} \approx \pm 1{,}34$
c) $x_{1;2} \approx \pm 0{,}58$
d) $x_{1;2} \approx \pm 1{,}51$
e) $x_{1;2} \approx \pm 2{,}65$
f) $x_{1;2} \approx \pm 2{,}12$

3
a) $x^2 = -2$; keine Lösung
b) $3x^2 = 0$; eine Lösung ($x = 0$)
c) $\frac{1}{2}x^2 = \frac{1}{2}$; zwei Lösungen ($x = \pm 1$)
d) $-2 = 2x^2$; keine Lösung
e) eine Lösung ($x = 0$)
f) $2x^2 = 1$; zwei Lösungen ($x = \pm 0{,}25$)

4
a) $x^2 - 17 = 127$; $x^2 = 144$; $x = \pm 12$
Gesucht ist die Zahl 12.
b) $5x^2 = 45$; $x^2 = 9$; $x = \pm 3$
Gesucht ist die Zahl 3.
c) $x^2 + 32 = 3x^2$; $32 = 2x^2$; $16 = x^2$; $x = \pm 4$
Gesucht sind die Zahlen -4 und 4.

5
$(x + 8\,\text{cm})(x - 8\,\text{cm}) = 512\,\text{cm}^2$;
$x^2 - 64\,\text{cm}^2 = 512\,\text{cm}^2$; $x^2 = 576\,\text{cm}^2$; $x = 24\,\text{cm}$

6
a) $9x^2 = 144\,\text{cm}^2$; $x^2 = 16\,\text{cm}$; $x = 4\,\text{cm}$

💡 Die Länge 5x ist die gesamte Außenkante der Figur.

b) $4x^2 = 100\,\text{cm}^2$; $x^2 = 25\,\text{cm}$; $x = 5\,\text{cm}$

Seite B 28

7
a) $(x + 3)^2$
b) $(b + 5)^2$
c) $(x - 2)^2$
d) $(a - 6)^2$
e) $(y - 2{,}5)^2$
f) $(m + 0{,}5)^2$

8
a) $(x + 4)^2 + 4$
b) $(x + 5)^2 + 25$
c) $(x - 3)^2 - 3$
d) $(b - 1{,}5)^2 - 3{,}25$
e) $(a + 2{,}5)^2 - 3{,}25$
f) $(y - 0{,}5)^2 + 0{,}75$

9
a) $x_1 = -5$; $x_2 = -3$
b) $x_1 = -8$; $x_2 = -6$
c) $x_1 = -4$; $x_2 = 1$
d) $x_1 = -2$; $x_2 = 4$
e) $x_1 = -2$; $x_2 = 6$
f) $x_1 = -0{,}5$; $x_2 = 5{,}5$

10
a) $x_1 = -4$; $x_2 = 5$
b) $x_1 = 3$; $x_2 = 7$
c) $x_1 = -8$; $x_2 = 2$
d) $x_1 = -5$; $x_2 = 9$
e) $x_1 = -7$; $x_2 = -1$
f) $x_1 = -1$; $x_2 = 13$

11
a) $x_{1;2} = -4$
b) keine Lösung
c) $x_{1;2} = 2$
d) keine Lösung

8 Trigonometrie, Seite B 29

1
$\overline{SB'} = 8{,}4\,\text{cm}$

Seite B 30

2
Die Höhe des Turmes beträgt 13,3 Meter.

Seite B 31

3
a) $\sin 27{,}4° = \frac{a}{6{,}4}$; $a \approx 2{,}9\,\text{cm}$
$\cos 27{,}4° = \frac{b}{6{,}4}$; $b \approx 5{,}7\,\text{cm}$
$\beta = 90{,}0° - 27{,}4° = 62{,}6°$

b) $\sin 29{,}5° = \frac{6{,}9}{c}$; $c \approx 14{,}0\,\text{cm}$
$\tan 29{,}5° = \frac{6{,}9}{b}$; $b \approx 12{,}2\,\text{cm}$
$\beta = 90{,}0° - 29{,}5° = 60{,}5°$

c) $\tan \alpha = \frac{4{,}0}{7{,}0}$; $\alpha \approx 29{,}7°$
$\tan \beta = \frac{7{,}0}{4{,}0}$; $\beta \approx 60{,}3°$
$\sin 29{,}7° = \frac{4{,}0}{c}$; $c \approx 8{,}1\,\text{cm}$

d) $\sin \alpha = \frac{5{,}7}{7{,}2}$; $\alpha \approx 52{,}3°$
$\beta \approx 90{,}0° - 52{,}3° = 37{,}7°$
$\cos 52{,}3° = \frac{b}{7{,}2}$; $b \approx 4{,}4\,\text{cm}$

4
a) $\alpha = 30°$; $\beta = 60°$
b) $\alpha \approx 36{,}9°$; $\beta \approx 53{,}1°$
c) $\alpha \approx 53{,}1°$; $\beta \approx 36{,}9°$
d) $\alpha \approx 70{,}5°$; $\beta \approx 19{,}5°$
e) $\alpha \approx 31{,}9°$; $\beta \approx 58{,}1°$
f) $\alpha \approx 34{,}8°$; $\beta \approx 55{,}2°$

💡 Überprüfen Sie, ob die Winkel Ihrer Zeichnung mit den berechneten Werten übereinstimmen.

5

a) $\cos 35° = \frac{2{,}5\,cm}{b}$; $b = 3{,}1\,cm$; $\tan 35° = \frac{h}{2{,}5\,cm}$; $h = 1{,}8\,cm$
$\gamma_2 = \beta = 90° - 35° = 55°$; $\gamma_1 = 90° - 55° = 35°$
$\cos \gamma_1 = \frac{h}{a}$; $a = 2{,}2\,cm$; $\tan \gamma_1 = \frac{p}{h}$; $p = 1{,}3\,cm$
$c = p + q = 1{,}3\,cm + 2{,}5\,cm = 3{,}8\,cm$

b) $\sin 75° = \frac{6{,}2\,cm}{b}$; $b = 6{,}4\,cm$; $\tan 75° = \frac{6{,}2\,cm}{q}$; $q = 1{,}7\,cm$
$\gamma_2 = \beta = 90° - 75° = 15°$; $\gamma_1 = 90° - 15° = 75°$
$\cos 75° = \frac{b}{c}$; $c = 24{,}7\,cm$; $\tan 75° = \frac{a}{b}$; $a = 23{,}9\,cm$;
$p = 24{,}7\,cm - 1{,}7\,cm = 23\,cm$

c) $a = 6{,}8\,cm$; $h = 3{,}5\,cm$; $\gamma_1 = \alpha = 58{,}5°$;
$\gamma_2 = 31{,}2°$; $b = 4{,}1\,cm$; $c = 7{,}9\,cm$; $q = 4{,}1\,cm$

d) $\beta = \gamma_2 = 52{,}1°$; $\gamma_1 = 37{,}9°$; $a = 12{,}4\,cm$; $h = 9{,}8\,cm$;
$q = 12{,}6\,cm$; $b = 16{,}0\,cm$; $c = 20{,}2\,cm$

e) $\beta = \gamma_2 = 69{,}4°$; $\gamma_1 = \alpha = 20{,}6°$; $a = 8{,}5\,cm$; $b = 22{,}7\,cm$;
$q = 21{,}3\,cm$; $c = 24{,}3\,cm$

6

a) Die gemeinsamen Geraden von jeweils zwei benachbarten Dreiecken haben von links nach rechts die Längen:
6,22 cm; 5,05 cm; 4,20 cm; x = 5,7 cm.

b) Die gemeinsamen Geraden von jeweils zwei benachbarten Dreiecken haben von links nach rechts die Längen:
5,13 cm; 5,84 cm; 7,19 cm; x = 6,7 cm.

7

a) $\tan \alpha = \frac{2h}{a} \Rightarrow \alpha = 69{,}4°$
$\tan \beta = \frac{2h}{\sqrt{2}\,a} \Rightarrow \beta = 62{,}1°$
$\cos \gamma = \frac{0{,}5\,a}{s}$; $s = \frac{h}{\sin \beta} = 9{,}05\,cm$; $\gamma = 70{,}6°$

b) $h_s = \frac{0{,}5\,a}{\cos \alpha} = 23{,}9\,cm \Rightarrow M = 1195\,cm^2$

c) $a = \frac{2s}{\sqrt{2}} \cdot \cos \beta = \sqrt{2} \cdot s \cdot \cos \beta \Rightarrow a = 7{,}9\,cm$
$h = \sqrt{2} \cdot s \cdot \sin \beta \Rightarrow h = 38{,}1\,cm$
$h_s = \sqrt{h^2 + \left(\frac{a}{2}\right)^2} = 38{,}3\,cm \Rightarrow O = 667{,}6\,cm^2$

Register

A

abc-Formel   41, 42, 68, 69, B 10
Abnahme   83
Abschreibung   105
– degressive   105
– lineare   105
absolute Änderung   82, 83, 101
– feste   83
Absolutglied   52
Abzisse   B 17
Achse   55, 56, 89
– x-Achse   89
– y-Achse   55, 56, 89
Achsenabschnitt   17, 18, 24, 61
Achsenschnittpunkt   61
achsensymmetrisch   55, 56, 69
Addition   B 4,
– von Brüchen   B 6
Additionsverfahren   B 24
ähnliches Dreieck   B 29
Änderung   82, 101
– absolute   82, 101
– prozentuale   82
– relative   82
allgemeine Form der quadratische Gleichung   B 10
allgemein gültige Gleichung   B 9
Anfangswert   82
Ankathete   B 20, B 30
äquidistant   B 17
Äquivalenzumformung   B 9
Asymptote   88, 89
ausklammern   59, 70, B 4, B 5
– Nullstellenbestimmung   59, 70
– von Potenzen   59, 70
– von Termen   B 4, B 5
ausmultiplizieren   B 4
äußere Klammer   B 5

B

Basis   95, B 4, B 7
Berührpunkt   47, 69
Betragsgleichung   B 14
Betragsungleichung   B 14, B 15
Binomische Formeln   38, B 5
biquadratische Gleichung   59
Bruchgleichung   B 11, B 12
– mit Formvariablen   B 12
Brüche   78, B 6
– addieren   B 6
– dividieren   B 6
– erweitern   B 6
– kürzen   B 6
– multiplizieren   B 6
– potenzieren   78
– subtrahieren   B 6

C

Computer-Algebra-System (CAS)   62

D

Definitionsmenge   13, 14, 24, B 9, B 12
degressive Abschreibung   105
deutsche Zinsmethode   94
Differenz   B 4
Differenzmenge   B 1
Digitale Mathematikwerkzeuge (DMW)   37, 40, 62
– Computer-Algebra-System (CAS)   62
– Polynomfunktionen vom Grad 2 darstellen   40
– quadratische Funktionen darstellen   37
Diskriminante   42, 68, B 10
Distributivgesetz   B 4
Dividend   B 4
Division   B 4, B 6, B 7, B 8
Divisor   B 4
doppelte Nullstelle   42, 43, 64, 69
Dreieck   B 12, B 29, B 30
– ähnliches   B 29
– rechtwinkliges   B 30
– Seiten des Dreiecks   B 30
– Steigungsdreieck   B 20

E

Effektivzins   91
e-Funktion   87
Einsetzungsverfahren   B 25
Ergänzung, quadratische   38, B 28
Erlösfunktion   46, 73
erweitern von Brüchen   B 6

Euler'sche Zahl   87, 94
Exponent   49, B 4, B 7
Exponentialdarstellung   B 8
Exponentialfunktion   77, 87, 88, 101
– Eigenschaften   88
– natürliche   87, 101
– Schaubild   88
Exponentialgleichung   95, 96, 101
exponentielles Wachstum   82, 83, 101

F

Faktor   33, 36, 43, 58, 59, 60, 65, 70, 82, B 4
– ablesen   43
– Linearfaktor   58, 59, 60, 70
– Linearfaktorzerlegung   60
– Streckfaktor   33, 36
– Vielfachheit   65, 70
– Wachstumsfaktor   82
feste absolute Änderung   83
fester Wachstumsfaktor   83
Fixkosten   46
Formel   10, 38, 41, 42, 68, 69, B 5, B 6
– abc-Formel   41, 42, 68, 69
– Binomische Formeln   38, B 5
– Lösungsformel   41
– Mitternachtsformel   41
– pq-Formel   41, 42, 68, 69
Formvariable   B 10, B 12
Funktion   13, 14, 17, 18, 24, 31, 33, 37, 38, 39, 45, 49, 50, 52, 53, 56, 59, 69, 87, 88, 101
– e-Funktion   87
– Eigenschaften   53
– Exponentialfunktion   77, 87, 88, 101
– ganzrationale   49, 52, 53, 69
– gerade   56
– lineare   17, 18, 24
– Polynomfunktion   31, 38, 39, 40, 52, 58, 59, 69
– Potenzfunktion   49, 50, 69
– quadratische   33, 37
– ungerade   56
Funktionsgleichung   50, 66
– aufstellen   66

Register

- einer Potenzfunktion 50
Funktionsterm 13, 14, 18, 24, 66, 90
- vom Funktionsterm zum Schaubild 66
- vom Schaubild zum Funktionsterm 66, 90
Funktionswert 13, 24

G

ganze Zahlen B 2
ganzrationale Funktion 49, 52, 53, 56, 58, 69
- Grad einer 49, 52, 58, 69
- Schaubild untersuchen 53
- Symmetrieuntersuchung 56
Gegenkathete B 20, B 30
Geldeinheit GE 45
gemischt quadratische Gleichung B 28
Gerade 17, 18, 21, 22, 24, 46, B 20
- gegenseitige Lage von Gerade und Parabel 46
- identisch 22
- orthogonal 21, 22, 24, B 20
- parallel 22, 24
- senkrecht 21
- Ursprungsgerade 18, 24
gerade Funktion 56
gerade Hochzahl 49, 56
Geradengleichung 24, B 21, B 22
- Hauptform B 21, B 22
- Punkt-Steigungs-Form B 22
- Zwei-Punkte-Form B 22
Geradenschnittpunkt 22, 47, 63, 69
Gewinn 45, 73
- Gewinnfunktion 45
- Gewinngrenze 45
- Gewinnmaximum 45
- Gewinnschwelle 45
- Gewinnzone 45, 73
Gleichsetzungsverfahren B 26
Gleichung 24, 41, 46, 59, 64, 95, 101, B 9, B 10, B 11, B 12, B 14, B 15, B 16, B 21, B 22
- allgemein gültige B 9
- Betragsgleichung B 14
- biquadratische 59

- Bruchgleichung B 12
- Exponentialgleichung 95, 96, 101
- gemischt quadratisch B 28
- Geradengleichung 24, B 21, B 22
- lineare B 10
- lösbare B 9
- lösen 64, B 9
- Potenzgleichung 95, B 15
- quadratische 41, 46, B 10, B 11
- unlösbare B 9
- Wurzelgleichung B 16
Gleichungssystem B 23, B 24, B 25, B 26
- lineares (LGS) B 23, B 24, B 25, B 26
Grad 38, 39, 40, 49, 52, 58
- einer ganzrationale Funktion 49, 52, 58
- einer Polynomfunktion 38, 39, 49, 52, 58
Grenzwert 94
große Zahl 79
Größerzeichen B 13
Grundmenge B 9
Grundzahl B 4, B 7

H

Halbwertszeit 99
Hauptform 38, 68, B 21, B 22
- der Geradengleichung B 21, B 22
- einer Polynomfunktion vom Grad 2 38, 68
- in Scheitelpunktform umwandeln 38, 68
Hauptnenner B 7
Hochzahl 49, 50, 56, 78, 80, 95, 101, B 4, B 7
- gerade 49, 56
- gleiche B 7
- natürliche 49
- negative 78
- rationale 80, 101
- ungerade 50, 56
- x als Hochzahl 95
Hypotenuse B 30

I

identische Geraden 22
innere Klammer B 5
Intervall B 3

K

kartesisches Koordinatensystem B 17
Kathete B 20, B 30
- Ankathete B 20, B 30
- Gegenkathete B 20, B 30
Kehrwert B 6
Klammer B 4, B 5
- ausklammern B 4, B 5
- ausmultiplizieren B 4
- äußere B 5
- innere B 5
- Minusklammer B 4
- Plusklammer B 4
Kleinerzeichen B 13
Koeffizient 52, B 28
Kondensatorentladung 108
Koordinatensystem B 17
- kartesisches B 17
Kosinus B 30
Kosten 26
- Fixkosten 46
- variable 26
Kostenfunktion 46, 73
Kubikzahl 80
Kurve 14
kürzen von Brüchen B 6

L

Länge einer Strecke B 18
leere Menge B 1
Limes 94
lineare Abschreibung 105
lineare Funktion 17, 18, 24
lineare Gleichung B 10, B 23
- mit Formvariablen B 10
- mit zwei Variablen B 23
lineare Ungleichung B 13
lineares Gleichungssystem (LGS) B 23, B 24, B 25, B 26
- genau eine Lösung B 24
- keine Lösung B 24

- lösen   B 24, B 25, B 26
- Lösung eines LGS   B 23
- mit zwei Variablen   B 23
- unendlich viele Lösungen   B 24

lineares Wachstum   82, 83, 101
Linearfaktor   58, 59, 60, 70
Linearfaktorzerlegung   58, 60
Logarithmus   95, 96, 101
- bestimmen ohne Taschenrechner   96
- natürlicher   95, 101
- von b zur Basis a   95

Lösbarkeit einer Gleichung   B 9
Lösung   46, B 9, B 23, B 24
- lineares Gleichungssystem (LGS)   B 23, B 24

Lösungsformel   41
Lösungsmenge   B 9
Lösungsterm   B 10
Lösungsvariable   B 10, B 13

M

Mathematikwerkzeuge   37, 40, 62
- Computer-Algebra-System (CAS)   62
- digitale (DMW)   37, 40, 62

mehrfache Nullstelle   65
Menge   13, 14, 24, B 1, B 2, B 9, B 12
- Definitionsmenge   13, 14, 24, B 9, B 12
- Differenzmenge   B 1
- leere   B 1
- Lösungsmenge   B 9
- Schnittmenge   B 1
- Teilmenge   B 1
- Vereinigungsmenge   B 1
- Zahlenmenge   B 2

Mengeneinheit ME   45
Mengenoperation   B 1
Minuend   B 4
Minusklammer   B 4
Mittelpunkt einer Strecke   B 18, B 23
Mitternachtsformel   41
multiplizieren   B 4, B 6, B 7, B 8

N

natürliche Exponentialfunktion   87, 101
natürliche Hochzahl   49
natürliche Zahlen   B 2
natürlicher Logarithmus   95, 101
negative Hochzahl   78
negative Steigung   19
negative Zahlen   B 3
negatives Wachstum   83
Nenner   B 4, B 7
- Hauptnenner   B 7

Normalparabel   32, 33, 35, 36, 68
- Spiegelung   36
- Streckung   32, 33, 36, 68
- Verschiebung   32, 35, 36

Nullprodukt   43, 96
- Exponentialgleichung lösen   96
- Satz vom   43

Nullstelle   41, 42, 43, 58, 59, 60, 61, 63, 64, 65, 69, 70
- bestimmen   58, 59, 60, 63, 70
- doppelte   42, 43, 64, 65, 69
- einer Polynomfunktion   59
- mehrfache   65
- zweifache   65

Nutzengrenze   45, 73
Nutzenschwelle   45, 73

O

Oberfläche   80
Oberflächeninhalt   80
Operation   96, B 1
- Mengenoperation   B 1
- Umkehroperation   96

Ordinate   B 17
orthogonale Gerade   21, 22, 24, B 20

P

Parabel   32, 33, 35, 46, 68
- gegenseitige Lage von Gerade und Parabel   46
- Normalparabel   32, 33, 35, 68

parallele Gerade   21, 22, 24
Parallelität   B 21
Passante   46, 47, 69
Plusklammer   B 4
Polynom   38, 52
Polynomfunktion   31, 38, 39, 40, 52, 58, 59, 69
- höheren Grades   52, 58
- vom Grad n   52, 58

Polypol   73
Potenz   56, 58, 70, 79, 80, 101, B 4, B 7
- ausklammern   58, 70
- dividieren   B 7
- mit gebrochener Hochzahl   79
- multiplizieren   B 7
- mit negativer Hochzahl   78
- potenzieren   B 7
- Zehnerpotenz   79

Potenzfunktion   49, 50, 69
Potenzgesetz   78, B 7
Potenzgleichung   95, B 15
potenzieren   B 4, B 7
pq-Formel   41, 42, 68, 69, B 6, B 10
Produkt   43, B 4
Produktdarstellung   58, 65
Produktform   41, 43, 68, 69
prozentuale Änderung   82
Punkt   22, 32, 33, 35, 38, 47, 61, 63, 64, 68, 69, 70, B 17, B 18, B 22, B 23
- Achsenschnittpunkt   61
- Mittelpunkt   B 18, B 23
- Punkt-Steigungs-Form   B 22
- Scheitelpunkt   32, 33, 35, 38, 68
- Schnittpunkt   22, 47, 61, 63, 64, 69, 70
- Zwei-Punkte-Form   B 22

Punktprobe   18, B 17
Punkt-Steigungs-Form   B 22
punktsymmetrisch   55, 56, 69

Q

Quadrant im Koordinatensystem   B 17
quadratische Ergänzung   38, B 28
quadratische Funktion   33, 37
quadratische Gleichung   41, 46, B 10, B 11, B 27
- allgemeine   B 10
- lösen mit Lösungsformel   41
- normierte Form der   B 10
- Sonderformen   B 11

Quadratzahl   80
Quotient   B 4

Register

R

Radikand   14, B 4, B 15
rationale Hochzahl   80, 101
— bei Potenzen   101
rationale Zahlen   B 2
rechnen   78, 80, B 4, B 5, B 6, B 7, B 8
— addieren   B 4, B 6
— ausklammern   59, 70, B 4, B 5
— ausmultiplizieren   B 4
— dividieren   B 4, B 6, B 7, B 8
— mit Brüchen   B 6
— mit Klammern   B 4
— mit Hochzahlen   78, 80
— mit Potenzen   78, B 7
— mit Wurzeln   B 8
— multiplizieren   B 4, B 6, B 7, B 8
— potenzieren   B 4, B 7
— subtrahieren   B 4, B 6
— Wurzel ziehen   B 4
rechtwinkliges Dreieck   B 30
reelle Zahlen   B 2
rein quadratische Gleichung   B 27
relative Änderung   82
Resubstitution   59, 60, 70
Rücksubstitution   59, 60, 70
— Nullstellenbestimmung   59, 60, 70

S

Satz vom Nullprodukt   43, 96
— Exponentialgleichung lösen   96
Satz von VIETA   72, B 6
— Zerlegung   B 6
Schaubild   10, 14, 18, 24, 32, 33, 53, 55, 56, 61, 66, 70, 88, 89, 90
— Achsenschnittpunkt   61
— achsensymmetrisch zur y-Achse   55, 56
— durch gegebene Punkte   90
— einer ganzrationalen Funktion   53
— punktsymmetrisch zum Ursprung   55, 56
— Schnittpunkte zweier Schaubilder   70
— spiegeln   89, 90
— strecken   89, 90
— Transformation   89
— verschieben   89, 90
— vom Funktionsterm zum Schaubild   66
— vom Schaubild zum Funktionsterm   66, 90
— von Exponentialfunktionen   88
Scheitel   32
Scheitelform   32
Scheitelpunkt   32, 33, 35, 38, 68
Scheitelpunktform   35, 38, 68
— der Parabelgleichung   68
— in Hauptform umwandeln   38, 68
Schnittmenge   B 1
Schnittpunkt   22, 47, 61, 63, 64, 69, 70
— Achsenschnittpunkt   61
— Geradenschnittpunkt   22, 47, 63, 69
— rechnerische Bestimmung   64
— zweier Schaubilder   70
Schnittwinkel   21, 22, 24
Schreibweise, wissenschaftliche   79
Schwelle   45, 73
— Gewinnschwelle   45
— Nutzenschwelle   45, 73
Sekante   46, 47, 69
senkrechte Gerade   21
Sinus   B 30
Sonderformen der quadratischen Gleichung   B 11
Spiegelung   89, 90
— an der x-Achse   89
— an der y-Achse   89
— eines Schaubildes   89, 90
Stauchung   36
Steigung   17, 18, 24, B 20, B 22
— negative   19
— Punkt-Steigungs-Form   B 22
Steigungsdreieck   B 12, B 20
Steigungswinkel   17, 18, 19, 24, B 20
Stelle   13, 14, 18, 24
stetige Verzinsung   94
Strahlensatz
— erster   B 29
— zweiter   B 29
Strecke   B 18
— Länge   B 18
— Mittelpunkt   B 18
Streckfaktor   33, 36
Streckung   32, 33, 36, 68, 89, 90
— einer Normalparabel   32, 33, 36, 68
— eines Schaubildes   89, 90
— in x-Richtung   89
— in y-Richtung   89
— mit dem Faktor a   33, 68
Stufenform   B 24
Substitution   59, 60, 70, 96
— Exponentialgleichung lösen   96
— Nullstellenbestimmung   59, 60, 70
Subtrahend   B 4
subtrahieren   B 4, B 6
Summand   B 4
Summe   B 4
Symmetrie   55, 56, 69
— Achsensymmetrie   55, 56, 69
— Punktsymmetrie   55, 56, 69
— Symmetrie bei ganzrationalen Funktionen   56

T

Tabelle   10, 14, 32
— Wertetabelle   14, 32
Tangens   B 30
Tangente   46, 47, 69
Teilmenge   B 1
Term   13, 14, 18, 24, 52, 66, 90, B 9, B 10
— berechnen   B 9
— dominierender   52
— Funktionsterm   13, 14, 18, 24, 66, 90
— Lösungsterm   B 10
Transformation von Schaubildern   89
Trigonometrie   B 29

U

Umkehroperation   96
unendlich   52, 69
unendlich viele Lösungen   B 24
ungerade Funktion   56
ungerade Hochzahl   50, 56
Ungleichung   B 9, B 13, B 14, B 15

– Betragsungleichung B 14, B 15
– lineare B 13
unlösbare Gleichung B 9
Ursprung 55, 56
Ursprungsgerade 18, 24

V
variable Kosten 26
Variable B 10, B 12, B 23
– Formvariable B 10, B 12
– lineare Gleichung mit zwei Variablen B 23
– (LGS) mit zwei Variablen B 23
– Lösungsvariable B 10, B 12
Verdoppelungszeit 99
Vereinigungsmenge B 1
Verfahren B 24, B 25, B 26
– Additionsverfahren B 24
– Einsetzungsverfahren B 25
– Gleichsetzungsverfahren B 26
Verhalten 52, 69
– für $x \to +\infty$ 52, 69
– für $x \to -\infty$ 52, 69
Verschiebung 32, 35, 36, 89, 90
– einer Normalparabel 32, 35, 36
– eines Schaubildes 89, 90
– in x-Richtung 89
– in y-Richtung 89
Verteilungsgesetz B 4
Verzinsung 94
– stetige 94
Vielfachheit des Faktors 65, 70
VIETA 72, B 6
– Satz von 72
– Zerlegung B 6
Vorfaktor 44
Vorgang 82, 99
– Wachstumsvorgang 82, 99
– Zerfallsvorgang 99

W
Wachstum 82, 83, 101
– exponentielles 82, 83, 101
– lineares 82, 83, 101
– negatives 83
– Nullwachstum 83
Wachstumsfaktor 82, 83, 101

– fester 83
Wachstumsform 83, 84
– untersuchen 84
Wachstumsuntersuchung 84
Wachstumsvorgang 82, 99
Wert 13, 24, 82, 94, B 9
– Anfangswert 82
– eines Terms berechnen B 9
– Funktionswert 13, 24
– Grenzwert 94
– Kehrwert B 6
Wertemenge 13, 14, 24
Wertetabelle 14, 32
wind chill 81
Winkel 17, 18, 19, 21, 22, 24, B 20, B 30
– rechter B 30
– Schnittwinkel 21, 22, 24
– Steigungswinkel 17, 18, 19, 24, B 20
Winkelhalbierende 22, 24
– erste 22, 24
– zweite 22, 24
wissenschaftliche Schreibweise 79
Wurzel B 4, B 8
– dividieren B 8
– multiplizieren B 8
– Schreibweise B 8
– ziehen B 4, B 27
Wurzelgleichung B 15
Wurzelziehen 58, 59, 60, 70, B 4

X
x-Achse 89
– Spiegelung an 89
– Verschiebung 89

Y
y-Achse 55, 56, 89
– Spiegelung an 89
– Verschiebung 89
y-Achsenabschnitt 17, 18, 24

Z
Zahlen 49, 50, 56, 78, 79, 80, 87, 94, B 2, B 4, B 7, B 8
– EULER'sche Zahl 87, 94

– Exponentialdarstellung B 8
– ganze B 2
– große 79
– Grundzahl B 4, B 7
– Hochzahl 49, 50, 56, 78, 80, 95, B 4, B 7
– kleine 79
– Kubikzahl 80
– natürliche B 2
– Quadratzahl 80
– rationale B 2
– reelle B 2
Zahlenmenge B 2
Zahlenpaar B 17
Zähler B 4
Zehnerpotenz 79
zeichnerisches Lösen von Gleichungen 64
Zerfall 83
Zerfallsvorgang 99
Zerlegung 60, B 6
– Linearfaktorzerlegung 60
– nach VIETA B 6
Zinsen 91, 94
– Effektivzins 91
– Verzinsung 94
Zinsmethode, deutsche 94
Zwei-Punkte-Form B 22